中国三峡集团招标文件范本

项目类型：水力发电工程

金结与机电设备类招标文件范本

（第二册）

（2017 年版）

中国长江三峡集团有限公司　编著

U0351554

中国三峡出版传媒

中国三峡出版社

图书在版编目（CIP）数据

金结与机电设备类招标文件范本．第二册：2017年版／中国长江三峡集团有限公司编著．—北京：中国三峡出版社，2018.6
中国三峡集团招标文件范本　项目类型．水力发电工程
ISBN 978-7-5206-0045-3

Ⅰ.①金… Ⅱ.①中… Ⅲ.①三峡水利工程-金属结构-招标-文件-范本 ②三峡水利工程-机电设备-招标-文件-范本 Ⅳ.①TV34 ②TV734

中国版本图书馆 CIP 数据核字（2018）第 135941 号

责任编辑：危　雪

中国三峡出版社出版发行
（北京市西城区西廊下胡同 51 号　　100034）
电话：（010）57082566　57082640
http://www.zgsxcbs.cn
E－mail：sanxiaz@sina.com

北京华联印刷有限公司印刷　新华书店经销
2018 年 6 月第 1 版　2018 年 6 月第 1 次印刷
开本：787×1092 毫米　1/16　印张：23.25
字数：444 千字
ISBN 978-7-5206-0045-3　定价：118.00 元

编 委 会

前　言

1992 年，经全国人大批准，三峡工程开工建设。中国长江三峡集团有限公司（原名"中国长江三峡工程开发总公司"，以下简称"三峡集团"）作为项目法人，积极推行"项目法人负责制、招标投标制、工程监理制、合同管理制"，对控制"质量、造价、进度"起到了重要作用。三峡工程招标采购管理的改革实践，引领了当时国内大水电招标采购管理，为国家制定招投标方面的法律法规提供了宝贵的实践经验。三峡工程吸引了全国乃至全世界优秀的建筑施工企业、物资供应商和设备制造商参与投标、竞争，三峡集团通过择优选取承包商，实现了资源的优化配置和工程投资的有效控制。三峡集团秉承"规范、公正、阳光、节资"的理念，打造"规范高效、风险可控、知识传承"的招标文件范本体系，持续在科学性和规范性上深耕细作，已发布了覆盖水电工程、新能源工程、咨询服务等领域的 100 多个招标文件范本。招标文件范本在公司内已经使用 2 年，对提高招标文件编制质量和工作效率发挥了良好的作用，促进了三峡集团招标投标活动的公开、公平和公正。

本系列招标文件范本遵照国家《标准施工招标文件》（2007 年版）体例和条款，吸收三峡集团招标采购管理经验，按照标准化、规范化的原则进行编制。系列丛书分为水力发电工程建筑与安装工程、水力发电工程金结与机电设备、水力发电工程大宗与通用物资、咨询服务、新能源工程 5 类 9 册 15 个招标文件范本。在项目划分上充分考虑了实际项目招标需求，既包括传统的工程、设备、物资招标项目，也包括科研项目和信息化建设项目，具有较强的实用性。针对不同招标项目的特点选择不同的评标方法，制定了个性化的评标因素和合理的评标程序，为科学选择供应商提供依据；结合三峡集团的管理经验细化了合同条款，特别是水电工程施工、机电设备合同条款传承了三峡工程建设到金沙江 4 座巨型水电站建设的经验；编制了有前瞻性的技术条款和技术规范，部分项目采用了三峡标准，发挥企业标准的引领作用；对于近年来备受关注的电子招标投标、供应商信用评价、安全生产、廉洁管理、保密管理等方面，均编制了具备可操作性的条款。

招标文件编制涉及的专业面广，受编者水平所限，本系列招标文件范本难免有不妥当之处，敬请读者批评指正。

联系方式：ctg_zbfb@ctg.com.cn。

编者

2018 年 6 月

目 录

水电站调速系统及其附属设备采购招标文件范本

水电站励磁系统及其附属设备采购招标文件范本

水电站调速系统及其附属设备采购招标文件范本

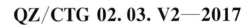

QZ/CTG 02. 03. V2—2017

_____水电站调速系统及其
附属设备采购

招标文件

招标编号：_____

招标人：

招标代理机构：

20____年____月____日

使用说明

一、本《采购招标文件范本》适用于中国长江三峡集团有限公司水利水电招标项目中水轮机调速系统及其附属设备的采购招标。

二、本《采购招标文件范本》的章、节、条、款、项、目，供招标人和投标人选择使用；如有的条款不适用于招标项目，可在使用过程中注明"不适用"；以空格标示的由招标人填写的内容，招标人应根据招标项目具体特点和实际需要具体化，确实没有需要填写的，可在空格中用"/"标示。

三、招标人应按照《采购招标文件范本》第一章的格式发布招标公告，并将实际发布的招标公告编入出售的招标文件中，作为投标邀请。其中，招标公告应同时注明发布所在的所有媒介名称。

四、招标人应全文引用《采购招标文件范本》第二章"投标人须知"的正文内容，需要明确和细化的内容在"投标人须知前附表"中修改。

五、《采购招标文件范本》第三章"评标办法"规定采用综合评估法作为评标方法，各评审因素的评审标准、分值和权重等，原则上应不做修改地加以引用。

六、《采购招标文件范本》第四章"合同条款及格式"中的内容可根据项目实际情况进行完善和修改。

七、《采购招标文件范本》第五章"采购清单"由招标人根据招标项目具体特点和实际需要进行细化和完善，并与"投标人须知"、"合同条款及格式"、"技术标准和要求"、"图纸"相衔接。本章所附表格可根据有关规定作相应的调整和补充。

八、《采购招标文件范本》第六章"技术标准和要求"由招标人根据招标项目具体特点和实际需要编制。"技术标准和要求"中的各项技术标准应符合国家强制性标准，不得要求或标明某一特定的专利、商标、名称、设计、原产地或生产供应者，不得含有倾向或者排斥潜在投标人的其他内容。如果必须引用某一生产供应者的技术标准才能准确或清楚地说明拟招标项目的技术标准时，则应当在参照后面加上"或相当于"字样。

九、《采购招标文件范本》第八章"图纸"由招标人根据招标项目具体特点和实际需要调整，并与"投标人须知"、"合同条款及格式"、"技术标准和要求"相衔接。

十、本《采购招标文件范本》为试行版，将根据实际执行过程中出现的问题及时进行修改。各使用单位或个人对《采购招标文件范本》的修改意见和建议，可向编制工作小组反映。

联系方式：ctg＿zbfb@ctg.com.cn。

第一章　招标公告

_____（项目名称）招标公告

1　招标条件

本招标项目___（项目名称）___已获批准采购，采购资金来自___（资金来源）___，招标人为_____，招标代理机构为___三峡国际招标有限责任公司___。项目已具备招标条件，现对该项目进行公开招标。

2　项目概况与招标范围

2.1　项目概况

_____（说明本次招标项目的建设地点、规模等）。

2.2　招标范围

_____（说明本次招标项目的招标范围、标段划分〈如果有〉、计划工期等）。

3　投标人资格要求

3.1　本次招标要求投标人须具备以下条件：

    1）资质条件：_____；

    2）业绩要求：_____；

    3）信誉要求：_____；

    4）财务要求：_____；

    5）其他要求：_____。

3.2　本次招标_____（接受或不接受）联合体投标。联合体投标的，应满足下列要求：_____。

3.3　投标人不能作为其他投标人的分包人同时参加投标；单位负责人为同一人或者存在控股、管理关系的不同单位，不得参加同一标段投标或者未划分标段的同一招标项目投标；本次招标_____（接受或不接受）代理商的投标（如投标人为代理商，需获得_____授权）。

3.4　各投标人均可就本招标项目的_____（具体数量）个标段投标。①

4　招标文件的获取

4.1　招标文件发售时间为____年____月____日____时整至____年____月____日____时整（北京时间，下同）。

4.2　招标文件每标段售价____元，售后不退。

4.3　有意向的投标人须登录中国长江三峡集团有限公司电子采购平台（网址：http://epp.ctg.com.cn/，以下简称"电子采购平台"，服务热线电话：010－57081008）进行免费注册成为注册供应商，在招标文件规定的发售时间内通过电子采购平台点击"报名"提交申请，并在"支付管理"模块勾选对应条目完成支付操作。潜在投标人可以选择在线支付或线下支付（银行汇款）完成标书款缴纳：

　　1）在线支付（单位或个人均可）时请先选择支付银行，然后根据页面提示进行支付，支付完成后电子采购平台会根据银行扣款结果自动开放招标文件下载权限；

　　2）线下支付（单位或个人均可）时须通过银行汇款将标书款汇至三峡国际招标有限责任公司的开户行：工商银行北京中环广场支行（账号：0200209519200005317）。线下支付成功后，潜在投标人须再次登录电子采购平台，依次填写支付信息、上传汇款底单并保存提交，招标代理机构工作人员核对标书款到账情况后开放下载权限。

4.4　若超过招标文件发售截止时间则不能在电子采购平台相应标段点击"报名"，将不能获取未报名标段的招标文件，也不能参与相应标段的投标，未及时按照规定在电子采购平台报名的后果，由投标人自行承担。

4.5　若超过招标文件发售截止时间则不能在电子采购平台相应标段点击"报名"，将不能获取未报名标段的招标文件，也不能参与相应标段的投标，未及时按照规定在电子采购平台报名的后果，由投标人自行承担。

5　电子身份认证

　　本项目投标文件的网上提交部分需要使用电子钥匙（CA）加密后上传至本电子采购平台（标书购买阶段不需使用 CA 电子钥匙）。本电子采购平台的相关电子钥匙（CA）须在北京天威诚信电子商务服务有限公司指定网站办理（网址：http://sanxia.szzsfw.com/，服务热线电话：010－64134583），请潜在投标人及时办理，以免影响投标，由于未及时办理 CA 影响投标的后果，由投标人自行承担。

---

　　①　分标段时适用，根据项目情况修改。

6 投标文件的递交

6.1 投标文件递交的截止时间（投标截止时间，下同）为＿＿年＿＿月＿＿日＿＿时整。本次投标文件的递交分现场递交和网上提交，现场递交的地点为＿＿＿＿；网上提交的投标文件应在投标截止时间前上传至电子采购平台。

6.2 在投标截止时间前，现场递交的投标文件未送达到指定地点或者网上提交的投标文件未成功上传至电子采购平台，招标人不予受理。

7 发布公告的媒介

本次招标公告同时在中国招标投标公共服务平台（http：//www.cebpubservice.com）、中国长江三峡集团有限公司电子采购平台（http：//epp.ctg.com.cn）、三峡国际招标有限责任公司网站（www.tgtiis.com）上发布。

8 联系方式

招 标 人：＿＿＿＿＿＿＿＿＿＿＿＿＿＿＿　　招标代理机构：＿＿＿＿＿＿＿＿＿＿＿＿＿

地　　址：＿＿＿＿＿＿＿＿＿＿＿＿＿＿＿　　地　　址：＿＿＿＿＿＿＿＿＿＿＿＿＿＿

邮　　编：＿＿＿＿＿＿＿＿＿＿＿＿＿＿＿　　邮　　编：＿＿＿＿＿＿＿＿＿＿＿＿＿＿

联 系 人：＿＿＿＿＿＿＿＿＿＿＿＿＿＿＿　　联 系 人：＿＿＿＿＿＿＿＿＿＿＿＿＿＿

电　　话：＿＿＿＿＿＿＿＿＿＿＿＿＿＿＿　　电　　话：＿＿＿＿＿＿＿＿＿＿＿＿＿＿

传　　真：＿＿＿＿＿＿＿＿＿＿＿＿＿＿＿　　传　　真：＿＿＿＿＿＿＿＿＿＿＿＿＿＿

电子邮箱：＿＿＿＿＿＿＿＿＿＿＿＿＿＿＿　　电子邮箱：＿＿＿＿＿＿＿＿＿＿＿＿＿＿

招标采购监督：＿＿＿＿＿＿＿＿＿＿＿＿＿＿

联 系 人：＿＿＿＿＿＿＿＿＿＿＿＿＿＿＿

电　　话：＿＿＿＿＿＿＿＿＿＿＿＿＿＿＿

传　　真：＿＿＿＿＿＿＿＿＿＿＿＿＿＿＿

＿＿＿＿年＿＿＿＿月＿＿＿＿日

第二章 投标人须知

投标人须知前附表

条款号	条款名称	编列内容
1.1.2	招标人	名称： 地址： 联系人： 电话： 电子邮箱：
1.1.3	招标代理机构	名称：三峡国际招标有限责任公司 地址： 联系人： 电话： 电子邮箱：
1.1.4	项目名称	
1.1.5	项目概况	
1.2.1	资金来源	
1.2.2	出资比例	
1.2.3	资金落实情况	
1.3.1	招标范围	本项目招标范围如下：
1.3.2	交货要求	交货批次和进度： 交货地点： 交货条件：
1.3.3	质量要求	
1.4.1	投标人资质条件、能力和信誉	资质条件： 业绩要求： 信誉要求： 财务要求： 其他要求：
1.4.2	是否接受联合体投标	□不接受 □接受，应满足下列要求：
1.4.5	是否接受代理商投标	□不接受。 □接受，应满足下列要求：
1.5	费用承担	其中中标服务费用： □由中标人向招标代理机构支付，适用于本须知1.5款_____类招标收费标准。 □其他方式：

续表

条款号	条款名称	编列内容
1.9.1	踏勘现场	□不组织 □组织，踏勘时间： 　踏勘集中地点：
1.10.1	投标预备会	□不召开 □召开，召开时间： 　召开地点：
1.10.2	投标人提出问题的截止时间	投标预备会＿天前
1.10.3	招标人书面澄清的时间	投标截止日期＿天前
1.12.2	实质性偏差的内容	招标文件中规定的标有星号（＊）的技术性能要求、支付、质量保证、索赔、约定违约金、税费、适用法律、争议的解决、保函①
2.2.1	投标人要求澄清招标文件的截止时间	投标截止日期前＿天
2.2.2	投标截止时间	＿年＿月＿日＿时整
2.2.3	投标人确认收到招标文件澄清的时间	收到通知后 24 小时内
2.3.2	投标人确认收到招标文件修改的时间	收到通知后 24 小时内
3.1.1	构成投标文件的其他材料	
3.3.1	投标有效期	自投标截止之日起＿天
3.4.1	投标保证金	□ 不要求递交投标保证金 ☑要求递交投标保证金 投标文件应附上一份符合招标文件规定的投标保证金，金额为人民币＿＿＿＿万元/标段。 **1　递交形式** 通过在线支付或线下支付递交的投标保证金或由国内银行的省、地市级分行出具的银行保函，不接受汇票、支票或现钞等其他方式。 **2　递交办法** **2.1　使用在线支付或线下缴纳投标保证金** 潜在投标人须登录电子采购平台，于投标截止时间前在"投标管理－投标"菜单中选择项目并点击"支付保证金"，并在"支付管理"模块勾选对应条目完成支付操作。潜在投标人可以选择在线支付或线下支付进行缴纳： 1) 在线支付（通过"B2B"即企业银行对公支付）保证金时，请根据页面提示选择支付银行进行支付； 2) 线下支付投标保证金时，潜在投标人须通过银行汇款至招标代理，汇款成功后，再次登录电子采购平台，依次填写支付信息、上传汇款底单并保存提交； **2.2　使用银行保函缴纳投标保证金** 潜在投标人须开具有效的银行保函，登录电子采购平台，在线下支付付款方式中选"保函"，并上传银行保函彩色扫描件

---

① 根据项目具体情况调整偏差内容。

条款号	条款名称	编列内容
		3　递交时间 潜在投标人选择在线支付方式缴纳投标保证金时，须确保在投标截止时间前投标保证金被扣款成功，否则其投标文件将被否决；选择线下支付缴纳投标保证金时，在投标截止时间前，投标保证金须成功汇至到招标代理银行账户上，否则其投标文件将被否决；选择银行保函作为投标保证金时，在投标截止时间前，银行保函原件必须随纸质投标文件一起递交招标代理机构，否则其投标将被否决。 **4　退还信息** 《投标保证金退还信息及中标服务费交纳承诺书》原件应单独密封，并在封面注明"投标保证金退还信息"，随投标文件一同递交。 **5　投标保证金收款信息：** 开户银行：工商银行北京中环广场支行 账号：0200209519200005317 行号：20956 开户名称：三峡国际招标有限责任公司 汇款用途：BZJ
3.4.3	投标保证金的退还	**1　使用在线支付或线下支付投标保证金方式：** 未中标投标人的投标保证金，将在中标人和招标人签订书面合同后 5 日内予以退还，并同时退还投标保证金利息；中标人的投标保证金将在其与招标人签订书面合同并提供履约担保（如招标文件有要求）、由招标代理机构扣除中标服务费后 5 日内将余额退还（如不足，需在接到招标代理机构通知后 5 个工作日内补足差额）。 投标保证金利息按收取保证金之日的中国人民银行同期活期存款利率计息，遇利率调整不分段计息。存款利息计算时，本金以"元"为起息点，利息的金额也算至元位，元位以下四舍五入。按投标保证金存放期间计算利息，存放期间一律算头不算尾，即从开标日起算至退还之日前一天止；全年按 360 天，每月均按 30 天计算。 **2　使用银行保函方式：** 未中标投标人的银行保函原件，将在中标人和招标人签订书面合同后 5 日内退还；中标人的保函将在在中标人和招标人签订书面合同、提供履约担保（如招标文件有要求）且支付中标服务费后 5 日内无息退还
3.5.3	近年财务状况	＿＿年至＿＿年
	近年完成的类似项目	＿＿年＿＿月＿＿日至＿＿年＿＿月＿＿日
	近年发生的重大诉讼及仲裁情况	＿＿年＿＿月＿＿日至＿＿年＿＿月＿＿日
	…	
3.6	是否允许递交备选投标方案	□不允许 □允许
3.7.2	现场递交投标文件份数	现场递交纸质投标文件正本 1 份、副本＿＿份和电子版＿＿份（U 盘）

续表

条款号	条款名称	编列内容
3.7.3	纸质投标文件签字或盖章要求	按招标文件第八章"投标文件格式"要求，签字或盖章
3.7.4	纸质投标文件装订要求	纸质投标文件应按以下要求装订：装订应牢固、不易拆散和换页，不得采用活页装订
3.7.5	现场递交的投标文件电子版（U盘）格式	投标报价应使用.xlsx进行编制，其他部分的电子版文件可用.docx、.xlsx或PDF等格式进行编制
3.7.6	网上提交的电子投标文件中格式	第八章"投标文件格式"中的投标函和授权委托书采用签字盖章后的彩色扫描件；其他部分的电子版文件应采用.docx、.xlsx或PDF格式进行编制
4.1.2	封套上写明	项目名称： 招标编号： 在___年___月___日___时___分（投标文件截止时间）前不得开启 投标人名称：
4.2	投标文件的递交	本条款补充内容如下： 投标文件分为网上提交和现场递交两部分。 **1）网上提交** 应按照中国长江三峡集团有限公司电子采购平台（以下简称"电子采购平台"）的要求将编制好的文件加密后上传至电子采购平台（具体操作方法详见<http://epp.ctg.com.cn>网站中"使用指南"）。 **2）现场递交** 投标人应将纸质投标文件的正本、副本、电子版、投标保证金退还信息和银行保函原件（如有）分别密封递交。纸质版、电子版应包含投标文件的全部内容
4.2.2	投标文件网上提交	网上提交：中国长江三峡集团有限公司电子采购平台（http://epp.ctg.com.cn/） 1）电子采购平台提供了投标文件各部分内容的上传通道，其中："投标保证金支付凭证"应上传投标保证金汇款凭证、"投标保证金退还信息及中标服务费交纳承诺书"以及银行保函（如有）彩色扫描件；"评标因素应答对比表"本项目不适用。 2）电子采购平台中的"商务文件"（2个通道）、"技术文件"（2个通道）、"投标报价文件"（1个通道）和"其他文件"（1个通道），每个通道最大上传文件容量为100M。商务文件、技术文件超过最大上传容量时，投标人可将资格审查资料、图纸文件从"其他文件"通道进行上传；若容量仍不能满足，则将未上传的部分在投标文件格式文件十中进行说明，并将未上传部分包含在现场提交的电子文件中
4.2.3	投标文件现场递交地点	现场递交至：
4.2.4	是否退还投标文件	□否 □是
4.5.1	是否提交投标样品	□否 □是，具体要求：

续表

条款号	条款名称	编列内容
5.1	开标时间和地点	开标时间：同投标截止时间 开标地点：同递交投标文件地点
7.2	中标候选人公示	招标人在中国招标投标公共服务平台（http：//www. cebpub-service.com）、中国长江三峡集团有限公司电子采购平台（ht-tp：//epp. ctg. com. cn/）网站上公示中标候选人，公示期 3 个工作日
7.4.1	履约担保	履约担保的形式：银行保函或保证金 履约担保的金额：签约合同价的__％ 开具履约担保的银行：须招标人认可，否则视为投标人未按招标文件规定提交履约担保，投标保证金将不予退还。 （备注：300 万元及以上的合同，签订前必须提供履约担保；300 万元以下的合同，可按项目实际情况明确是否需要履约担保）
10		需要补充的其他内容
10.1	知识产权	构成本招标文件各个组成部分的文件，未经招标人书面同意，投标人不得擅自复印和用于非本招标项目所需的其他目的。招标人全部或者部分使用未中标人投标文件中的技术成果或技术方案时，需征得其书面同意，并不得擅自复印或提供给第三人
10.2	电子注册	投标人必须登录中国长江三峡集团有限公司电子采购平台（ht-tp：//epp. ctg. com. cn）进行免费注册。 未进行注册的投标人，将无法参加投标报名并获取进一步的信息。 本项目投标文件的网上提交部分需要使用电子身份认证（CA）加密后上传至本电子采购平台（标书购买阶段不需使用电子钥匙），本电子采购平台的相关电子身份认证（CA）须在指定网站办理（http：//sanxia. szzsfw. com/），请潜在投标人及时办理，并在投标截止时间至少 3 日前确认电子钥匙的使用可靠性，因此导致的影响投标或投标文件被拒收的后果，由投标人自行承担。 具体办理方法：一、请登录电子采购平台（http：//epp. ctg. com. cn/）在右侧点击"使用指南"，之后点击"CA 电子钥匙办理指南 V1.1"，下载 PDF 文件后查看办理方法；二、请直接登录指定网站（http：//sanxia. szzsfw. com/），点击右上角用户注册，注册用户名及密码，之后点击"立即开始数字证书申请"，按照引导流程完成办理。（温馨提示：电子钥匙办理完成网上流程后需快递资料，办理周期从快递到件计算 5 个工作日完成。已办理电子钥匙的请核对有效期，必要时及时办理延期！）
10.3	投标人须遵守的国家法律法规和规章，及中国长江三峡集团有限公司相关管理制度和标准	
10.3.1	国家法律法规和规章	投标人在投标活动中须遵守包括但不限于以下法律法规和规章： 1)《中华人民共和国合同法》 2)《中华人民共和国民法通则》 3)《中华人民共和国招标投标法》 4)《中华人民共和国招标投标法实施条例》 5)《工程建设项目货物招标投标办法》（国家计委令第 27 号）

续表

条款号	条款名称	编列内容
		6)《工程建设项目招标投标活动投诉处理办法》（国家发展改革委等 7 部门令第 11 号） 7)《关于废止和修改部分招标投标规章和规范性文件的决定》（国家发展改革委等 9 部门令第 23 号）
10.3.2	中国长江三峡集团有限公司相关管理制度	投标人在投标活动中须遵守以下中国长江三峡集团有限公司相关管理制度： 1)《中国长江三峡集团有限公司供应商信用评价管理办法》 2) 中国长江三峡集团有限公司供应商信用评价结果的有关通知（登录中国长江三峡集团有限公司电子采购平台（http：//epp. ctg. com. cn）后点击"通知通告"）
10.3.3	中国长江三峡集团有限公司相关企业标准	三峡企业标准：_____ 查阅网址：
10.4	投标人和其他利害关系人认为本次招标活动中涉及个人违反廉洁自律规定的，可通过招标公告中的招标采购监督电话等方式举报	

1 总则

1.1 项目概况

1.1.1 根据《中华人民共和国招标投标法》等有关法律、法规和规章的规定，本招标项目已具备招标条件，现对本项目进行招标。

1.1.2 本招标项目招标人：见投标人须知前附表。

1.1.3 本招标项目招标代理机构：见投标人须知前附表。

1.1.4 本招标项目名称：见投标人须知前附表。

1.1.5 本招标项目概况：见投标人须知前附表。

1.2 资金来源和落实情况

1.2.1 本招标项目的资金来源：见投标人须知前附表。

1.2.2 本招标项目的出资比例：见投标人须知前附表。

1.2.3 本招标项目的资金落实情况：见投标人须知前附表。

1.3 招标范围、交货要求、质量要求

1.3.1 本次招标范围：见投标人须知前附表。

1.3.2 本招标项目的交货要求：见投标人须知前附表。

1.3.3 本招标项目的质量要求：见投标人须知前附表。

1.4 投标人资格要求

1.4.1 投标人应具备承担本招标项目的资质条件、能力和信誉。相关资质要求如下：

（1）资质条件：见投标人须知前附表；

（2）业绩要求：见投标人须知前附表；

（3）信誉要求：见投标人须知前附表；

（4）财务要求：见投标人须知前附表；

（5）其他要求：见投标人须知前附表。

1.4.2 投标人须知前附表规定接受联合体投标的，除应符合本章第1.4.1项和投标人须知前附表的要求外，还应遵守以下规定：

1）联合体各方应按招标文件提供的格式签订联合体协议书，明确联合体牵头人和各成员方权利义务；

2）由同一专业的单位组成的联合体，按照资质等级较低的单位确定联合体的资质等级；

3）联合体各方不得再以自己名义单独或参加其他联合体在同一标段中投标。

1.4.3 投标人不得存在下列情形之一：

1）为招标人不具有独立法人资格的附属机构（单位）；

2）被责令停业的；

3）被暂停或取消投标资格的；

4）财产被接管或冻结的；

5）在最近三年内有骗取中标或严重违约或投标设备存在重大质量问题的；

6）投标人处于中国长江三峡集团有限公司限制投标的专业范围及期限内。

1.4.4 投标人不能作为其他投标人的分包人同时参加投标；单位负责人为同一人或者存在控股、管理关系的不同单位，不得参加同一标段投标或者未划分标段的同一招标项目投标。

1.4.5 投标人须知前附表规定接受代理商投标的，应符合本章第1.4.1项和投标人须知前附表的要求。

1.5 费用承担

投标人在本次投标过程中所发生的一切费用，不论中标与否，均由投标人自行承担，招标人和招标代理机构在任何情况下均无义务和责任承担这些费用。本项目招标工作由三峡国际招标有限责任公司作为招标代理机构负责组织，中标服务费用由中标人向招标代理机构支付，具体金额按照下表（中标服务费收费标准）计算执行。投标人投标费用中应包含拟支付给招标代理机构的中标服务费，该费用在投标报价表中不单独出项。收费类型见投标人须知前附表。

中标服务费用在合同签订后5日内，由招标代理机构直接从中标人的投标保证金中扣付。投标保证金不足支付中标服务费用时，中标人应补足差额。招标代理机构收取中标服务费用后，向中标人开具相应金额的服务费发票。

2-1 中标服务费收费标准

中标金额（万元）	工程类招标费率	货物类招标费率	服务类招标费率
100 以下	1.00％	1.50％	1.50％
100—500	0.70％	1.10％	0.80％
500—1000	0.55％	0.80％	0.45％
1000—5000	0.35％	0.50％	0.25％
5000—10000	0.20％	0.25％	0.10％
10000—50000	0.05％	0.05％	0.05％
50000—100000	0.035％	0.035％	0.035％
100000—500000	0.008％	0.008％	0.008％
500000—1000000	0.006％	0.006％	0.006％
1000000 以上	0.004％	0.004％	0.004％

注：中标服务费按差额定率累进法计算。例如：某货物类招标代理业务中标金额为900万元，计算中标服务费如下：

100×1.5％＝1.5万元

（500－100）×1.1％＝4.4万元

（900－500）×0.80％＝3.2万元

合计收费＝1.5＋4.4＋3.2＝9.1万元

1.6 保密

参与招标投标活动的各方应对招标文件和投标文件中的商业和技术等秘密保密，违者应对由此造成的后果承担法律责任。

1.7 语言文字

1.7.1 招标投标文件使用的语言文字为中文。专用术语使用外文的，应附有中文注释。

1.7.2 投标人与招标人之间就投标交换的所有文件和来往函件，均应用中文书写。

1.7.3 如果投标人提供的任何印刷文献和证明文件使用其他语言文字，则应将有关段落译成中文一并附上，如有差异，以中文为准。投标人应对译文的正确性负责。

1.8 计量单位

所有计量均采用中华人民共和国法定计量单位。

1.9 踏勘现场

1.9.1 投标人须知前附表规定组织踏勘现场的，招标人按投标人须知前附表规定的时间、地点组织投标人踏勘项目现场。

1.9.2 投标人踏勘现场发生的费用自理。

1.9.3 除招标人的原因外，投标人自行负责在踏勘现场中所发生的人员伤亡和财产损失。

1.9.4　招标人在踏勘现场中介绍的工程场地和相关的周边环境情况，供投标人在编制投标文件时参考，招标人不对投标人据此作出的判断和决策负责。

1.10　投标预备会

1.10.1　投标人须知前附表规定召开投标预备会的，招标人按投标人须知前附表规定的时间和地点召开投标预备会，澄清投标人提出的问题。

1.10.2　投标人应在投标人须知前附表规定的时间前，在电子采购平台上以电子文件的形式将提出的问题送达招标人，以便招标人在会议期间澄清。

1.10.3　投标预备会后，招标人在投标人须知前附表规定的时间内，将对投标人所提问题的澄清，在电子采购平台上以电子文件的形式通知所有购买招标文件的投标人。该澄清内容为招标文件的组成部分。

1.10.4　招标人在会议期间澄清仅供投标人在编制投标文件时参考，招标人不对投标人据此作出的判断和决策负责。

1.11　外购与分包制造

1.11.1　投标人选择的原材料供应商、部件制造的分包商应具有相应的制造经验，具有提供本招标项目所需质量、进度要求的合格产品的能力。

1.11.2　投标人需按照投标文件格式的要求，提供有关原材料供应商和部件分包商的完整的资质文件。

1.11.3　投标人应提交与其选定的分包商草签的分包意向书。分包意向书中应明确拟分包项目内容、报价、制造厂名称等主要内容。

1.12　提交偏差表

1.12.1　投标人应对招标文件的要求做出实质性的响应。如有偏差应逐条提出，并按投标文件的格式要求提出商务、技术偏差。

1.12.2　投标人对招标文件前附表中规定的内容提出负偏差将被认为是对招标文件的非实质性响应，其投标文件将被否决。

1.12.3　按投标文件格式提出偏差仅仅是为了招标人评标方便。但未在其投标文件中提出偏差的条款或部分，应视为投标人完全接受招标文件的规定。

2　招标文件

2.1　招标文件的组成

2.1.1　本招标文件包括：

第一章　招标公告/投标邀请书；

第二章　投标人须知；

第三章　评标办法；

第四章　合同条款及格式；

第五章　采购清单；

第六章　图纸；

第七章　技术标准和要求；

第八章　投标文件格式。

2.1.2　根据本章第 1.10 款、第 2.2 款和第 2.3 款对招标文件所作的澄清、修改，构成招标文件的组成部分。

2.2　招标文件的澄清

2.2.1　投标人应仔细阅读和检查招标文件的全部内容。如发现缺页或附件不全，应及时向招标人提出，以便补齐。如有疑问，应在投标人须知前附表规定的时间前在电子采购平台上以电子文件形式，要求招标人对招标文件予以澄清。

2.2.2　招标文件的澄清将在投标人须知前附表规定的投标截止时间 15 天前在电子采购平台上以电子文件形式发给所有购买招标文件的投标人，但不指明澄清问题的来源。如果澄清发出的时间距投标截止时间不足 15 天，并且澄清内容影响投标文件编制的，招标人相应延长投标截止时间。

2.2.3　投标人在收到澄清后，应在投标人须知前附表规定的时间内以书面形式通知招标人，确认已收到该澄清。未及时确认的，将根据电子采购平台下载记录默认潜在投标人已收到该澄清文件。

2.3　招标文件的修改

2.3.1　在投标截止时间 15 天前，招标人在电子采购平台上以电子文件形式修改招标文件，并通知所有已购买招标文件的投标人。如果修改招标文件的时间距投标截止时间不足 15 天，并且修改内容影响投标文件编制的，招标人相应延长投标截止时间。

2.3.2　投标人收到修改内容后，应在投标人须知前附表规定的时间内以书面形式通知招标人，确认已收到该修改。未及时确认的，将根据电子采购平台下载记录默认潜在投标人已收到该修改文件。

3　投标文件

3.1　投标文件的组成

3.1.1　投标文件应包括下列内容：

　　1）投标函；

　　2）授权委托书、法定代表人身份证明；

　　3）联合体协议书（如果有）；

4）投标保证金；

5）投标报价表；

6）技术方案；

7）偏差表；

8）拟分包项目情况表；

9）资格审查资料；

10）构成投标文件的其他材料。

3.1.2　投标人须知前附表规定不接受联合体投标的，或投标人没有组成联合体的，投标文件不包括本章第 3.1.1　3）目所指的联合体协议书。

3.2　投标报价

3.2.1　投标人应按第五章"采购清单"的要求填写相应表格。

3.2.2　投标人在投标截止时间前修改投标函中的投标总报价，应同时修改第五章"采购清单"中的相应报价，投标报价总额为各分项金额之和。此修改须符合本章第 4.3 款的有关要求。

3.2.3　投标人应在投标文件中的投标报价上标明本合同拟提供的合同设备及服务的单价和总价。每种投标设备只允许有一个报价，采用可选择报价提交的投标将被视为非响应性投标而予以否决。

3.2.4　报价中必须包括设计、制造和装配投标设备所使用的材料、部件，试验、运输、保险、技术文件和技术服务费等及合同设备本身已支付或将支付的相关税费。

3.2.5　对于投标人为实现投标设备的性能和为保证投标设备的完整性和成套性所必需却没有单独列项和投标的费用，以及为完成本合同责任与义务所需的所有费用等，均应视为已包含在投标设备的报价中。

3.2.6　投标报价应为固定价格，投标人在投标时应已充分考虑了合同执行期间的所有风险，按可调整价格报价的投标文件将被否决。

3.3　投标有效期

3.3.1　在投标人须知前附表规定的投标有效期内，投标人不得要求撤销或修改其投标文件。

3.3.2　出现特殊情况需要延长投标有效期的，招标人在电子采购平台上以电子文件形式通知所有投标人延长投标有效期。投标人同意延长的，应相应延长其投标保证金的有效期，但不得要求或被允许修改或撤销其投标文件；投标人拒绝延长的，其投标失效，但投标人有权收回其投标保证金。

3.4　投标保证金

3.4.1　投标人在递交投标文件的同时，应按投标人须知前附表规定的金额、担保形式和第八章"投标文件格式"规定的投标保证金格式递交投标保证金，并作为其投标文件的组成部分。联合体投标的，其投标保证金由牵头人递交，并应符合投标人须知前附表的规定。

3.4.2 投标人不按本章第 3.4.1 项要求提交投标保证金的，其投标将被否决。

3.4.3 招标代理机构按投标人须知前附表的规定退还投标保证金。

3.4.4 有下列情形之一的，投标保证金将不予退还：

1）投标人在规定的投标有效期内撤销或修改其投标文件；

2）中标人在收到中标通知书后，无正当理由拒签合同协议书或未按招标文件规定提交履约担保。

3.5 资格审查资料

3.5.1 证明投标人合格和资格的文件：

1）投标人应提交证明其有资格参加投标，且中标后有能力履行合同的文件，并作为其投标文件的一部分。

2）投标人提交的投标合格性的证明文件应使招标人满意。

3）投标人提交的中标后履行合同的资格证明文件应使招标人满意，包括但不限于，投标人已具备履行合同所需的财务、技术、设计、开发和生产能力。

3.5.2 证明投标设备的合格性和符合招标文件规定的文件：

1）投标人应提交根据合同要求提供的所有合同货物及其服务的合格性以及符合招标文件规定的证明文件，并作为其投标文件的一部分。

2）合同货物和服务的合格性的证明文件应包括投标表中对合同货物和服务来源地的声明。

3）证明投标设备和服务与招标文件的要求相一致的文件可以是文字资料、图纸和数据，投标人应提供：

A）投标设备主要技术指标和产品性能的详细说明；

B）逐条对招标人要求的技术规格进行评议，指出自己提供的投标设备和服务是否已做出实质性响应。同时应注意：投标人在投标中可以选用替代标准、牌号或分类号，但这些替代要实质上优于或相当于技术规格的要求。

3.5.3 投标人为了具有被授予合同的资格，应提供投标文件格式要求的资料，用以证明投标人的合法地位和具有足够的能力及充分的财务能力来有效地履行合同。为此，投标人应按投标人须知前附表中规定的时间区间提交相关资格审查资料，供评标委员会审查。

3.6 备选投标方案

除投标人须知前附表另有规定外，投标人不得递交备选投标方案。允许投标人递交备选投标方案的，只有中标人所递交的备选投标方案方可予以考虑。评标委员会认为中标人的备选投标方案优于其按照招标文件要求编制的投标方案的，招标人可以接受该备选投标方案。

3.7　投标文件的编制

3.7.1　投标文件应按第八章"投标文件格式"进行编写，如有必要，可以增加附页，作为投标文件的组成部分。其中，投标函在满足招标文件实质性要求的基础上，可以提出比招标文件要求更有利于招标人的承诺。

3.7.2　投标文件包括网上提交的电子文件、纸质文件和现场递交的投标文件电子版（U盘），具体数量要求见投标人须知前附表。

3.7.3　纸质投标文件应用不褪色的材料书写或打印，并由投标人的法定代表人或其委托代理人签字或盖单位章。委托代理人签字的，投标文件应附法定代表人签署的授权委托书。投标文件应尽量避免涂改、行间插字或删除。如果出现上述情况，改动之处应加盖单位章或由投标人的法定代表人或其授权的代理人签字确认。所有投标文件均需使用阿拉伯数字从前至后逐页编码。签字或盖章的具体要求见投标人须知前附表。

3.7.4　现场递交的纸质投标文件的正本与副本应分别装订成册，具体装订要求见投标人须知前附表规定。

3.7.5　现场递交的投标文件电子版（U盘）应为未加密的电子文件，并应按照投标人须知前附表规定的格式进行编制。

3.7.6　网上提交的电子投标文件应按照投标人须知前附表规定格式进行编制。

4　投标

4.1　投标文件的密封和标记

4.1.1　投标文件现场递交部分应进行密封包装，并在封套的封口处加盖投标人单位章；网上提交的电子投标文件应加密后递交。

4.1.2　投标文件现场递交部分的封套上应写明的内容见投标人须知前附表。

4.1.3　未按本章第4.1.1项或第4.1.2项要求密封和加写标记的投标文件，招标人不予受理。

4.2　投标文件的递交

4.2.1　投标人应在投标人须知前附表规定的投标截止时间前分别在网上提交和现场递交投标文件。

4.2.2　投标文件网上提交：投标人应按照前附表要求将编制好的投标文件加密后上传至电子采购平台（具体操作方法详见＜http://epp.ctg.com.cn＞网站中"使用指

南"）。

4.2.3　投标人现场递交投标文件（包括纸质版和电子版）的地点：见投标人须知前附表。

4.2.4　除投标人须知前附表另有规定外，投标人所递交的投标文件不予退还。

4.2.5　在投标截止时间前，现场递交的投标文件未送达到指定地点或者网上提交的投标文件未成功上传至电子采购平台，招标人不予受理。

4.3　投标文件的修改与撤回

4.3.1　在本章第2.2.2项规定的投标截止时间前，投标人可以修改或撤回已递交的投标文件，但应以书面形式通知招标人。

4.3.2　投标人如要修改投标文件，必须在修改后再重新上传电子文件；现场递交的投标文件相应修改。投标人修改或撤回已递交投标文件的书面通知应按照本章第3.7.3项的要求签字或盖章。招标人收到书面通知后，向投标人出具签收凭证。

4.3.3　修改的内容为投标文件的组成部分。修改的投标文件应按照本章第3条、第4条规定进行编制、密封、标记和递交，并标明"修改"字样。

4.3.4　投标人撤回投标文件的，招标人自收到投标人书面撤回通知之日起5日内退还已收取的投标保证金。

4.4　投标文件的有效性

4.4.1　当网上提交和现场递交的投标文件内容不一致时，以网上提交的投标文件为准。

4.4.2　当现场递交的投标文件文件电子版与投标文件纸质版正本内容不一致时，以投标文件纸质版正本为准。

4.4.3　当电子采购平台上传的投标文件全部或部分解密失败或发生第5.3项紧急情形时，经监督人或公证人确认后，以投标文件纸质版正本为准。

4.5　投标样品

4.5.1　除投标人须知前附表另有规定外，投标人应提交能反映货物材质或关键部分的样品，同时应提交《样品清单》。

4.5.2　为方便评标，投标人在提供样品时，应使用透明的外包装或尽量少用外包装，但必须在所提供的样品表面显著位置标注投标人的名称、包号、样品名称、招标文件规定的货物编号。

4.5.3　样品作为投标文件的一部分，除非另有说明，中标单位的样品不再退还，未中标单位须在中标公告发布后五个工作日内，前往招标机构领取投标样品，逾期不领，招标机构将不承担样品的保管责任，由此引发的样品丢失、毁损，招标机构不予负责。

5 开标

5.1 开标时间和地点

招标人在本章第 2.2.2 项规定的投标截止时间（开标时间）和投标人须知前附表规定的地点公开开标，并邀请所有投标人的法定代表人或其委托代理人准时参加。

5.2 开标程序（适用于电子开标）

招标人在规定的时间内，通过电子采购平台开评标系统，按下列程序进行开标：

1）宣布开标程序及纪律；

2）公布在投标截止时间前递交投标文件的投标人名称，并点名确认投标人是否派人到场；

3）宣布开标人、记录人、监督或公证等人员姓名；

4）监督或公证人检查投标文件的递交及密封情况；

5）根据检查情况，对未按招标文件要求递交投标文件的投标人，或已递交了一封可接受的撤回通知函的投标人，将在电子采购平台中进行不开标设置；

6）设有标底的，公布标底；

7）宣布进行电子开标，显示投标总价解密情况，如发生投标总价解密失败，将对解密失败的按投标文件纸质版正本进行补录；

8）显示开标记录表；（如果投标人电子开标总报价明显存在单位错误或数量级差别，在投标人当场提出异议后，按其纸质投标文件正本进行开标，评标时评标委员会根据其网上提交的电子投标文件进行总报价复核。）

9）公证人员宣读公证词（如有）；

10）宣布评标期间注意事项；

11）投标人代表等有关人员在开标记录上签字确认（有公证时，不适用）；

12）开标结束。

5.3 开标程序（适用于纸质投标文件开标）

主持人按下列程序进行开标：

1）宣布开标纪律；

2）公布在投标截止时间前递交投标文件的投标人名称，并点名确认投标人是否派人到场；

3）宣布开标人、唱标人、记录人、监督或公证等有关人员姓名；

4）监督或公证人检查投标文件的递交及密封情况；

5）确定并宣布投标文件开标顺序；

6）设有标底的，公布标底；

7）按照宣布的开标顺序当众开标，公布投标人名称、项目及标段名称、投标报价及其他内容，并记录在案；

8）公证人员宣读公证词（如有）；

9）宣布评标期间注意事项；

10）投标人代表等有关人员在开标记录上签字确认（有公证时，不适用）；

11）开标结束。

5.4 电子招投标的应急措施

5.4.1 开标前出现以下情况，导致投标人不能完成网上提交电子投标文件的紧急情形，招标代理机构在开标截止时间前收到电子钥匙办理单位书面证明材料时，采用纸质投标文件正本进行报价补录。

1）电子钥匙非人为故意损坏；

2）因电子钥匙办理单位原因导致电子钥匙办理来不及补办。

5.4.2 当电子采购平台出现下列紧急情形时，采用纸质投标文件正本进行开标：

1）系统服务器发生故障，无法访问或无法使用系统；

2）系统的软件或数据库出现错误，不能进行正常操作；

3）系统发现有安全漏洞，有潜在的泄密危险；

4）病毒发作或受到外来病毒的攻击；

5）投标文件解密失败；

6）其它无法进行正常电子开标的情形。

5.5 开标异议

如投标人对开标过程有异议的，应在开标会议现场当场提出，招标人现场进行答复，由开标工作人员进行记录。

5.6 开标监督与结果

5.6.1 开标过程中，各投标人应在开标现场见证开标过程和开标内容，开标结束后，将在电子采购平台上公布开标记录表，投标人可在开标当日登录电子采购平台查看相关开标结果。

5.6.2 无公证情况时，不参加现场开标仪式或开标结束后拒绝在开标记录表上签字确认的投标人，视为默认开标结果。

5.6.3 未在开标时开封和宣读的投标文件，不论情况如何均不能进入进一步的评审。

6 评标

6.1 评标委员会

6.1.1 评标由招标人依法组建的评标委员会负责。评标委员会由招标人或其委托的招标代理机构熟悉相关业务的代表，以及有关技术、经济等方面的专家组成。

6.1.2　评标委员会成员有下列情形之一的，应当回避：

1）投标人或投标人的主要负责人的近亲属；

2）项目行政主管部门或者行政监督部门的人员；

3）与投标人有经济利益关系，可能影响对投标公正评审的；

4）曾因在招标、评标以及其他与招标投标有关活动中从事违法行为而受过行政处罚或刑事处罚的；

5）与投标人有其他利害关系。

6.2　评标原则

评标活动遵循公平、公正、科学和择优的原则。

6.3　评标

评标委员会按照第三章"评标办法"规定的方法、评审因素、标准和程序对投标文件进行评审。第三章"评标办法"没有规定的方法、评审因素和标准，不作为评标依据。

7　合同授予

7.1　定标方式

招标人依据评标委员会推荐的中标候选人确定中标人。

7.2　中标候选人公示

招标人在投标人须知前附表规定的媒介公示中标候选人。

7.3　中标通知

在本章第3.3款规定的投标有效期内，招标人以书面形式向中标人发出中标通知书，同时将中标结果通知未中标的投标人。

7.4　履约担保

7.4.1　中标人应按投标人须知前附表规定的金额、担保形式和招标文件第四章"合同条款及格式"规定的履约担保格式及时间要求向招标人提交履约担保。联合体中标的，其履约担保由牵头人递交，并应符合投标人须知前附表规定的金额、担保形式和招标文件第四章"合同条款及格式"规定的履约担保格式要求。

7.4.2　中标人不能按本章第7.4.1项要求提交履约担保的，视为放弃中标，其投标保证金不予退还，给招标人造成的损失超过投标保证金数额的，中标人还应当对超过部分予以赔偿。

7.5 签订合同

7.5.1 招标人和中标人应当自中标通知书发出之日起30天内，根据招标文件和中标人的投标文件订立书面合同。中标人无正当理由拒签合同的，招标人取消其中标资格，其投标保证金不予退还；给招标人造成的损失超过投标保证金数额的，中标人还应当对超过部分予以赔偿。

7.5.2 发出中标通知书后，招标人无正当理由拒签合同的，招标人向中标人退还投标保证金；给中标人造成损失的，还应当赔偿损失。

8 重新招标和不再招标

8.1 重新招标

有下列情形之一的依法必须招标的项目，招标人将重新招标：

1）投标截止时间止，投标人少于3名的；

2）经评标委员会评审后否决所有投标的；

3）国家相关法律法规规定的其他重新招标情形。

8.2 不再招标

重新招标后投标人仍少于3名或者所有投标被否决的，不再进行招标。

9 纪律和监督

9.1 对招标人的纪律要求

招标人不得泄漏招标投标活动中应当保密的情况和资料，不得与投标人串通损害国家利益、社会公共利益或者他人合法权益。

9.2 对投标人的纪律要求

9.2.1 投标人不得相互串通投标或者与招标人串通投标，不得向招标人或者评标委员会成员行贿谋取中标，不得以他人名义投标或者以其他方式弄虚作假骗取中标；投标人不得以任何方式干扰、影响评标工作，或以不正当手段获取招标人评标的有关信息，一经查实，招标人将否决其投标。

9.2.2 如果投标人存在失信行为，招标人除报告国家有关部门由其进行处罚外，招标人还将根据《中国长江三峡集团有限公司供应商信用评价管理办法》中的相关规定对其进行处理。

9.3 对评标委员会成员的纪律要求

评标委员会成员不得收受他人的财物或者其他好处，不得向他人透漏对投标文件的评审和比较、中标候选人的推荐情况以及评标有关的其他情况。在评标活动中，评标委员会成员不得擅离职守，影响评标程序正常进行，不得使用第三章"评标办法"没有规定的评审因素和标准进行评标。

9.4　对与评标活动有关的工作人员的纪律要求

与评标活动有关的工作人员不得收受他人的财物或者其他好处，不得向他人透漏对投标文件的评审和比较、中标候选人的推荐情况以及评标有关的其他情况。在评标活动中，与评标活动有关的工作人员不得擅离职守，影响评标程序正常进行。

9.5　异议处理

9.5.1　异议必须由投标人或者其他利害关系人以实名提出，在下述异议提出有效期间内以书面形式按照招标文件规定的联系方式提交给招标人。为保证正常的招标秩序，异议人须按本章第9.5.2项要求的内容提交异议。

1）对资格预审文件有异议的，应在提交资格预审申请文件截止时间2日前提出；对招标文件及其修改和补充文件有异议的，应在投标截止时间10日前提出；

2）对开标有异议的，应在开标现场提出；

3）对中标结果有异议的，应在中标候选人公示期间提出。

9.5.2　异议书应当以书面形式提交（如为传真或者电邮，需将异议书原件同时以特快专递或者派人送达招标人），异议书应当至少包括下列内容：

1）异议人的名称、地址及有效联系方式；

2）异议事项的基本事实（异议事项必须具体）；

3）相关请求及主张（主张必须明确，诉求清楚）；

4）有效线索和相关证明材料（线索必须有效且能够查证，证明材料必须真实有效，且能够支持异议人的主张或者诉求）。

9.5.3　异议人是投标人的，异议书应由其法定代表人或授权代理人签定并盖章。异议人若是其他利害关系人，属于法人的，异议书必须由其法定代表人或授权代理人签字并盖章；属于其他组织或个人的，异议书必须由其主要负责人或异议人本人签字，并附有效身份证明复印件。

9.5.4　招标人只对投标人或者其他利害关系人提交了合格异议书的异议事项进行处理，并于收到异议书3日内做出答复。异议书不是投标人或者其他利害关系人的提出的，异议书内容或者形式不符合第9.5.2项要求的，招标人可不受理。

9.5.5　招标人对异议事项做出处理后，异议人若无新的证据或者线索，不得就所提异议事项再提出异议。除开标外，异议人自收到异议答复之日起3日内应进行确认并反馈意见，若超过此时限，则视同异议人同意答复意见，招标及采购活动可继续进行。

9.5.6 经招标人查实，若异议人以提出异议为名进行虚假、恶意异议的，阻碍或者干扰了招标投标活动的正常进行，招标人将对异议人作出如下处理：

1）如果异议人为投标人，将异议人的行为作为不良信誉记录在案。如果情节严重，给招标人带来重大损失的，招标人有权追究其法律责任，并要求其赔偿相应的损失，自异议处理结束之日起3年内禁止其参加招标人组织的招标活动。

2）对其他利害关系人招标人将保留追究其法律责任的权利，并记录在案。

9.6 投诉

投标人和其他利害关系人认为本次招标活动违反法律、法规和规章规定的，有权向有关行政监督部门投诉。

10 需要补充的其他内容

需要补充的其他内容：见投标人须知前附表。

附件一 开标记录表

_____ **（项目名称）**
开标一览表

招标编号：　　　　　　　　　标段名称：
开标时间：　　　　　　　　　开标地点：

序号	投标人名称	投标报价（元）	备　注
1			
2			
3			
4			
5			
6			
7			
8			
9			
……			

备注：
记录人：　　　　　　　　监督人：　　　　　　　　公证人：

附件二 问题澄清通知

<u>   </u>项目问题澄清通知

编号：<u>   </u>

<u>   </u>（投标人名称）：

现将本项目评标委员会在审查贵单位投标文件后所提出的澄清问题以传真（邮件）的形式发给贵方，请贵方在收到该问题清单后逐一作出相应的书面答复，澄清答复文件的签署要求与投标文件相同，并请于<u>   </u>年<u>   </u>月<u>   </u>日<u>   </u>时前将澄清答复文件传真至三峡国际招标有限责任公司。此外该澄清答复文件电子版还应以电子邮件的形式传给我方，邮箱地址：<u>   </u>@ctgpc.com.cn。未按时送交澄清答复文件的投标人将不能进入下一步评审。

附：澄清问题清单

1.

2.

……

<u>   </u>招标评标委员会

<u>   </u>年<u>   </u>月<u>   </u>日

附件三 问题的澄清

<u>   </u>（项目名称）问题的澄清

编号：<u>   </u>

<u>   </u>（项目名称）招标评标委员会：

问题澄清通知（编号：<u>   </u>）已收悉，现澄清如下：

1.

2.

……

投标人：<u>   </u>（盖单位章）

法定代表人或其委托代理人：<u>   </u>（签字）

<u>   </u>年<u>   </u>月<u>   </u>日

附件四　中标候选人公示和中标结果公示

（项目及标段名称）中标候选人公示
（招标编号：）

招标人		招标代理机构	三峡国际招标有限责任公司	
公示开始时间		公示结束时间		
内容		第一中标候选人	第二中标候选人	第三中标候选人
1. 中标候选人名称				
2. 投标报价				
3. 质量				
4. 工期（交货期）				
5. 评标情况				
6. 资格能力条件				
7. 项目负责人情况	姓名			
	证书名称			
	证书编号			
8. 提出异议的渠道和方式（投标人或其他利害关系人如对中标候选人有异议，请在中标候选人公示期间以书面形式实名提出，并应由异议人的法定代表人或其授权代理人签字并盖章。对于无异议人名称和地址及有效联系方式、无具体异议事项、主张不明确、诉求不清楚、无有效线索和相关证明材料的异议将不予受理）	电话			
	传真			
	Email			

（项目及标段名称）中标结果公示

（招标人名称）根据本项目评标委员会的评定和推荐，并经过中标候选人公示，确定本项目中标人如下：

招标编号	项目名称	标段名称	中标人名称

招标人：

招标代理机构：三峡国际招标有限责任公司

日期：

附件五 中标通知书

中标通知书

_____（中标人名称）：

在_____（招标编号：_____）招标中，根据《中华人民共和国招标投标法》等相关法律法规和此次招标文件的规定，经评定，贵公司中标。请在接到本通知后的_____日内与_____联系合同签订事宜。

请在收到本传真后立即向我公司回函确认。谢谢！

合同谈判联系人：

联系电话：

三峡国际招标有限责任公司

_____年____月____日

附件六 确认通知

确认通知

_____（招标人名称）：

我方已接到你方_____年_____月_____日发出的_____（项目名称）招标关于_____的通知，我方已于_____年____月_____日收到。

特此确认。

投标人：_____（盖单位章）

_____年____月____日

第三章 评标办法（综合评估法）

评标办法前附表

条款号		评审因素	评审标准
2.1.1	形式评审标准	投标人名称	与营业执照、相关证书一致
		投标函签字盖章	有法定代表人或其委托代理人签字或加盖单位章
		投标文件格式	符合第八章"投标文件格式"的要求
		联合体投标人（如有）	提交联合体协议书，并明确联合体牵头人
		报价唯一	只能有一个有效报价
2.1.2	资格评审标准	营业执照	具备有效的营业执照
		资质条件	符合第二章"投标人须知"第1.4.1项规定
		财务要求	符合第二章"投标人须知"第1.4.1项规定
		业绩要求	符合第二章"投标人须知"第1.4.1项规定
		信誉要求	符合第二章"投标人须知"第1.4.1项规定
		其他要求	符合第二章"投标人须知"第1.4.1项规定
2.1.3	响应性评审标准	投标内容	符合第二章"投标人须知"第1.3.1项规定
		交货进度	符合第二章"投标人须知"第1.3.2项规定
		投标有效期	符合第二章"投标人须知"第3.3.1项规定
		投标保证金	符合第二章"投标人须知"第3.4.1项规定
		权利义务	符合第四章"合同条款及格式"规定
		投标报价表	符合第五章"采购清单"中给出的范围及数量
		技术标准和要求	符合第七章"技术标准和要求"的规定，偏差在合理范围内

条款号	条款内容	编列内容
2.2.1	评分权重构成（100%）	商务部分：20% 技术部分：50% 报价部分：30%
2.2.2	评标基准价计算方法	以所有进入详细评审的投标人评标价算术平均值×0.97①作为本次评审的评标价基准值B。并应满足计算规则：

---

① 评标价基准值计算系数原则上不做调整。若招标人根据项目规模、难度以及市场竞争性等情况需要调整该系数，请在0.92—0.97之间进行选择，并记录在案。

续表

条款号	条款内容	编列内容	
		1）当进入详细评审的投标人超过 5 家时去掉一个最高价和一个最低价； 2）当同一企业集团多家所属企业（单位）参与本项目投标时，取其中最低评标价参与评标价基准值计算，无论该价格是否在步骤 1）中被筛选掉； 3）依据 1）、2）规则计算 B 值后，如参与计算的投标人不少于 3 名，去掉评标价高于 B 值×130%（含）的评标价，重新计算 B 值。（备注：本条根据项目具体情况，在编制招标文件时选择是否使用。） 评标价为经修正后的投标报价	
2.2.3	偏差率计算公式	偏差率 Di＝100% ×（投标人评标价 － 评标价基准值）/评标价基准值	

条款号		评分因素	评分标准	权重
2.2.4 1)	商务部分评分标准（20%）	投标文件的符合性	检查投标文件在内容与项目上的完整性，针对投标人提出的非实质性商务偏差，评价其是否合理，是否会损害招标人的利益和未来的合同执行	5%
		信用评价	根据中国长江三峡集团有限公司最新发布的年度供应商信用评价结果进行统一评分，A、B、C 三个等级信用得分分别为 100、85、70 分。如投标人初次进入中国长江三峡集团有限公司投标或报价，由评标委员会根据其以往业绩及在其他单位的合同履约情况合理确定本次评审信用等级	5%
		财务状况	评价投标人财务状况	2%
		工作及交货进度	根据投标人提交的交货进度表审查投标人对交货进度的响应情况；核查投标人是否提交符合招标文件要求的工作进度计划，评价工作进度计划是否合理、可行；现有合同项目对本项目的制造进度的影响	3%
		报价的合理性	对主要报价进行合理性评审	5%
2.2.4 2)	技术部分评审标准（50%）	投标人业绩	审查投标人的以往业绩情况，以及用户的证明材料	6%
		技术能力	设计、制造加工能力、检测设施和手段及技术力量；工艺质量保证措施	5%
		技术方案	主要技术方案及技术符合性评审	20%
		性能保证	技术性能参数；产品的材料、品质和结构的合理性、先进性	15%
		技术服务	设备售后服务体系及现场安装指导与测试的配合	4%

条款号	评分因素	评分标准	权重
2.2.4 3)	报价部分评审标准（30%）	投标报价得分	当 $0 < D_i \leqslant 3\%$ 时，每高 1% 扣 2 分； 当 $3\% < D_i \leqslant 6\%$ 时，每高 1% 扣 4 分； 当 $6\% < D_i$，每高 1% 扣 6 分； 当 $-3\% < D_i \leqslant 0$ 时，不扣分； 当 $-6\% < D_i \leqslant -3\%$ 时，每低 1% 扣 1 分； 当 $-9\% < D_i \leqslant -6\%$ 时，每低 1% 扣 2 分； 当 $D_i \leqslant -9\%$ 时，每低 1% 扣 3 分； 满分为 100 分，最低得 60 分。 上述计分按分段累进计算，当入围投标人评标价与评标价基准值 B 比例值处于分段计算区间内时，分段计算按内插法等比例计扣分	
3.1.1	初步评审	初步评审短名单的确定	按照投标人的报价由低到高排序，当投标人少于 10 名时，选取排序前 5 名进入短名单；当投标人为 10 名及以上时，选取排序前 6 名进入短名单。若进入短名单的投标人未能通过初步评审，或进入短名单投标人有算术错误，经修正后的报价高于其他未进入短名单的投标人报价，则依序递补。如果数量不足 5 名时，按照实际数量选取	
3.2.1	详细评审名单的确定	详细评审名单的确定标准	通过初步评审的投标人全部进入详细评审	
3.2.2	详细评审	投标报价的处理规则	不适用	

1 评标方法

本次评标采用综合评估法。评标委员会对满足招标文件实质性要求的投标文件，按照本章第 2.2 款规定的评分标准进行打分，并按综合得分由高到低顺序推荐＿＿＿名中标候选人，或根据招标人授权直接确定中标人，但投标报价低于其成本的除外。综合评分相等时，投标报价低的优先；投标报价也相等的，技术得分高的优先；当技术得分也相等的，由招标人自行确定。

2 评审标准

2.1 初步评审标准

2.1.1 形式评审标准：见评标办法前附表。

2.1.2 资格评审标准：见评标办法前附表。

2.1.3 响应性评审标准：见评标办法前附表。

2.2 分值构成与评分标准

2.2.1 分值构成

1）商务部分：见评标办法前附表；

2）技术部分：见评标办法前附表；

3）报价部分：见评标办法前附表。

2.2.2　评标价基准值计算

评标价基准值计算方法：见评标办法前附表。

2.2.3　偏差率计算

偏差率计算公式：见评标办法前附表。

2.2.4　评分标准

1）商务部分评分标准：见评标办法前附表；

2）技术部分评分标准：见评标办法前附表；

3）报价部分评分标准：见评标办法前附表。

3　评标程序

3.1　初步评审

3.1.1　初步评审短名单的确定：见评标办法前附表。

3.1.2　评标委员会依据本章第 2.1 款规定的标准对投标文件进行初步评审。有一项不符合评审标准的，其投标将被否决。

3.1.3　投标人有以下情形之一的，其投标将被否决：

1）第二章"投标人须知"第 1.4.3 项规定的任何一种情形的；

2）串通投标或弄虚作假或有其他违法行为的；

3）不按评标委员会要求澄清、说明或补正的。

3.1.4　技术评议时，存在下列情况之一的，评标委员会应当否决其投标：

1）投标文件不满足招标文件技术规格中加注星号（"＊"）的主要参数要求或加注星号（"＊"）的主要参数无技术资料支持；

2）投标文件技术规格中一般参数超出允许偏离的最大范围；

3）投标文件技术规格中的响应与事实不符或虚假投标；

4）投标文件中存在的按照招标文件中有关规定构成否决投标的其他技术偏差情况。

3.1.5　投标报价有算术错误的，评标委员会按以下原则对投标报价进行修正，修正的价格经投标人书面确认后具有约束力。投标人不接受修正价格的，其投标将被否决。

1）投标文件中的大写金额与小写金额不一致的，以大写金额为准；

2）总价金额与依据单价计算出的结果不一致的，以单价金额为准修正总价，但单价金额小数点有明显错误的除外。

3.1.6　经初步评审后合格投标人不足 3 名的，评标委员会应对其是否具有竞争性进行评审，因有效投标不足 3 个使得投标明显缺乏竞争的，评标委员会可以否决全部投标。

3.2 详细评审

3.2.1 详细评审短名单确定：见评标办法前附表。

3.2.2 投标报价的处理规则：见评标办法前附表。

3.2.3 评分按照如下规则进行。

1）评分由评标委员会以记名方式进行，参加评分的评标委员会成员应单独打分。凡未记名、涂改后无相应签名的评分票均作为废票处理。

2）评分因素按照 A～D 四个档次评分的，A 档对应的分数为 100—90（含 90），B 档 90—80（含 80），C 档 80—70（含 70），D 档 70—60（含 60）。评标委员会讨论进入详细评审投标人在各个评审因素的档次，评标委员会成员宜在讨论后决定的评分档次范围内打分。如评标委员会成员对评分结果有不同看法，也可超档次范围打分，但应在意见表中陈述理由。

3）评标委员会成员打分汇总方法，参与打分的评标委员会成员超过 5 名（含 5 名）以上时，汇总时去掉单项评价因素的一个最高分和一个最低分，以剩余样本的算术平均值作为投标人的得分。

4）评分分值的中间计算过程保留小数点后三位，小数点后第四位"四舍五入"；评分分值计算结果保留小数点后两位，小数点后第三位"四舍五入"。

3.2.4 评标委员会按本章第 2.2 款规定的量化因素和分值进行打分，并计算出综合评估得分。

1）按本章第 2.2.4 1）目规定的评审因素和分值对商务部分计算出得分 A；

2）按本章第 2.2.4 2）目规定的评审因素和分值对技术部分计算出得分 B；

3）按本章第 2.2.4 3）目规定的评审因素和分值对投标报价计算出得分 C；

4）投标人综合得分＝A＋B＋C。

3.2.5 评标委员会发现投标人的报价明显低于其他投标人的报价，或者在设有标底时明显低于标底，使得其投标报价可能低于其成本的，应当要求该投标人作出书面说明并提供相应的证明材料。投标人不能合理说明或者不能提供相应证明材料的，由评标委员会认定该投标人以低于成本报价竞标，否决其投标。

3.3 投标文件的澄清和补正

3.3.1 在评标过程中，评标委员会可以书面形式要求投标人对所提交的投标文件中不明确的内容进行书面澄清或说明，或者对细微偏差进行补正。评标委员会不接受投标人主动提出的澄清、说明或补正。

3.3.2 澄清、说明和补正不得改变投标文件的实质性内容（算术性错误修正的除外）。投标人的书面澄清、说明和补正属于投标文件的组成部分。

3.3.3 评标委员会对投标人提交的澄清、说明或补正有疑问的，可以要求投标人进一步澄清、说明或补正，直至满足评标委员会的要求。

3.4 评标结果

3.4.1 除第二章"投标人须知"前附表授权直接确定中标人外，评标委员会按照综合得分由高到低的顺序推荐＿＿名中标候选人。

3.4.2 评标委员会完成评标后，应当向招标人提交书面评标报告。

3.4.3 中标候选人在信用中国网站（http：//www.creditchina.gov.cn/）被查询存在与本次招标项目相关的严重失信行为，评标委员会认为可能影响其履约能力的，有权取消其中标候选人资格。

第四章　合同条款及格式

1　合同格式

合同号：

日期：

签订地点：

_____（以下简称"买方"）为一方和_____

（以下简称"卖方"）为另一方同意按下述条款签署本合同（以下简称"合同"）：

1）合同文件

下述文件组成本合同不可分割的部分：

（1）合同书

（2）合同条款

（3）合同技术条款

（4）合同附件

附件一　　价格表

附件二　　设备特性和性能保证值

附件三　　合同设备交货批次及进度表

附件四　　合同设备描述概要表

附件五　　卖方提供的现场技术服务

附件六　　技术培训

附件七　　履约保函

附件八　　预付款保函

附件九　　质量保函

附件十　　物流信息化管理相关规定

附件十一　廉洁协议

（5）中标通知书

（6）双方授权代表签字并指明的书面文件

2）合同范围和条件

本合同范围和条件应与上述规定的合同文件一致。

3）合同设备和数量

本合同项下所供合同设备和数量详见价格表及合同设备描述概要表。

4）合同金额

本合同项下币种为人民币。合同总金额为（小写）：＿＿＿＿＿＿＿＿＿＿＿＿万元

（大写）：＿＿＿＿＿＿万元。其分项价格详见附件一。

5）合同设备的支付条件、交货时间和交货地点以及合同生效等详见合同文件。

6）本合同用中文书写，正本两份，买方、卖方各执正本一份。

7）本合同附件为本合同不可分割的组成部分，与合同正文具有同等效力。

8）双方任何一方未取得另一方书面同意前，不得将本合同项下的任何权利和义务转让给第三方。

买方 卖方

公司名称：＿＿＿＿＿＿＿＿＿ 公司名称：＿＿＿＿＿＿＿＿＿

授权代表签字：＿＿＿＿＿＿＿ 授权代表签字：＿＿＿＿＿＿＿

印刷体姓名：＿＿＿＿＿＿＿ 印刷体姓名：＿＿＿＿＿＿＿

职务：＿＿＿＿＿＿＿＿＿ 职务：＿＿＿＿＿＿＿＿＿

2 合同条款

2.1 定义

2.1.1 下列术语在合同中使用时具有如下含义：

1）买方——是指_____或其法人的继任方和受让方或其代理人，其为_____水电站的业主和本合同项下合同设备最终的用户。

2）卖方——是指按本合同规定提供合同设备、技术服务和培训的_____公司或法人的继任方和受让方或其代理人。

3）工程设计者——指_____，受_____委托，负责_____水电站工程的设计。

4）监造——是指在合同设备设计与制造过程中买方派出人员到卖方制造厂或指定地点，或卖方派出人员到部件制造厂或分包厂或指定地点，对原材料、部件采购与检验、制造工序和工艺、产品质量、检测与检验、组装试验、包装和发运等过程按合同规定的条件实施监督和/或要求的过程，或行为。

5）合同——是指买方和卖方（下称"合同双方"）之间经双方签字的书面协议，包括所有组成合同的文件、附件和其它经双方授权代表签字并指明的其他书面文件。

6）合同总价——是指卖方按照合同全面而正确地履行合同规定的义务、承担合同规定的责任，买方应支付给卖方的合同金额。

7）合同设备——指卖方按照合同规定的义务应当提供的下列项目：①调速系统及其附属设备；②备品备件和专用工器具；③其他设备。

8）专用工器具——是设备运输、安装、维修、维护、试验、调试、运行过程中使用的工具（专为本合同设备设计制造）、设备、仪器和仪表等的总称。

9）技术文件——指卖方按照合同规定的义务应当提供的与合同设备的设计、模型试验、合同设备制造、工厂试验、检验、安装、调试、试运行、验收试验、商业运行、操作和维护保养相关的所有的数据、图纸、各种正式的文字资料、电子文件及其载体、以及生产过程的照片和录相等。

10）技术服务——是指在本合同设备的组装、安装、调试、试运行和验收试验过程中以及本合同中所规定的其它方面，卖方应提供的监督、指导与服务。

11）技术培训——是指卖方就合同设备的设计、制造、试验、检验、安装、调试、试运行、验收试验、操作、维护保养等方面的作业以及合同中所规定的卖方向买方人员提供的指导、讲座、讲解、说明、示范并提供培训场所。

12）服务——是指根据合同规定卖方承担与供货有关的辅助服务，包括但不限于运输、代办保险、现场技术服务、技术培训、设计联络会，合同质保期内和质保期结束后的售后服务以及其它的伴随服务。

13）技术条款——指招标文件第六章、第七章的全部内容，以及合同执行过程中经过买卖双方确认的技术文件、图纸、资料等。

14）"日"、"周"、"月"、"年"和"日期"——指公历的日、周、月、年和日期。

15）"工地"——指合同设备安装和运行的_____水电站所在地。

16）"初步验收"——指买卖双方按照合同要求对合同设备进行72小时试运行，完成30天的考核运行试验，并且双方签署了初步验收证书。

17）"最终验收"——指从初步验收证书签发之日起合同设备按合同要求通过了24个月的质量保证期，并且买方签署了最终验收证书。

18）潜在缺陷——是指由于卖方在设计、制造和安装技术指导上的疏忽而造成的合同设备在合同规定的各种工况下不能正常运行和操作或被迫停运检修处理的质量缺陷，此种缺陷在试验、初步验收试验和最终验收期内由于缺乏考核工况而难于发现。

2.2　适用性

2.2.1　所有各条款的标题只是为了查阅，不具有解释或理解本合同的意义。

2.2.2　本合同条款中单数包括复数，复数在合适的地方也包括单数。

2.3　资金来源和原产地

2.3.1　业主已获得了一笔资金用于本合同规定的合同设备及服务款项的合格支付。

2.3.2　本合同提供的所有合同设备及服务应来自符合合同规定的合格产地国和地区。

2.3.3　本条款中所述的"原产地"指生产合同设备或提供服务的地方。合同设备是指通过设计、试验、制造、加工生产而成或由许多主要部件组装而成的商业角度上的新产品，其在基本特性或功能上已与原部件有本质差别。

2.3.4　合同设备和服务的原产地可以有别于卖方的国籍。

2.4　合同标的

2.4.1　合同设备

2.4.1.1　买方同意从卖方购买，卖方同意向买方出售本合同规定的合同设备。卖方应提供的合同设备的供货范围列在合同技术条款、合同附件一中，其技术经济指标和有关技术条件的内容列在合同技术条款中。其交货批次和进度应符合合同附件的要求。

2.4.1.2　卖方应合同文件规定对合同设备提供质量保证。卖方所提供的所有合同设备的技术性能和卖方对合同设备的技术保证详见本合同附件。

2.4.2　技术指导与技术服务

2.4.2.1　卖方应派遣数量足够的、有经验的、健康的和称职的并且具有相关技术专业

5年以上工作经验的技术人员和具有相应安装经验的技术工人到现场对合同设备的安装、系统调试、试运行、验收试验和投入商业运行进行技术指导及技术服务。

2.4.2.2 卖方应对在其指导、监督下的合同设备安装、调试、验收试验和运行的质量负责，使其符合技术规范和有关标准的要求。其人数、费用及工作范围等详见合同附件。

2.4.3 技术文件、工作进度和报告

卖方应根据合同文件规定向买方提供技术文件、工作进度和报告。

2.4.4 在卖方的技术培训

卖方负责在卖方或双方协商的其他地方培训买方派遣的技术人员，详见合同附件。

2.4.5 在本合同有效期内，卖方有义务向买方免费提供与本合同设备有关的最新运行经验及技术和安全方面的改进资料，提供这些资料不构成任何专利转让和技术转让。

2.4.6 卖方应负责协调所提供的合同设备与其他制造厂商和分包商的接口，包括供货、工程设计、性能参数匹配和项目管理等，具体内容详见附件。

2.4.7 卖方负责对合同设备的设计、调试、试运行中有关系统和部件接口的协调。

2.5 合同总价

2.5.1 基于本合同第2.4条规定的合同标的和合同条款以及卖方全面履行本合同项下的义务，其合同总价为：

人民币元：_____（大写：_____）；其中：不含税价为人民币（大写）_____元（￥_____），增值税税额为人民币（大写）_____元（￥_____）。

2.5.2 上述合同总价的分项价格

2.5.2.1 合同设备价格：

人民币元：_____（大写：_____）；

上述合同设备价格分为以下两个部分；

1）调速系统组及其附属设备价格：

人民币元：_____（大写：_____）；

2）规定的备品备件和专用工器具价格：

人民币元：_____（大写：_____）；

2.5.2.2 技术服务费及其它费用：

人民币元：_____（大写：_____）；

上述分项价格清单详见合同附件。

2.5.3 以上所示的合同价格为固定价格。卖方已充分考虑了合同执行期间的所有风险。买方将不因原材料、外购部件价格波动等因素对合同价格进行调整。合同价格为

_____工地交货价；交货地点为_____工地合同设备安装现场/机电设备仓库或买方指定地点。

2.5.4　本合同价格包括了卖方提供合同规定的设备和服务需要的所有费用，凡是未列明项目和工作，其费用应被认为包括在合同分项价格之中。

2.6* 支付

2.6.1　本合同项下的支付全部采用电汇方式。

2.6.2　本合同 2.5.2.1 规定的合同设备价格，即_____的支付，按以下办法和比例支付：

2.6.2.1　第一笔预付款：合同 2.5.2.1　1）规定的设备价格的 5%，计：人民币_____（大写：_____），在合同生效后，当买方收到卖方提交的下列单据，并经买方审核无误后不迟于 45 天支付给卖方：

①一份正本一份副本由卖方银行开立的，以买方为受益人，金额为合同设备价格 5% 的不可撤销的银行保函（预付款保函，格式见合同附件）；

②金额为设备价格 5% 的增值税专用发票。

2.6.2.2　第二笔预付款：合同 2.5.2.1　1）规定的设备价格的 10%，计：人民币_____（大写：_____），在合同生效 120 天后，当买方收到卖方提交的下列单据，并经买方审核无误后不迟于 45 天支付给卖方：

①一份正本一份副本由卖方银行开立的，以买方为受益人，金额为合同设备价格 10% 的不可撤销的银行保函（预付款保函，格式见合同附件）；

②金额为设备价格 10% 的增值税专用发票。

2.6.2.3　交货付款：合同 2.5.2.1　1）规定的设备价格的 70%，计：人民币_____（大写：_____），当买方收到卖方提交的下列单据，并经买方审核无误后不迟于 45 天按每批交货价值的 70% 支付给卖方：

①金额为交货价值 70% 的增值税发票；

②买方出具的开箱检验报告；

③三份正本二份副本由卖方或制造商签发的质量证书；

④买方监造（若有）签署的本批设备出厂证明文件；

⑤买方出具的到货收据或证明（本条款②不适用时）；

⑥一份正本二份副本符合本合同第 2.8 条规定，投保金额为交货价值 110% 的投保一切险的保险单。

2.6.2.4　每次调速系统设备初步验收付款：合同 2.5.2.1　1）规定的设备价格的 15%，计：人民币_____（大写：_____），在每次调速系统设备初步验收后，按附件一"分项价格"列明的该次验收的调速系统设备价格的 15%，当买方收到卖方提交的下列单据，并经买方审核无误后不迟于 45 天支付给卖方：

①金额为该次验收的调速系统设备价格 15％的增值税专用发票；

②一份正本两份副本按照合同 2.15 由双方代表签署的该次验收调速系统设备的初步验收证书；

③一份正本一份副本由卖方银行开立的，以买方为受益人的，金额为该次验收的调速系统设备价格的 10％的不可撤销的银行保函（质量保函，格式见合同附件）。

2.6.2.5 规定的备品备件和专用工器具交货付款：本合同 2.5.2.1 2）规定的备品备件和专用工器具的价格，计：人民币_____（大写：_____），在卖方按合同 2.7 交货后，当买方收到卖方提交的下列单据，并经买方审核无误后不迟于 45 天按每批交货价值的 100％支付给卖方：

①金额为交货价值 100％的增值税发票；

②买方出具的开箱检验证明；

③三份正本二份副本由卖方或制造商签发的质量证书；

④买方监造（若有）签署的本批设备出厂证明文件；

⑤买方出具的到货收据或证明（本条款②不适用时）；

⑥一份正本二份副本符合本合同第 2.8 条规定，投保金额为交货价值 110％的投保一切险的保险单。

2.6.3 本合同 2.5.2.2 规定的技术服务费及其它费用，计：人民币_____（大写：_____），当买方收到卖方提交的下列单据，并经买方审核无误后不迟于 45 天支付给卖方：

①买方签发完成技术服务的证明文件；

②金额为技术服务费 100％的增值税专用发票。

2.6.4 买卖双方因履行本合同而发生的银行费用，买方发生的由买方负担，卖方发生的由卖方负担。

2.6.5 本条中买方对单据的审核应在收到有关单据后 15 天内完成，如单据有误，应在 15 天内向卖方发出改正通知，卖方应重新提交修改后的单据。

2.6.6 纳税人信息：

单位名称：_____；

纳税人识别号：_____；

地址：_____；

电话：_____；

开户行名称：_____；

账户：_____。

2.6.7 卖方应按照结算款项金额向买方提供符合税务规定的增值税专用发票,买方在收到卖方提供的合格增值税专用发票后支付款项。

卖方应确保增值税专用发票真实、规范、合法,如卖方虚开或提供不合格的增值税专用发票,造成买方经济损失的,卖方承担全部赔偿责任,并重新向买方开具符合规定的增值税专用发票。

合同变更如涉及增值税专用发票记载项目发生变化的,应当约定作废、重开、补开、红字开具增值税专用发票。如果收票方取得增值税专用发票尚未认证抵扣,收票方应在开票之日起180天内退回原发票,则可以由开票方作废原发票,重新开具增值税专用发票;如果原增值税专用发票已经认证抵扣,则由开票方就合同增加的金额补开增值税专用发票,就减少的金额依据收票方提供的红字发票信息表开具红字增值税专用发票。

2.7 交货、装运条件与通知

2.7.1 交货批次和交货时间的规定

2.7.1.1 卖方应根据合同附件规定的装运批次和交货时间及如下条款交付合同设备。本合同项下的交货批次及相应的付款应限制在____次以内。卖方在此限定的交货总批次内,每批交货中最后一次的实际交货至工地的时间不晚于合同附件中规定的该批次交货时间。

2.7.1.2 所有合同设备的交货应以合同分项价格表编号下的分项部件(包括附件)一起成套提供。所有合同设备的交货应协调一致,相同设备号的设备、仪器、材料、安装专用工具应与相关的设备一道装运。

2.7.1.3 对要求整批到货的合同设备和按合同文件要求成套提供合同设备,未经买方书面许可,卖方不得分批装运发货,否则将视其最后一次到货时间为整批设备到货时间。如晚于合同规定到货时间,买方则将按本合同文件规定向卖方收取迟交货违约金,或视买方方便从后续到货批次的应付款项中扣除相应的迟交货违约金。

2.7.2 对交货文件的要求

2.7.2.1 每批交货卖方应编制并向买方提供装箱清单,清单应分为装箱总清单和详细装箱清单,并提供电子文档。装箱总清单应描述该批交货设备名称和总体情况,内容应包括该批次交货设备或部件的名称、编号、重量、体积、箱件数和每个箱件的编号、体积、重量等。详细装箱清单应描述每个箱件里的设备零部件信息,内容包括零部件名称、规格型号、图号、对应的部件号、计量单位、数量、重量、保管要求及所属部件名称(或编号)。

买方可要求卖方按照认可或规定的装箱单标准格式进行填写。

2.7.3 合同设备运输、装卸、存贮和运输方案说明书的提交

2.7.3.1 卖方应在合同生效后 150 天内，将所有合同规定的合同设备的运输方案通知买方，买方如有异议应在 30 天内通知卖方。卖方所提交的运输方案至少应包括以下内容：

  1）保证合同设备运输安全及满足合同设备运输特殊要求的措施；

  2）由合同设备出厂直至运抵交货地点的整个过程中的装运、转运、装卸、搬运、起吊和安装就位等各个环节的主要措施、所使用的运输工具和专用工器具、对起吊设备的要求等方面的描述；

  3）运输的日程安排和运输路线；

  4）准备委托的运输公司的有关资料。

2.7.3.2 对重量超过 20 吨，外形尺寸大于 9 米长、3 米宽、3 米高的大件或特殊外形的运件，卖方应在合同设备装运前 15 天将注明合同设备重心、吊点等的包装草图一式六份航空邮寄买方。

2.7.3.3 如果合同设备中有易燃品和危险品，卖方应在装运前 15 天将标有合同设备名称、保管措施和事故处理方法的说明书一式六份提交买方。

2.7.3.4 合同设备在运输和仓储时，如对温度、湿度及震动等方面有特殊要求，卖方应在装运前 15 天将标有合同设备名称和注意事项的说明书一式六份提交买方。该说明书及布置图将作为买方安排运输及保管的基础。

2.7.4 合同设备装运通知

2.7.4.1 卖方应在承运合同设备的运输工具预计自装运港/启运地出发以前 10 天，用传真通知买方如下内容：

  1）合同号

  2）合同设备名称和编号

  3）数量

  4）包装数量

  5）总毛重

  6）总体积

  7）装运港名称/启运地

  8）准备从装运港/启运地出发的日期

  9）预计到达工地的日期

  10）水运船只的名称或铁路运输车次

  11）卖方名称

同时，卖方应将装运的合同设备的详细装箱清单和说明资料传真给买方，说明资料上面应载明合同号、合同设备描述、规格、数量、箱件或每包件毛重、总毛重、每包的总体积和尺寸（长×宽×高），包装数量、装运合同设备总价值、装运港/启运地、准备离港/启运日期、预计离港/启运日期以及其他在运输和仓储中的特殊要求和必要的注意事项。买方如有异议应尽快给予答复。

2.7.5　卖方应在合同设备装载完毕后的 48 小时内，用传真将合同号、提单/运输单据号、合同设备简介、数量、毛重、体积、发票金额、载运船只的名称/车次和启运日期通知买方。

2.7.6　卖方必须按照上述条款的规定给予买方全部、及时和有效的通知。如果由于卖方的原因而未能给予买方以上通知，则买方因此而遭受的一切损失由卖方承担。

2.7.7　卖方应在合同设备装运后 2 天内将买方在目的地办理有关手续所需的全部运输单证航空邮寄给买方。如果由于卖方的责任而未能将上述单证及文件按本条的要求用航空邮寄按时寄送，则买方因此而遭受的一切损失包括延期费及/或罚款等由卖方承担。

2.7.8　卖方在工地自用的工具仪器及其他办公和生活用品，由卖方自行负责发运和收货。

2.8　保险

2.8.1　卖方应为全部合同设备投保一切险，投保金额为合同设备出厂价的 110%。保险覆盖范围包括从卖方启运站/港口仓库起，到买方指定的工地卸货仓库或工地安装现场为止。

2.8.2　卖方必须为其在工地参加合同设备安装指导、试运行和技术服务的人员按中华人民共和国有关规定投保人身意外险、雇主责任险。

2.9　包装和装运标志

2.9.1　卖方应根据合同设备的不同形状和特点，采用防潮、防雨、防锈、防震、防腐的坚固包装。该包装应适应多次搬运、内陆运输，以保证合同设备安全无损地抵达安装地点。对于为保证精确装配而需具备明亮洁净加工面的合同设备，其加工面应采用优良、耐久的保护层（不得用油漆）以防止在安装前发生锈蚀。

2.9.2　卖方应对包装箱中附属设备散件挂上标记，表明其合同号、主设备编号、附属设备名称和编号及其在配备图中的位置号。备品备件、维修试验设备、试验仪器仪表和专用工具除按上述要求标记外，还应相应标上"备品备件"、"维修试验设备"、"试验仪器仪表"或"专用工具"字样。除备品备件外，不同安装单元的调速系统设备、工具和消耗品应分别包装。

2.9.3　卖方应在每个包装箱的四侧用不褪色油漆以醒目的字符刷上以下标记：

合同号：

唛头标记：

```
        CTG-
      CASE-1/50
```

唛头标记中的"CASE－1/50"意指本批次交货共有 50 箱，此为第 1 箱。具体数字根据发运情况由卖方自行填写。

除此之外，还应附上一方型的指示性图案。此标示符包括设备编号和该设备所属的部件号，背景为蓝色。例如：卖方提供的 4 号调速系统中的 7 号部件，其附加唛头标记如下：

```
      4B—7
```

- 目的地：
- 收货人：
- 合同设备名称、编号、包装箱号和货物编码：
- 毛重/净重（千克）：
- 体积（长×宽×高 cm）：
- 发货港/站：
- 仓储等级：

对裸装合同设备应以金属标签注明上述内容，裸装合同设备的装箱单应分别集中包装，随合同设备发运。

卖方应在重量大于或等于 2 吨的每个包装箱的相邻四侧用运输常用的标记标明重量、重心和吊点的位置以便于装卸和搬运。根据合同设备的特点和在运输中的不同要求，卖方应在包装箱上醒目地标明"小心轻放"、"勿倒置"、"保持干燥"等字样以及相应的通用的标记图案。

每件包装箱内，应附有详细装箱单、质量合格证、有关设备的技术文件、需要组装的设备部件的详细装配图各一式二份。在装箱单中应注明技术文件和装配图所处箱件。

合同设备的货物编码将由买卖双方在第一次设计联络会上商定一致。

2.9.4 经买卖双方同意的装在甲板上的大件合同设备，应带有足够的支架或包装垫木。

2.9.5 卖方应按照本条款的规定对其提供的包装不善而引起的合同设备的锈蚀、变形、短缺、损坏和丢失负责修理、更换或赔偿。

2.10 技术文件、工作进度和报告的交付

2.10.1 技术文件的交付

2.10.1.1 卖方应严格按合同技术规范的规定提交技术文件，并确保其提交的技术文

件正确、完整、清晰，能够满足合同设备的设计、检验、出厂试验、运输、仓储、安装、现场试验、系统调试、试运行、运行和维护的要求。

2.10.1.2　不合格的提交

不合格的提交包括提交不合格文件和迟交两种情况。

1）不合格文件：卖方所提交技术文件的质量不符合合同文件的要求即被视为不合格文件。

①买方对于卖方提交的不合格的技术文件将不作正式审查和处理，也不退还卖方。买方将把任何被认为是不合格的文件及时通知卖方。

②卖方应在收到买方关于不合格文件通知后的 15 天内进行必要的修正，并且向买方免费重新提交符合合同文件要求的技术文件。

卖方应向买方补偿由于不合格文件的提交而引起的增加的相关费用。

2）迟交：无论初次提交或再次提交，卖方提交合格文件的时间晚于合同技术标准和要求规定的交付进度即构成迟交；迟交情况下卖方应按 2.18 支付约定违约金。

2.10.1.3　提前提交

卖方可以在合同技术标准和要求规定的进度表之前提交技术文件。

2.10.1.4　技术文件的费用已包括在合同规定的合同设备价格中，不再单独支付。

2.10.2　工作进度和报告的交付

2.10.2.1　在合同生效后 30 天内，卖方须向买方递交工作进度表。

进度表为横道图或箭头指示图表，按"关键路径法"（CPM）编制，显示按合同要求，合同设备的每个部件或组件的设计、采购、制造、试验、交货开始和完成的日期。

表中的项目按其实施的先后顺序安排。进度表要符合本合同附件和合同的其他条款确定的工作时间和交付时间，并提交买方审查。

进度表应不断修正，如果需要的话，在每个季度的第一个工作日要重新制作，或根据对进度有实质性影响的任何"变更指令"重新编制。

最新进度表，一旦编制完成，应在 1 周内将寄给买方。同时，向买方监造代表提供 1 份复制件。

2.10.2.2　在不改变交货、安装、调试和验收进度的前提下，在合同执行过程中买方保留对工作进度进行调整的权利。

2.11　买方人员在卖方所在地的工作

2.11.1　为保证合同有效及顺利实施。买方将在卖方所在地或双方协商的其他地方进行工作。具体的工作内容包括但不限于设计联络会、技术培训、工厂监造、工厂检验等。

2.11.2 卖方负责提供买方人员在卖方所在地工作期间的当地交通、办公条件、安全用品、工作服、技术文件和工具仪表，并给予买方工作人员在工作和生活上最大限度的帮助。由此发生的费用都已包含在合同总价中，并在合同附件一中列明，具体的支付办法已在合同 2.6 中规定。

2.11.3 买方在启程前应将派出人员名单、确切出发日期、旅行路线、航班号及到达日期用传真通知卖方。卖方应帮助安排买方人员在卖方所在地或双方协商的其他地点居留期间的食宿。

2.11.4 买方人员在卖方所在地或双方按合同规定协商的其他地点进行工作时，卖方应安排买方人员方便地进入制造厂、试验室以及和工作相关的其他场所。为便于买方技术人员更好地理解与合同设备的设计和运行有关的各种技术问题，卖方应安排买方人员参观电站和类似工程项目。

2.11.5 如果买方人员在卖方工作期间发生意外事故，卖方应及时采取所有必要措施最大限度地维护买方人员的利益。若意外事故是由卖方原因造成的，卖方应负担相关费用。

2.11.6 买方委托或派遣的监造人员在卖方所在地或相关工厂工作时，应视同为买方人员。卖方应提供同等的待遇和工作条件，由此发生的费用已包含在合同设备价中，不再单独支付。

2.11.7 由于卖方的过失造成的买方人员在卖方所在地或双方协商的其他地点进行工作，卖方应承担买方人员的全部费用，包括但不限于往返机票、食宿、当地交通、医疗服务和意外伤害保险、办公条件、技术文件和工具仪表等费用，并且由此产生的合同设备延误交货的责任由卖方承担。

2.12 工厂监造、标准和检验

2.12.1 卖方对合同设备的制造、检测与试验等工艺质量控制应符合 ISO9000 认证标准。卖方应有完善的质量保证体系和质量控制措施来确保合同设备满足本合同文件的规定。

2.12.2 买方在合同设备制造过程中可以派出代表和监造人员到卖方的制造厂对原材料与采购部件、制造工序和工艺、产品质量、检测检验、组装试验等制造过程进行监督。卖方应向买方的代表或监造人员提供分项部件的制造计划与质量控制措施，以及买方代表认为必要的图纸资料。卖方应友好地接受上述买方人员的建议和指示，解决存在的任何问题和缺陷，改正制造质量。如果卖方对制造质量问题和缺陷未按要求改正，买方就有充分理由根据买方代表或监造人员的意见和对该部分的影响进行估价相应从合同价款中处以罚金。

买方代表或监造人员的监造和所有的指示、意见等并不意味着减轻和免除卖方质量控制和制造质量及交货进度等的任何合同责任义务或增加合同价格。

买方派驻的代表或监造人员的有关情况将在监造开始前的适当时间以书面方式通知卖方，卖方应负责他们到达工厂所在地的食宿、交通安排等并提供方便。

2.12.3　买方对卖方的监造要求详见本合同技术规范。卖方应负责对自己分包商的制造监督，并承担其质量责任；并对所采购的用于本合同设备的原材料、分项设备和部件等的质量负责。

2.12.4　卖方应在合同生效后 30 天内将有关合同设备设计、制造和检验的标准提交给买方，此标准详见本合同技术规范和附件的规定。如卖方在规定的时间内未将上述的标准提交给买方，或卖方提交的标准不完全，则买方有权使用买方认为适当的标准对合同设备做出检验。

2.12.5　卖方在合同设备产品出厂前，须对合同设备的质量、规格、性能、数量和重量进行全面精确的检验，并应出具质量证明以证明合同设备符合合同规定。由制造厂出具并由卖方签字的质量证明书应作为交货时的质量依据，但不能作为设备质量、规格、数量和重量的最终依据。制造厂对设备进行的特殊试验和试验结果应写入试验报告，并与质量检验证书一起提交给买方。

2.12.6　卖方应在合同设备开始组装、试验和检验一个月将其组装、试验和检验的初步计划通知买方。买方将根据合同的规定派遣技术人员赴卖方制造厂和/或分包商的制造厂或装运港，了解合同设备的组装、检验、试验、包装和装箱情况。卖方应向买方检验人员提供必要的设备及帮助以及用于质量控制的生产数据程序资料，应允许买方检验人员自由接近用于制造合同设备的车间及设施。如果发现合同设备的质量不符合合同的标准、或包装不善，买方检验人员有权提出意见，卖方应给与充分考虑，并应采取必要措施以保证设备质量。设备检验的程序应由买方派出人员与卖方代表经友好协商共同决定。

2.12.7　参加交货前检验的买方人员不予会签任何质量检验证书。买方人员参加质量检验既不解除卖方应承担的质量保证的责任，也不能代替合同设备到达工地后的到货检验。

2.12.8　买方收到卖方组装、试验和检验计划后 15 天内，应将其派遣的技术人员姓名及详细情况通知卖方。

2.12.9　合同设备的交货检验

2.12.9.1　合同设备到达交货地点后，由买方和卖方根据合同文件规定卖方发给买方的传真和有关单据对合同设备的装运数量（件数）、包装外观进行检验并做出初步检验报告，由双方代表在此报告上签字认可。对安装三维空间冲撞记录仪的合同设备到达工地交货时，买方和卖方对该设备仪器进行检查记录，并做出初步检验报告。

2.12.9.2　合同设备到达安装现场后，双方应组织开箱检验，检查合同设备的包装、外观、数量、规格和质量。卖方应按时自费派遣人员参加开箱检验。买方应在开箱检验前3天将预计的开箱检验的日期通知卖方。

2.12.9.3　双方在开箱检验时，若在检验时发现由于卖方原因，合同设备在外观、质量、数量和规格不符合合同规定而造成的任何损坏和/或缺陷和/或短缺和/或差异，应作开箱记录，并应由双方代表签字，一式二份，双方各执一份，该开箱检验记录应作为买方向卖方进行索赔的依据。

2.12.9.4　如双方代表对开箱检验记录不能达成协议，则应委托商检局进行检验，并应由商检局为双方出具检验证书。如商检局确定卖方应对设备的损坏、短缺等负责，该证书将作为买方向卖方进行索赔的依据，同时卖方应承担相关的商检费用。

2.12.9.5　如卖方未能派遣代表参加开箱检验，若在开箱检验时发现由于卖方的原因造成设备损坏、有缺陷、短缺和/或与合同规定的数量或规格不一致，买方凭开箱检验报告向卖方索赔。

2.12.9.6　买方提出开箱检验索赔不能迟于合同设备开箱检验之日起八个月。

2.12.9.7　卖方应在收到买方索赔通知后14天内提出意见，并有权在收到索赔通知后四星期内派出代表与买方代表进行协商。如卖方未能在收到索赔通知后两星期内作出答复，则上述索赔视为已被卖方接受。

2.13　设计联络会

2.13.1　为保证合同有效及顺利的实施，买卖双方应召开设计联络会。有关设计联络会的买卖双方的任务和责任的规定，见技术规范。

2.13.2　每次会议均需由买卖双方代表人签署会议纪要，该会议纪要将成为合同的正式组成部分，双方必须遵守。在会议中如对合同内容做重大修改时，须经双方授权代表签字。

2.13.3　当会议在卖方所在地举行时，对于准备、组织和安排会议的有关费用将由卖方承担。当会议在买方所在地举行时，对于准备、组织和安排会议的有关费用将由买方支付。

2.14　卖方提供的技术服务

2.14.1　技术服务费用

1）卖方提供的技术服务的内容及相关责任详见技术条款。本合同附件中所列的技术服务费已覆盖了卖方为履行本合同项下的全部技术服务责任买方应支付的所有费用，也包括了卖方技术指导人员往返工地（包括行李和基本的可携式工具的运输）费用和保险费。在合同执行过程中，将依据买方对卖方技术指导人员在工地实际参加工作小时数考勤结果及服务情况来确定技术服务完成证书的签发，以便用于技术服务费的支付。

　　2）驻安装现场的工地总代表、到工地交货人员和属于合同设备设计制造的业务人员等均应视为卖方的管理人员，其费用已包含在合同设备价格中，买方不再另行向卖方支付其在工地的一切费用。

　　3）由于下列原因，买方将不支付卖方技术指导人员在此期间工作的技术服务费，并且买方还将追究卖方因此而造成的其他一切损失和责任：

　　A. 由于卖方技术指导人员指导不正确和错误而导致的返工处理；

　　B. 由卖方造成的设备缺陷处理和指导处理工作；

　　C. 其它因卖方原因造成的技术指导人员在现场的额外工作。

　　4）如果发生意外事故，买方应采取必要措施，最大可能地照顾买方人员，费用由卖方承担。若意外事故责任在卖方，费用由买方承担。

2.14.2　休假

2.14.2.1　卖方技术指导人员在工地连续工作超过 6 个月者，可享受 15 天无技术服务费的休假。

2.14.2.2　卖方技术指导人员在休假期间的全部费用不由买方承担。

2.14.2.3　休假的具体时间应以工地工作不受影响或不拖期为前提。由双方总代表商量决定。

2.14.2.4　卖方技术指导人员的 15 天休假应从他离开工地之日开始计算，到他回到工地之日为止。

2.14.2.5　卖方同意在卖方技术指导人员休假期间，不减轻其对合同设备承担的任何义务。

2.14.3　发明和/或革新

　　卖方的技术人员在进行服务期间提出的发明和/或革新，其所有权应属于买方。

2.14.4　出版限制

2.14.4.1　卖方在出版与其技术服务工作有关的报告、插图、会谈纪要或服务的细节情况之前，必须获得买方的同意。

2.14.4.2　在任何情况下，甚至在完成技术服务以后，卖方的人员都不得向第三方透露买方的业务活动和商务方面的情况，不管这些情况是否与服务有关。

2.14.5　其它

2.14.5.1　卖方在征得买方同意后，可以自费召回或调换其技术人员，但不得影响工地的工作。其间至少应有一周交接时间，以便技术人员向其接替人交接工作。卖方技术指导人员在工地交接工作期间，买方仅支付一人的技术服务费。

2.14.5.2　卖方技术指导人员连续生病超过 15 天时，卖方应自费另派一同等技术水平的人替换他。

2.14.5.3　无须买方任何说明，买方有权要求卖方更换卖方技术指导人员，有关更换的全部费用应由卖方承担。

2.14.5.4　在质量保证期后，卖方应继续售后服务，帮助合同设备的完善和技术更新；以优惠的价格提供买方所需的元件、材料；参加由买方组织的合同设备重要技术问题的处理。

2.15　安装、调试、试运行和验收试验

2.15.1　买方将根据卖方技术人员的指导及卖方提交的技术文件对合同设备进行现场组装、安装、试运行和验收试验。卖方应对设备的安装、调试（含本机调试）和验收试验的质量负责，使其符合技术规范和有关标准的要求。双方应通力合作，采取必要措施保证工程施工进度并使合同设备尽快投入商业运行。

2.15.2　除另有规定外，所有由卖方提供的合同设备应为完整和合格的设备、组件或部件。不需再在工地进行加工、制造和修整。

卖方不应将有缺陷的设备、组件、部件或材料等运到工地，如果在安装调试过程中发现由于卖方设备缺陷，包括设计、材质、制造工艺、质量、结构尺寸、误差等缺陷或错误，或由于卖方技术指导人员不正确指导造成损坏或损失，买方有充分的理由退货或要求卖方调换或要求卖方采取措施修理，由此引起的责任和费用由卖方承担。如果由于设计制造原因致使合同设备，包括组件和部件需要在工地进行加工、制作或修整时，所有费用应由卖方承担。

在合同执行过程中，对由卖方责任需要进行的检验、试验、再试验、修理或调换，在卖方提出请求时买方应安排好进行上述工作的有关设备，卖方应负担由此而引起的一切修理或调换的费用。

卖方委托买方施工人员进行加工或修理、调换设备的费用和/或由于卖方设计图纸错误或卖方技术指导人员错误，或合同设备缺陷处理等所造成的返工费用和施工工期损失，卖方应按以下公式向买方支付费用：

$$C = W \times \sum T + \sum Mi + \sum Qj \times Ej + R \times \sum D$$

C＝返工总费用

W＝每小时人工费＝400 元人民币/人·时

$\sum T$ ＝工时总数（人×时），包括作业工人、管理人员、技术人员和其他配合人员等人员发生的工时

$\sum Mi$ ＝返工或缺陷处理中使用的各类买方的备品备件、消耗品、零部件、材料等费用合计（按市场价计算）

Ej＝使用第 j 种设备的台时费

Qj＝第 j 设备的台时数

R＝施工工期损失的费率，按 12 万元人民币/天计取

D＝某个部件引起的施工工期损失的天数

2.15.3　在每台调速系统及其附属设备安装完毕并成功地通过本机调试后，买卖双方代表和业主代表将对安装工作进行检查和确认，签署安装工作完成证书一式三份，买卖双方和业主各持执一份。

2.15.4　在每批设备安装及本机调试完毕后，业主将根据卖方技术人员的指导及卖方提交的技术文件对该批设备进行系统调试、试运行和初步验收。卖方应对设备的系统调试、试运行和初步验收的质量负责，使其符合合同技术规范和有关标准的要求。买方将在初步验收前 15 天，通知卖方每批调速系统设备进行系统调试和初步验收的预计日期，并在系统调试和初步验收前 5 天，通知其确切日期。卖方应派代表参加上述系统调试和初步验收。双方应通力合作，采取必要措施使合同设备尽快投入商业运行。

2.15.5　系统调试是指合同设备在通过本机调试的基础上根据合同设备所在电力系统所提供的试验条件和有关调试规程的规定对合同设备进行检查、测试、调整、校正、加压、启动、临时运行及负载检测。

2.15.6　在每批调速系统设备的系统调试期间，买卖双方应选择适当时机进行初步验收。初步验收试验是指检测合同设备是否满足合同规定的所有技术性能及保证值。当下列条件全部满足时，初步验收试验即被认为是成功的：1）所有现场试验全部完成；2）所有合同规定的技术性能及保证值均能满足；3）合同设备按照技术规范的要求接入电网中连续试运行 72 小时以后停机检查，设备正常；4）卖方向买方提交了以下技术资料和文件一式三份：

①设计变更部分（如果有）的实际施工图和设计变更的证明文件；

②制造厂提供的产品说明书、运行维护手册、工厂试验记录、合格证书及安装图纸等技术资料；

③安装技术记录、检查记录等；

④现场调试试验记录和试验报告；

如果初步验收是成功的，买卖双方和业主应在 15 天内签署初步验收证书一式三份，买卖双方和业主各执一份。

2.15.7　如果初步验收试验由于卖方提供的合同设备和/或试验设备的故障而中断，初步验收试验须重新进行。因卖方责任致使验收试验失败，则从验收试验开始至再次验收试验开始之间的时间间隔应被视同为安装工期的延迟，卖方应按合同规定的计算方

式向买方支付相应的约定违约金。

2.15.8 在进行第一次初步验收试验时，如果合同设备的一项或多项技术性能或保证值不能满足合同的要求，双方应共同分析其原因，分清责任方。

1）如果责任在卖方，双方应根据具体情况确定第二次验收试验的日期。第二次验收试验必须在第一次验收试验不合格后 2 个月内完成。在例外情况下，可在双方同意的期限内完成。卖方应自费采取有效措施使合同设备在第二次验收试验时达到技术性能和保证值的要求，并承担由此引起的一切费用，包括但不限于下列费用：

①现场更换和修理的设备材料费；

②卖方人员费用；

③直接参与修理和/或相关工作的买方人员费用；

④用于第二次验收试验的设备及仪器费用；

⑤用于第二次验收试验的材料费；

⑥运往安装现场及从工地运出的需要更换和修理的设备和材料的所有运费、保险费等。

如果在第二次验收试验中，由于卖方的责任使合同设备有一项或多项技术性能和/或保证值仍达不到合同规定的要求，买方有权按合同 2.17 和 2.18 进行处理。当偏差值处于买方可接受的范围内，买方有权按合同 2.18 的规定要求卖方支付约定违约金。卖方向买方支付违约金 15 天以内双方应签署初步验收证书一式二份，双方各执一份。在这种情况下该证书仅为支付目的而签发，卖方仍有责任使合同设备满足合同规定的技术性能和保证值的要求。

2）如果责任在买方，双方应根据具体情况确定第二次验收试验的日期。第二次验收试验必须在第一次验收试验失败后 2 个月内完成。在例外情况下，可在双方同意的期限内完成。买方应自费采取有效措施使合同设备在第二次验收试验时达到合同规定的试验条件的要求，并承担上述 1）项中规定的由此引起的有关费用。如果在第二次初步验收中由于买方的责任有一项或多项技术性能和保证值仍达不到合同规定的要求，则合同设备将被买方接受。双方应签署初步验收证书一式二份，双方各执一份。在这种情况下卖方仍有责任协助买方采取各种措施使设备满足合同规定的技术性能和保证值的要求。

2.15.9 合同文件规定的合同设备质量保证期将从签发初步验收证书之日起开始。

2.15.10 在合同文件规定的质量保证期结束后，买方将对合同设备作一次全面检查，如果按照合同规定认为是满意的，买方将为每批调速系统设备签发最终验收证书。

最终验收证书不能解除卖方在合同设备中存在的可能引起系统故障的潜在缺陷应负的任何责任。

2.16* 质量保证

2.16.1 卖方应保证按照合同规定所提供的设备是全新的、完整的、技术水平是先进的、成熟的，并按指定的标准设计的，质量是优良的，设备的选型符合安全可靠，有效运行和易于维护的要求，并且在设备部件制造时对设计和材料作过最新的改进。卖方还应保证按合同所提供的货物不存在由于设计、材料或工艺的原因所造成的缺陷，或由于卖方的任何行为或不行为所造成的缺陷。

2.16.2 卖方应保证合同设备的数量、质量、工艺、设计、规范、型式及技术性能，完全满足合同技术规范的要求。

2.16.3 除非另有规定，合同设备的保证期从每批调速系统设备签发初步验收证书后带负荷运行 60 个月，但若由于买方的原因影响了验收试验，则不迟于该批合同设备最后一批交货后 72 个月。

2.16.4 在保证期内，如果由于维修、更换有缺陷或损坏的合同设备而造成整个调速系统停运，且卖方对此负有责任，则该批调速系统的质量保证期将延长，其延长时间等于停运时间，并承担由此引起的相关费用。修复或更换后的合同设备的保证期为重新投入运行后 60 个月。

2.16.5 如果发现由于卖方责任造成任何设备缺陷或损坏，或不符合技术规范要求，或由于卖方技术文件错误，或由于卖方技术人员在安装、调试过程中的行为或不行为，或由于卖方技术人员在试运行和验收试验过程中错误指导而导致设备损坏，买方有权根据 2.17 向卖方提出索赔。

2.16.6 在保证期内，当买方以正式文件/传真书面通知卖方合同设备有缺陷或损坏，卖方应在收到买方正式书面通知的 7 天内予以正式书面回复处理方式，并在 30 天内对有缺陷或损坏的合同设备进行维修、更换。若因卖方在规定时间内不行为而造成买方损失，买方有权向卖方收取约定违约金及根据 2.17 向卖方提出索赔。

2.17* 索赔

2.17.1 如果合同设备在数量、质量、设计、规范、型式和技术性能等方面不符合合同规定，并且买方已在合同 2.17.5 规定的索赔有效期内提出索赔，则卖方应根据买方的要求按以下一种或几种方式处理该索赔：在交货运输过程中损坏或开箱检查时部件锈蚀严重，买方将拒收卖方的设备。

2.17.2 更换和/或增补的合同设备交货至工地，卖方应承担合同设备运至工地和安装的一切风险及费用。

更换和/或增补合同设备的交货期限应不影响该合同设备的安装进度或正常运行，且不得迟于卖方责任得到证实后 30 天。卖方应将买方急需的合同设备空运至安装现场，费用自付。经卖方同意买方可自行修复较轻缺陷和/或有损坏的合同设备，费用由卖方支付。

2.17.3 由于卖方有缺陷的设计、制造工艺和材料使合同设备不能投入商业运行，买方有权获得赔偿。

2.17.4 卖方在接到买方的索赔通知两周内未作答复，则应理解为卖方已接受该索赔要求。如果在接受买方的索赔要求后30天内，或在买方同意的更长的一段时间里，卖方未能按照上述买方要求的任一方式来处理索赔，则买方将从支付款项或履约保函或质量保函中扣款。

2.17.5 买方对卖方的上述索赔在合同设备质量保证期满后30天之前提出有效。

2.18* 约定违约金

2.18.1 如果由于卖方的原因未能按合同附件规定的交货期交货时，买方有权按下列比例向卖方收取违约金：

迟交1—4周内，每周违约金数额为迟交设备合同价的0.5%；

迟交5—8周内，每周违约金数额为迟交设备合同价的1%；

迟交8周及以上，每周违约金数额为迟交设备合同价的1.5%；

不满一周按一周计算。卖方支付迟交货违约金并不解除卖方继续交货的义务。对安装、调试、试运行和验收试验有重大影响的合同设备迟交3个月、其他合同设备迟交6个月，买方有权部分或全部终止合同，并由卖方承担由此产生的责任和费用。

如果是交货设备的附件和/或材料和/或安装工具的迟交，应视同该合同设备的迟交。卖方应按上述规定承担约定违约金。

2.18.2 如果由于卖方原因，技术文件未能按合同规定的时间提交，则每个图号或每种手册每拖期一天卖方应付给买方1000元/图号的违约金。卖方支付迟交违约金并不解除其继续交付技术文件的义务。

2.18.3 如果由于卖方责任造成在合同文件规定的时间内，卖方未能及时完成设备修理或更换而使合同设备的试运行及商业运行时间延误，则卖方虽已承担了修理或换货的义务，则每拖延一天买方将收取_____的违约金。

2.18.4 在卖方提供安装技术指导服务的情况下，如果由于卖方原因使合同规定的合同设备安装进度延迟，买方均有权按以下比例向卖方收取约定违约金：

延迟1—4周内，每周违约金数额为该设备合同价的0.5%；

延迟5—8周内，每周违约金数额为该设备合同价的1%；

延迟8周及以上，每周违约金数额为该设备合同价的1.5%；

不满一周按一周计算。卖方支付约定违约金并不解除卖方继续完成安装技术指导服务的义务。

本条规定约定违约金的总金额不超过合同总价的 15%。

2.18.5　因调速系统故障或性能缺陷造成非计划停运，每次扣合同金额的＿＿＿%作为违约金。非计划停运次数和时间认定依据电网相关考核标准。

2.18.6　应理解本条所指的约定违约金是确定的、经双方一致同意的，买方有权得到此约定违约金而不提供所遭受的实际损失的证明。买方可根据自己的方便从应支付给卖方的合同款项中或从履约保证金中扣减该约定违约金。约定违约金的支付不妨害买方行使合同项下的其他救济权利。

2.19　知识产权

2.19.1　卖方应保证买方不因使用了卖方提供的合同设备的设计、工艺、方案、技术资料、商标、专利等而产生侵权，若有任何侵权行为，卖方必须承担由此产生的一切索赔和责任。

2.20　变更指令

2.20.1　买方可在任何时候按 2.30 规定以书面方式通知卖方在合同范围内变更下列各项中的一项或多项：

1）合同设备的图纸、设计或技术规范；

2）运输或包装的办法；

3）交货地点及交货进度；

4）卖方提供的服务。

2.20.2　如果由于上述变更引起卖方执行合同中的任何部分义务的费用或所需时间的增减，应对合同价格和/或供货进度作合理的调整，并相应修改合同。针对本合同项下买方提出的变更，卖方如有任何调整要求，须在卖方接到买方的变更指令以后 30 天内提出。否则，买方的指令和规定将是最终的。如果在买方接到卖方的调整要求后 30 天以内买卖双方不能达成协议，卖方将按照买方的变更指令进行工作。

2.20.3　如果卖方对于因 2.20.1 所产生的变更有任何合同价格的调整要求时，在用书面方式向买方提出这种要求的同时，还应同时提交如下详细的完整资料：

1）买方所发出的要求变更的正式书面通知或指令；

2）列明了变更项目所包含的所有细项的详细报价清单，说明各个变更细项的数量、种类或规格、单价、合价等；

3）所列出的变更细项逐一说明其报价依据；

4）为实施变更项目所完成的相关技术资料，包括但不限于设计图纸、计算书、试验或检验报告等；

5）实施变更项目实际已发生费用的证明资料（如果有），如所投入人力和物力的真实有效记载、为变更项目采购原材料或其他物资、器件的原始发票复印件或税票等。

如果卖方没有按上述要求及时提交完整真实的资料，买方就有充分的理由拒绝卖方对变更的价格调整要求，所产生的后果由卖方承担责任，并且卖方应按买方的要求在规定的时限内完成买方所要求的变更。

2.20.4 对于需在设计联络会才能最终确定是否采购的部件和设备，当买方最终决定对相关采购数量和种类进行调整时，卖方不得因此提出追加其它费用或调整设备单价的要求。

2.21 合同修改

2.21.1 除 2.20 条的规定之外，对合同条款做出任何改动或偏离，均须买卖双方授权代表签署书面的合同修改文件后生效。

2.22 转让和分包

2.22.1 卖方未经买方事先的书面同意，不得将合同规定的应履行的责任全部或部分进行转让。

2.22.2 卖方应将本合同项下的主要的分包合同签订情况以书面形式通知买方，分包不免除卖方在本合同项下的任何责任或义务，卖方还应对任何分包商、代理商、雇员或其他工作人员的行为和疏忽而造成对买方的损失向买方负全部责任。

2.22.3 卖方应自费协调所有分包商的工作，并且要确保由不同分包商供货的设备之间的配合和接口顺利、有效和可靠。卖方应负责保证合同设备的完整性和整体性。

2.22.4 不允许分包商再分包。

2.23 主导语言和计量单位

2.23.1 合同书以及买卖双方来往的与合同有关的信函/传真和其他文件均应以中文书写。

2.23.2 除技术规范中另有规定外，所有计量单位均采用国际度量制 SI 公制单位。

2.24 不可抗力

2.24.1 签约双方中的任何一方由于战争及严重的火灾、水灾、台风、地震等不可抗力事件而影响合同的执行时，可相应延迟合同受影响部分的履行期限，延迟的时间相当于事件影响的时间。不可抗力事件系指买卖双方在缔结合同时所不能预见的，并且它的发生及其后果是无法克服和无法避免的。

2.24.2 受事件影响的一方应在 7 天以内将所发生的不可抗力事件的情况以传真通知另一方，并在 14 天内以航空挂号信件将有关当局出具的证明文件提交给另一方审阅确认。

2.24.3 对于本合同中未受不可抗力直接影响的其它义务，义务方必须继续履行。

2.24.4 如不可抗力事件延续到 50 天以上时，双方应通过友好协商解决合同继续履行的问题。

2.24.5 发生事件的一方应采取一切合理的措施以减少由于不可抗力所导致的拖期。

2.24.6 当不可抗力事件终止或事件消除后，受事件影响的一方应尽快以传真通知另一方，并以航空挂号信证实。

2.25* 税费

2.25.1 根据现行税法对买方课征有关执行本合同的一切税费应由买方支付。

2.25.2 根据现行税法对卖方及卖方人员课征有关执行本合同的一切税费应由卖方支付。卖方及卖方人员应主动向中国税务机构申报和缴纳执行本合同项下的有关税费。

2.26* 适用法律

2.26.1 本合同依照中华人民共和国的相关法律进行解释。

2.27* 争议的解决

2.27.1 合同双方在履行合同中发生争议的，友好协商解决。协商不成的，诉讼解决。

2.28* 履约保函、预付款保函和质量保函

2.28.1 卖方应在合同签字后30天内用合同货币按照合同附件七的格式，向买方提供由国内银行的省/地市级分行提供的履约保函。履约保函总金额为合同总价的10%，随每次初步验收结束递减。

2.28.2 卖方应用合同货币按照合同附件规定的格式向买方提供由2.28.1中所述银行出具的预付款保函。

2.28.3 卖方应在每次调速系统设备初步验收证书签发前用合同货币按照合同附件九的格式，向买方提供由2.28.1中所述银行出具的质量保函，保函金额为该次验收调速系统设备价格的10%。质量保函有效期至该次验收调速系统设备的质量保证期结束。

2.28.4 2.27中规定的各项保函将在不晚于卖方按合同的规定完成了全部的责任，包括任何保证义务后的30天内，由买方无息退还给卖方。

2.29 终止合同

2.29.1 因卖方违约终止合同

2.29.1.1 发生下列情形时，买方可在不影响对违反合同所作的任何其他补救措施的条件下，用书面形式通知卖方，终止全部或部分合同：

　　1) 卖方未能在合同规定的时间内，或未能在买方同意的延长期内提交任何或全部合同设备或提供服务；

　　2) 卖方未能履行按合同规定的任何其他责任；

　　在上述任一情况下，卖方在收到买方的违约通知后30天（或买方书面同意的更长的时间里），未能纠正其违约。

2.29.1.2   在买方根据本条终止全部或部分合同的情况下，买方可按其认为合适的条件和方式采购与未提交合同设备类似的合同设备，卖方应有责任承担买方为购买上述类似合同设备时多付出的任何费用，且卖方仍应履行合同中未终止的部分。

2.29.2   因卖方破产终止合同

2.29.2.1   如果卖方破产或无清偿能力时，买方可在任何时候用书面通知卖方终止合同而不对卖方进行任何补偿。但上述合同的终止并不损害或影响买方采取或将采取行动或补救措施的任何权力。

2.29.3   为买方便利而终止合同

2.29.3.1   买方可在其认为方便的任何时候用书面通知卖方终止合同。通知中应说明是为了买方的方便而终止合同，说明按合同所实施工作终止的范围及上述终止生效的日期。

2.29.3.2   卖方接到终止合同通知后30天内完成和准备发运的合同设备，买方应按合同规定的条件和价格买下，其余部分买方可进行选择：

　　　1）选择任一部分并按合同条件和价格执行和交货；

　　　2）放弃其余合同设备，并为卖方已部分完成的合同设备和原先已采购的材料及部件向卖方支付一笔经协商同意的金额。

2.29.4   终止合同的处理

2.29.4.1   在以上各种终止合同的情况下，卖方均应把一切与合同有关的并已付款应交的文件、资料（成品或半成品）交付给买方，在买方未取走之前，卖方应负责存放并办理保险，费用由买方负责。

2.29.4.2   买方不承担任何由于终止合同而由第三方向卖方提出的各项索赔，不论直接的或间接的。

2.29.4.3   如只是合同的一部分被终止，其他部分仍应继续执行。

2.29.5   本合同终止时双方未了的债权和债务不受合同终止的影响，债务人应对债权人继续偿还未了债务。

2.30   **通知**

2.30.1   任何一方根据合同对另一方进行通知，以及收到通知一方的确认均应采用书面形式（信函或传真等），并按合同规定的地址递交。

2.30.2   通知以到达之日或通知生效之日起生效，以较迟之日期为准。

2.31   **备品备件**

2.31.1   卖方应提供买方要求的有关合同项下由卖方制造的备品备件的材料和信息。

2.31.2   备品备件应按要求进行包装，以防损坏，并与设备分开独立包装。包装箱上应清楚注明标记。

2.31.3 所有备品备件在提供给买方之前应系上标签，标签上应注明上述有关备品备件的说明。

2.31.4 在全部合同设备最终验收后 5 年内，买方将选择附件一中一定数量和品种的备品备件，采购价格应不高于按附件一价格表中所列加上自_____年每年增加1.5％的费用。如在此期间卖方欲停止制造某些备品备件，卖方应提前六个月通知买方，以便买方有足够时间可以最后选购一些备品备件。卖方还应将停止生产的备品备件的全套制造技术图纸免费提交给买方。

2.32 代用品

2.32.1 对于在任何方面不同于合同规定的材料和设备，卖方应提交 1 份完整的清单给买方和业主审查。该清单应包括卖方推荐用于本合同产品的所有材料及元件，也包括技术规范中没有明确提出的材料及元件。

当卖方按下述规定提出的代用申请才被考虑，否则，决不允许有任何与合同图纸和技术规范的偏差。

1）提交全部的技术资料，包括图纸，全部性能规范；提交试验数据和完成买方可能要求的试验；

2）提交所推荐的代用品的材料、设备或系统的比较资料；

3）如果卖方关于代用品的申请或建议涉及到费用问题，当所建议的代用品被接受，则买方将从合同价款中扣减因采用代用品使成本相应降低的金额，同时买方将不支付因使用代用品而增加的任何费用；

4）申请信中应包括 1 份由卖方签字的证明书，证明所推荐的代用品完全符合招标文件的要求；

5）所有的代用申请，随同要求的资料和证明一起提交给买方一式三份；

6）对于代用申请，在申请信的信头或标题中，至少应包括下述内容：

● 合同名称和代号；

● 标题（合同设备的部件和部分）；

● 参考图纸和技术规范：图号和详图，技术规范的条款。

分析某一建议的代用品是否符合技术规范、图纸和工程的设计条件，需考虑推荐代用品的所有元件的供应服务，运行和维护经验。为此买方可以要求尽快告知不少于 3 个在过去 5 年内用过所推荐代用品的工程，该工程应是易于去了解和进行比较的。

出于对买方保护的考虑，买方可以要求卖方提供书面保证，担保所推荐的代用品应能可靠运行。

如果推荐的代用品要求在有关的工作中有改变，而且买方认为这种改变造成了与合同要求或设计方面的偏差，则可予以拒绝。

卖方应承担由于代用品引起的、卖方自身工作的其他部分的任何变化、或分包商及其他承包商的工作的任何变化的责任，且买方不承担增加的费用。

直到买方满意并书面表示接受了代用品，卖方才可代用。这种接受并不减轻卖方应符合图纸和技术规范要求的义务。

任何提交给买方的代用申请，如不符合上述要求，将退回给卖方，买方不予审查。

2.33 合同文件或资料的使用

2.33.1 卖方未经买方事先书面同意，不得把合同、合同条款或由买方或以买方的名义提供的任何规范、规划、图纸、样品或资料向卖方为履行合同而雇佣人员以外的其他任何人泄露，即使是对上述雇佣人员也应在对外保密的前提下提供，并且也只限于为履行合同所需的范围。

2.33.2 除为履行合同的目的以外，卖方未经买方事先书面同意不得利用 2.33.1 中所列举的文件或资料。

2.33.3 2.33.1 中所列举的任何文件，除合同文件本身外，均属于买方的财产，当买方提出要求时，卖方应在合同履约完成后将上述文件（包括所有副本）退还给买方。

2.34 合同生效及其他

2.34.1 合同的生效日期以下列事件最晚发生者为准：

　　1）双方授权代表在合同文件上签字、盖章；

　　2）买方收到卖方按合同文件规定提供履约保函；

　　双方将以传真通知对方合同生效日期并用挂号信确认。

2.34.2 本合同有效期至双方均已完成合同项下各自的义务。

2.35 法定地址

　　买方：_____　　卖方：_____

　　地址：_____　　地址：_____

　　传真：_____　　传真：_____

　　电话：_____　　电话：_____

附件一 合同设备交货批次及进度表

1 交货说明

合同采购清单交付至买方指定的地点时间应不迟于交货批次清单表中规定的时间。为了使交货便于工地的储存保管，除非经过买方批准，所有交货不得比规定交货日期提前 30 天。

2 交货批次及时间

序号	合同采购清单	型号及规格	单位	数量	交货时间
一	第一批				
二	第二批				
…	…				

附件二　履约保函

出具日期：

致：

第＿＿＿＿＿＿号合同的履约保函

　　此保函是为＿＿＿＿＿＿＿＿＿（以下称卖方）根据＿＿＿＿年＿＿＿月＿＿＿日第＿＿＿＿＿号合同为＿＿＿＿＿项目（以下称项目）向贵方提供的履约保函。

　　我行，＿＿＿＿＿＿＿银行（以下称银行）及其继承人和受让人在此无条件地，不可撤销地保证无追索地支付相当于合同价格 10％的金额＿＿＿＿＿＿人民币，并就此立约保证同意：

　　（A）贵方认为卖方没有忠实地履行任何的合同文件和在其后达成的同意修改，补充，增加和变更，包括替换和/或修复有缺陷的货物的协议（以后称违约），而不管卖方反对，银行应按贵方书面报告说明卖方违约的通知及所提要求，立即按贵方所提的不超过上述累计总额的金额，以上述通知中规定的方式支付贵方。

　　（B）这里所说的任何支付均免于扣除当时和以后的任何税费、关税、费用，无论什么性质的和无论何人强加的扣除和扣缴。

　　（C）本保函的各项条款构成本行无条件的，不可撤销的直接义务，合同条款的任何更改，经贵方允许的时间上的任何变动及其它宽容或让步，或者贵方发生的可能免除本行责任的任何疏忽或其他行为，均不能解除本行的责任。

　　（D）本保函的总金额随每批设备的初步验收结束递减，有效期直至最后一批合同设备通过初步验收。

＿＿＿＿＿＿＿＿＿（出具行名称）

＿＿＿＿＿＿＿＿＿（出具行公章）

＿＿＿＿＿＿＿＿＿（出具行授权代表签名）

＿＿＿＿＿＿＿＿＿（授权代表印刷体姓名及职务）

＿＿＿＿＿＿＿＿＿（出具行地址）

＿＿＿＿＿＿＿＿＿（出具行电话）

＿＿＿＿＿＿＿＿＿（出具行传真）

附件三　预付款保函

合同号_____关于第_____号我们的不可撤销的保函

受益人：

根据受益人和_____（卖方名称）（以下称"卖方"）于_____日期签订的关于以总额_____（用文字和数字表示的合同价款）提供_____的合同号为_____的合同（以下称"合同"），应卖方的要求，我们特此开出不可撤销的保函，编号_____，收款人为上述受益人。

我们作如下保证：

1. 在本保函，我们的责任应限制为_____（用文字和数字表示的预付款的货币名称及其金额），每年加上年利率为5％的单利利息，利息的计算从卖方收到预付款之日起到本保函有效期满之日止。

2. 如果你们宣称卖方没有根据合同提供任一合同设备和服务，我们应在收到你们的第一次书面要求后7天内，无条件地偿付给你们总额不超过_____（用文字和数字表示的预付款的货币名称及其金额），加上年利率为5％的单利利息的任何一笔款额，利息计算从卖方收到预付款之日起到本保函有效期满之日止，且按以下第3点，保函仍有效。

3. 卖方一收到预付款，本保函立即生效，且应自动减去每次装运合同设备发票值的_____，而不须保函开具银行或受益人的任何确认。

本保函在最后的一批合同设备发货日后30天，即在_____（日期）期满，若受益人同意合同设备交货延期，并通知我行，本保函有效期将根据新的交货期自行顺延而无须任何手续。延期必须在本保函期满之前通知我们。

_____（出具行名称）

_____（出具行公章）

_____（出具行授权代表签名）

_____（授权代表印刷体姓名及职务）

_____（银行许可证号）

_____（出具行地址）

_____（出具行电话）

_____（出具行传真）

附件四 质量保函

出具日期：

致：

第_____号合同的_____的质量保函

此保函是为_____（以下称卖方）根据_____年_____月_____日第_____号合同为_____项目（以下称项目）向贵方提供_____（货物和服务的描述）的质量保函。

_____银行（以下称银行）及其继承人和受让人在此无条件地，不可撤销地保证无追索地支付相当于合同设备价 10％金额_____人民币，大写_____，并就此立约保证同意：

（A）贵方认为卖方没有忠实地履行所有的合同文件和在其后达成的同意修改，补充，增加和变更，包括替换和/或修复有缺陷的货物的协议（以后称违约），而不管卖方反对，银行应按贵方书面报告说明卖方违约的通知及所提要求，立即按贵方所提的不超过上述累计总额的金额，以上述通知中规定的方式支付贵方。

（B）这里所说的任何支付均免于扣除当时和以后的任何税费、关税、费用，无论什么性质的和无论何人强加的扣除和扣缴。

（C）本保函的各项条款构成本行无条件的，不可撤销的直接义务，合同条款的任何更改，经贵方允许的时间上的任何变动及其它宽容或让步，或者贵方发生的可能免除本行责任的任何疏忽或其他行为，均不能解除本行的责任。

（D）本保函的有效期直至设备最终验收结束后 30 天。

_____（出具行名称）

_____（出具行公章）

_____（出具行授权代表签名）

_____（授权代表印刷体姓名及职务）

_____（出具行地址）

_____（出具行电话）

_____（出具行传真）

附件五　物流信息化管理相关规定

1　为提高设备物流工作效率，保证设备到货的预见性、及时性和准确性，买方利用其项目管理信息系统对机电物流信息进行管理。要求卖方以规范的合同设备交货总清单、装箱单、装运通知的形式提交有关信息，以利于买方对货物的发运、到货、验收等全过程进行跟踪管理。

2　合同设备交货总清单

2.1　"合同设备交货总清单"是卖方合同设备交货明细表的汇总，它的形成是逐个部套设计完成之后的分层次的逐步细化或完善的过程，"合同设备交货总清单"的变更应受版本控制，并在最近一次提交的版本上做增加、修改等，不得重新定义"合同设备交货总清单"。

2.2　"合同设备交货总清单"的格式见7.1。

2.3　外协、外购设备（含外购直发件）也应列入"合同设备交货总清单"，即要求外协、外购设备（含外购直发件）按实际交货设备细项明细列入"合同设备交货总清单"。

2.4　卖方应在合同签订后120天内向买方提交"合同设备交货总清单"初稿供审查，并在合同设备首次交货前10天向买方提交"合同设备交货总清单"第一版，该版本将作为初始数据进入买方的管理系统。卖方应及时补充完善"合同设备交货总清单"，提交更新版本时间应在变化项所属部套首次发货前10天。提交给买方的最新版本的"合同设备交货总清单"，将作为卖方的交货基准和发货依据。

2.5　如果在合同执行过程中随着卖方设计的逐步完成或实际情况的变化导致交货总清单发生改变，则卖方应及时对交货总清单进行更新和维护，并及时提交给买方。

2.6　每次设计联络会期间双方对交货总清单进行审核、更新和维护，使其与以后的实际交货保持一致。

2.7　卖方在更新"合同设备交货总清单"时，应保持与上一版本的延续性。如原有设备项不需要交货时，只需将其数量改为"0"即可，不得将已定义的设备项删除。相对于上一版本的所有更新均应用红色予以标识并在备注栏中做出说明。

2.8　"合同设备交货总清单"以电子邮箱方式提交，在每次提交"合同设备交货总清单"的同时，卖方应填写"交货总清单提交通知"并以传真方式通知买方，"交货总清单提交通知"格式见7.2。

3　装箱单

3.1　每批交货设备的装箱单由装箱总清单和详细装箱清单组成，卖方应分别按规定的格式进行填写。"装箱总清单"格式见7.3，"详细装箱清单"格式见7.4。

3.2　卖方在填写"详细装箱清单"时，"详细装箱清单"中的设备项必须是已提交给买方的"合同设备交货总清单"的设备项，如果发现发货内容与"合同设备交货总清单"不相符，则应先对"合同设备交货总清单"进行更新、提交并通知买方，然后填写"详细装箱清单"。

3.3 卖方在按照合同规定以纸质文件形式向买方提交装箱单时，应同时以电子邮箱方式提交装箱单的电子文件。

4 装运通知

4.1 卖方在按照合同规定以纸质文件形式向买方提交装运通知时，应同时以电子邮箱方式提交装运通知的电子文件。

4.2 "装运通知"格式见 7.5。

5 卖方协作单位的规定

5.1 合同中所有涉及卖方协作单位的合同设备交货总清单、装箱单、装运通知等，均应由卖方按上述要求统一提交。

6 其他约定

6.1 买方邮件地址：mat＿eq@ctgpc.com.cn 。

7 格式样表

7.1 合同设备交货总清单

合同设备交货总清单														
合同编号：(16) 版本：(17) 最后修改日期：(18) 年 月 日														
装配名称(1)	装配图号(2)	子装配名称(3)	子装配图号(4)	货物图号(5)	货物名称(6)	供应商货物编码(7)	交货数量(8)	计量单位(9)	原产地(10)	价格(11)	采购合同报价单项代码(12)	采购合同报价单细项代码(13)	交货时间(14)	备注(15)

备注：

1. 项（5）、（6）、（7）、（8）、（9）、（12）、（13）、（16）、（17）、（18）是必填项。

2. 供应商货物编码（7）：按卖方编码规则填写，卖方应向买方提供其编码规则的详细而系统的说明书。

3. 报价单项代码（12）：填写内容为合同"报价表"中合同设备交付项所属的合同对应的最底层报价单项代码。

4. 报价单细项代码（13）：填写内容为合同设备交付项在所属的合同设备对应的最底层报价单项中的序号。该序号由卖方给出，格式为从"0001"开始的由四位数字组成的顺序号。该序号在同一最底层报价单项（12）下不得重复。

7.2　交货总清单提交通知

交货总清单提交通知	
合同编号	
版本	
最后修改日期	
主要修改内容	
提交文件名	
发送邮件地址	
提交日期	
联系人	
联系电话	
卖方名称及盖章	
传真发送日期	

7.3　装箱总清单

装箱总清单							
卖方							
目的地							
收货人							
合同号				发运地			
装运号				总件数			
联系人				总净重			
传真				总毛重			
电话				总体积			
箱件号	包装类型	存储类型	危险品	长×宽×高（厘米）	净重（Kg）	毛重（Kg）	体积（立方）

续表

箱件号	包装类型	存储类型	危险品	长×宽×高（厘米）	净重（Kg）	毛重（Kg）	体积（立方）

7.4 详细装箱清单

<table>
<tr><td colspan="13" align="center">详细装箱清单</td></tr>
<tr><td colspan="2" rowspan="2" align="center">卖方公司名称</td><td colspan="2">买方</td><td colspan="9"></td></tr>
<tr><td colspan="2">买方地址</td><td colspan="9"></td></tr>
<tr><td>合同号</td><td></td><td colspan="2">设备名称</td><td colspan="3"></td><td>设备描述</td><td colspan="5"></td></tr>
<tr><td>箱号</td><td></td><td colspan="2">运输标记</td><td colspan="9"></td></tr>
<tr><td>序号</td><td>报价单项代码</td><td>报价单细项代码</td><td>供应商货物编码</td><td>装配名称</td><td>装配图号</td><td>子装配名称</td><td>子装配图号</td><td>货物图号</td><td>货物名称</td><td>数量</td><td>计量单位</td><td>重量</td></tr>
<tr><td>1</td><td></td><td></td><td></td><td></td><td></td><td></td><td></td><td></td><td></td><td></td><td></td><td></td></tr>
<tr><td>2</td><td></td><td></td><td></td><td></td><td></td><td></td><td></td><td></td><td></td><td></td><td></td><td></td></tr>
<tr><td>3</td><td></td><td></td><td></td><td></td><td></td><td></td><td></td><td></td><td></td><td></td><td></td><td></td></tr>
<tr><td>4</td><td></td><td></td><td></td><td></td><td></td><td></td><td></td><td></td><td></td><td></td><td></td><td></td></tr>
<tr><td>5</td><td></td><td></td><td></td><td></td><td></td><td></td><td></td><td></td><td></td><td></td><td></td><td></td></tr>
<tr><td>6</td><td></td><td></td><td></td><td></td><td></td><td></td><td></td><td></td><td></td><td></td><td></td><td></td></tr>
<tr><td>7</td><td></td><td></td><td></td><td></td><td></td><td></td><td></td><td></td><td></td><td></td><td></td><td></td></tr>
<tr><td>8</td><td></td><td></td><td></td><td></td><td></td><td></td><td></td><td></td><td></td><td></td><td></td><td></td></tr>
<tr><td>9</td><td></td><td></td><td></td><td></td><td></td><td></td><td></td><td></td><td></td><td></td><td></td><td></td></tr>
<tr><td>10</td><td></td><td></td><td></td><td></td><td></td><td></td><td></td><td></td><td></td><td></td><td></td><td></td></tr>
<tr><td>11</td><td></td><td></td><td></td><td></td><td></td><td></td><td></td><td></td><td></td><td></td><td></td><td></td></tr>
<tr><td>12</td><td></td><td></td><td></td><td></td><td></td><td></td><td></td><td></td><td></td><td></td><td></td><td></td></tr>
<tr><td>13</td><td></td><td></td><td></td><td></td><td></td><td></td><td></td><td></td><td></td><td></td><td></td><td></td></tr>
<tr><td>14</td><td></td><td></td><td></td><td></td><td></td><td></td><td></td><td></td><td></td><td></td><td></td><td></td></tr>
<tr><td>15</td><td></td><td></td><td></td><td></td><td></td><td></td><td></td><td></td><td></td><td></td><td></td><td></td></tr>
</table>

7.5 装运通知

装运通知			
1) 卖方			
2) 发运地			
3) 交货地点			
4) 合同号			
5) 装运号			
6) 合同设备描述（合同设备名称、机组编号和部件号）			
7) 箱号			
8) 收货人		16) 发货人	
9) 收货联系人		17) 发货联系人	
10) 收货人传真		18) 发货人传真	
11) 收货人电话		19) 发货人电话	
12) 是否采用滚装运输		20) 总件数	
13) 是否有大件		21) 总净重	
14) 装运合同设备总价值		22) 总毛重	
15) 预计到达工地日期		23) 总体积	
大件运输信息			
运输工具的名称（汽车/火车/船只/飞机）			
汽车牌号或铁路运输的车次或水运船只的名称或空运航线的名称和航班号			
运输公司联系人及联系方式			
中转方式及时间			
出发地/车站/港口			
预计从出发地/车站/港口出发的日期			
实际从出发地/车站/港口出发的日期			
目的地/车站/港口			
预计到达目的地/车站/港口的日期			
运输和仓储中的特殊要求和必要的注意事项			
其他说明			

备注：标有数字的项为必填项。

附件六　廉洁协议

廉洁协议

甲方（发包人）：

乙方（承包人）：

为了防范和控制＿＿＿＿＿＿＿＿＿＿　合同（合同编号：＿＿＿＿＿＿＿＿）商订及履行过程中的廉洁风险，维护正常的市场秩序和双方的合法权益，根据反腐倡廉相关规定，经双方商议，特签订本协议。

一、甲乙双方责任

1. 严格遵守国家的法律法规和廉洁从业有关规定。

2. 坚持公开、公正、诚信、透明的原则（国家秘密、商业秘密和合同文件另有规定的除外），不得损害国家、集体和双方的正当利益。

3. 定期开展党风廉政宣传教育活动，提高从业人员的廉洁意识。

4. 规范招标及采购管理，加强廉洁风险防范。

5. 开展多种形式的监督检查。

6. 发生涉及本项目的不廉洁问题，及时按规定向双方纪检监察部门或司法机关举报或通报，并积极配合查处。

二、甲方人员义务

1. 不得索取或接受乙方提供的利益和方便。

1）不得索取或接受乙方的礼品、礼金、有价证券、支付凭证和商业预付卡等（以下简称礼品礼金）；

2）不得参加乙方安排的宴请和娱乐活动；不得接受乙方提供的通讯工具、交通工具及其他服务；

3）不得在个人住房装修、婚丧嫁娶、配偶、子女和其他亲属就业、旅游等事宜中索取或接受乙方提供的利益和便利；不得在乙方报销任何应由甲方负担或支付的费用；

2. 不得利用职权从事各种有偿中介活动，不得营私舞弊。

3. 甲方人员的配偶、子女、近亲属不得从事与甲方项目有关的物资供应、工程分包、劳务等经济活动。

4. 不得违反规定向乙方推荐分包商或供应商。

5. 不得有其他不廉洁行为。

三、乙方人员义务

1. 不得以任何形式向甲方及相关人员输送利益和方便。

1）不得向甲方及相关人员行贿或馈赠礼品礼金；

　2）不得向甲方及相关人员提供宴请和娱乐活动；不得为其购置或提供通讯工具、交通工具及其他服务；

　3）不得为甲方及相关人员在住房装修、婚丧嫁娶、配偶、子女和其他亲属就业、旅游等事宜中提供利益和便利；不得以任何名义报销应由甲方及相关人员负担或支付的费用。

　2. 不得有其他不廉洁行为。

　3. 积极支持配合甲方调查问题，不得隐瞒、袒护甲方及相关人员的不廉洁问题。

四、责任追究

　1. 按照国家、上级机关和甲乙双方的有关制度和规定，以甲方为主、乙方配合，追究涉及本项目的不廉洁问题。

　2. 建立廉洁违约罚金制度。廉洁违约罚金的额度为合同总额的1％（不超过50万元）。如违反本协议，根据情节、损失和后果按以下规定在合同支付款中进行扣减。

　1）造成直接损失或不良后果，情节较轻的，扣除10％－40％廉洁违约罚金；

　2）情节较重的，扣除50％廉洁违约罚金；

　3）情节严重的，扣除100％廉洁违约罚金。

　3. 廉洁违约罚金的扣减：由合同管理单位根据纪检监察部门的处罚意见，与合同进度款的结算同步进行。

　4. 对积极配合甲方调查，并确有立功表现或从轻、减轻违纪违规情节的，可根据相关规定履行审批手续后酌情减免处罚。

　5. 上述处罚的同时，甲方可按照三峡集团公司有关规定另行给予乙方暂停合同履行、降低信用评级、禁止参加甲方其他项目等处理。

　6. 甲方违反本协议，影响乙方履行合同并造成损失的，甲方应承担赔偿责任。

五、监督执行

　1. 本协议作为项目合同的附件，由甲乙双方纪检监察部门联合监督执行。

　2. 甲方举报电话：_____；乙方举报电话：_____。

六、其他

　1. 因执行本协议所发生的有关争议，适用主合同争议解决条款。

　2. 本协议作为_____合同的附件，一式肆份，双方各执贰份。

　3. 双方法定代表人或授权代表在此签字并加盖单位章，签字并盖章之日起本协议生效。

甲方：（盖章）　　　　　　　　　乙方：（盖章）

法定代表人（或授权代表）：　　　法定代表人（或授权代表）：

第五章　采购清单

1　采购清单说明

采购清单包括投标人应提供的设备及配套服务。

2　投标报价说明

本项目适用一般计税方法，增值税税率为 16％；投标人应按照国家有关法律、法规和"营改增"政策的相关规定计取、缴纳税费，应缴纳的税费均包括在报价中；含增值税价格作为投标人评标价。

投标人应按本招标文件规定和本清单的内容及格式要求，结合本招标文件所有条款及条件的要求，完整填写报价表中各项目的出厂单价、出厂合价、运杂费、保险费、合价、小计、合计等所有要求填写的内容。凡未填写单价和合价的项目，则认为完成该项目所需一切费用（包括全部成本、合理利润、税费及风险等）均已包含在报价表的有关项目单价、合价及总报价中。

按本招标文件的规定，投标人的总报价应包括投标人中标后为提供所有合同设备、技术文件和服务及全面履行合同规定的责任和义务所需发生的全部费用，包括设计、制造及所需材料和部件的采购、成套、工厂检验、包装、保管、运输及保险、交货、工地开箱检验、技术文件、设计联络会、工厂见证、出厂验收、工厂培训、质量保证、技术服务、协调、配合项目主管部门主持的工程专项验收、竣工验收等费用，并包括除合同另有规定以外的应由卖方承担的一切风险（包括物价和汇率等的变化）所需全部费用。

报价表中的出厂价中均已包含其相应设备的制造及所需材料和部件的采购、成套、工厂检验、包装、技术文件等全部成本、合理利润和税费，以及合同规定应由卖方承担的其他义务、责任和风险（包括物价和汇率等的变化风险）等所需全部费用。

报价表中的运杂费中均已包括合同设备自卖方制造工厂至合同规定的现场交货地点的运输费、各种杂费、设备运输过程中所需采取的一切安全保护措施等全部成本、合理利润和税费，以及合同规定应由卖方承担的其他义务、责任和风险（包括物价和汇率等的变化风险）等所需全部费用。

报价表中的保险费中均已包括合同设备自卖方制造工厂至合同规定的现场交货地点所需全部保险费用。保险费的填报应考虑由卖方应承担的责任和风险。

投标人应将所有报价表文字说明附在报价表中一并提交。

对于报价表中单位为"套"的设备、专用工器具、备品备件或部件等，应对每套中所包含的所有组成部分分项列出，并报出各分项所对应的价格。

3　清单

表5-1　调速系统及其附属设备投标报价汇总表
表5-2　调速系统及其附属设备分项报价表
表5-3　规定的备品备件分项报价表
表5-4　规定的专用工器具及维修实验设备分项报价表
表5-5　卖方的技术服务费及其它费用分项报价表
表5-6　买方人员在卖方工作项目明细表
表5-7　推荐的备品备件分项报价表
表5-8　推荐的专用工器具分项分项报价表

表5-1　调速系统及其附属设备投标报价汇总表　　　　单位：人民币元

1	2	6＝3＋4＋5	7
项目编号	项目名称	工地交货总价（含税价格）	备注
1	调速系统及其附属设备		
	1♯机组调速系统		
	2♯机组调速系统		
	3♯机组调速系统		
	4♯机组调速系统		
	…………		
2	规定的备品备件价格		
3	规定的专用工具、维修试验设备价格		
	合同设备总价（1—4项之和）		
4	技术服务费及其他费用		
	总报价（1—4项之和）		其中：增值税税额＝＿＿＿＿元

注：1. 调速系统及附属设备报价根据表5-2—表5-6的总计栏填报。
2. 增值税税额＝投标总价/（1+17%）＊17%。

表 5-2 调速系统及其附属设备分项报价表 　　　　　单位：人民币元

1	2	3	4	5	6	7	8	9	10（=8＊9）	11	12（=10＋11）	13
序号	器件名称	规格型号	原产地	制造厂	发运地	单位	数量	出厂单价	出厂总价	运保费	工地交货价	备注
1	调速系统电柜											
1.1	……											
2	机械液压部分											
2.1	……											
3	调速系统控制柜											
3.1	……											
4	手动操作系统											
5	测速系统											
6	油压装置											
6.1	……											
7	接力器位置传感器											
7.1	……											
8	压力油泵启动柜											
8.1	……											
9	自动化元件及仪器仪表											
9.1	……											
10	事故配压阀											
11	分段关闭阀											
12	管道、法兰、阀门及附件											
12.1	……											
13	电缆及附件											
13.1	……											
14	辅助控制柜及隔离阀组											
14.1	……											
15	合计											

注：1. 本表的合计金额应与表 5-1《投标报价汇总表》中第 1 项金额一致。
2. 本表按 1 台套调速系统及其附属设备填报，其他调速系统其附属设备如有增减项需注明。
3. 冷却器的数量由投标人选配，按照冷却器配置分项列出报价。
4. 静电循环过滤装置单列报价。
5. 本表中所列全部分项设备和部件均符合招标文件的要求，且为完整的成套合同设备。
6. 投标人提供的投标设备应是完整的和数量足够的。任何元件或装置，如果在本表中未列出，但对于调速系统的满意运行是必需的，则投标人应在"其他"项中列出，其价格已包括在总价中。

表5-3 规定的备品备件分项报价表 单位：人民币元

序号	项 目	原产地	制造厂	单位	数量	出厂单价	出厂总价（6×7）	运费	保险费	工地交货总价（8+9+10）
3	规定的备品备件									
(1)										
(2)										
(3)										
(4)	……									
	合计									

注：1. 本表的小计金额应与表5-1《投标报价汇总表》中第3项的各项金额一致。

2. 本报价表包括合同设备所需的备品备件数量。

3. 备品备件保存在买方设备仓库，为长期保管备品备件所需的配套装置包含在投标报价中。

表5-4 规定的专用工器具及维修实验设备分项报价表 单位：人民币元

1	2	3	4	5	6	7	8	9=7×8	10	11	12=9+10+11	13
项目编号	项目名称	原产地	生产厂家	发运地	单位	数量	出厂价 出厂单价	出厂合价	运杂费	保险费	工地交货合价	备注
4	规定的专用工器具											
(1)												
(2)												
(3)												
(4)	……											
	合计					—						

注：1. 本表的小计金额应与表5-1《投标报价汇总表》中第4项的各项金额一致。

2. 本报价表包括全部合同设备所需的专用工具。

3. 投标人应充分考虑现场起吊条件，配齐全部吊具，并分项列报，价格填报在第（4）项中。

表5-5 卖方的技术服务费及其他费用分项报价表 单位：人民币元

1	2	3	4	5	6
项目编号	服务项目	工作人日数	单价（每人日）	合价	备注
5	技术服务费及其他费用				
5.1	技术服务费				
5.2	其他费用				
	合计				

注：1. 投标人按照提供全部调速系统及其附属设备填写此表，本表的合计金额应与表5-1《投标报价汇总表》中第5项的金额一致。

2. 卖方为完成合同规定的对合同设备安装、调试、试运行、验收试验以及操作维护等进行的技术指导、监督服务和技术培训应包括在上述项目中。总计的人日数为卖方完成技术指导和监督服务所需要的人日数。

3. 本表中的技术服务费是指卖方按本合同的规定为提供本合同规定的全部技术服务所需发生的全部费用（包括税费），所报单价为综合单价，也考虑加班因素，技术服务费总价包干。

4. 卖方技术服务人员的交通费用由卖方自理，其费用含在合同总价中。

5. 本表中的"其他费用"是指投标人认为在本表中未列明，而在合同履行过程中必须发生且按招标文件规定应由卖方承担的有关全部费用（包括税费）。凡对于本表中未列项目或数量缺漏的，但的确是工程所必需任何的技术服务或其他工作等所需全部费用（包括税费）均已视为包含在"其他费用"中。

表5－6　买方人员在卖方工作项目明细表

1	2	3	4	5
序号	项　目	每次天数	每次人数（买方人员）	次数
1	设计联络会			
2	技术培训			
3	工厂检验及见证			

注：1. 本表列明了买方人员在卖方所在地工作时的项目、天数、人数情况，供投标人报价时参考。

2. 买方人员在卖方所在地工作时，买方人员的往返交通费、住宿费由买方承担。

3. 买方人员在卖方工作时，卖方提供当地交通等配合工作，该配合费已包含在合同设备价中，不单独进行报价和支付。

4. 第　次设计联络会会务由买方负责，卖方人员参加会议的相关费用包括在合同总价中。

表5－7　推荐的备品备件分项报价表　　　　　　　　　　　　　　单位：人民币元

1	2	3	4	5	6	7	8	9＝7×8	10	11	12＝9＋10＋11	13
项目编号	项目名称	原产地	生产厂家	发运地	单位	数量	出厂价		运杂费	保险费	工地交货合价	备注
							出厂单价	出厂合价				
	小计											

注：1. 除表5－4中已规定的备品备件外，卖方应推荐合同设备从交货之日起至投运5年内运行、检修及维护所需要增加的备品备件，并填报本报价表供买方选择。

2. 为完成现场试验所需的，与合同设备密切相关的接口和部件，若卖方认为需要，也应提出并填入此表。

3. 卖方推荐的备品备件应分项列出价格，不计入总投标报价内。经买方选定后，即为卖方的供货范围。

表5－8　推荐的专用工器具分项分项报价表　　　　　　　　　　　　单位：人民币元

1	2	3	4	5	6	7	8	9＝7×8	10	11	12＝9＋10＋11	13
项目编号	项目名称	原产地	生产厂家	发运地	单位	数量	出厂价		运杂费	保险费	工地交货合价	备注
							出厂单价	出厂合价				
	小计											

注：1. 除表5－5中已规定的专用工器具外，卖方应推荐合同设备从交货之日起至投运5年内安装、试验、运行、检修及维护所需要增加的专用工器具，并填报本报价表供买方选择。

2. 卖方推荐专用工器具应分项列出价格，不计入总投标报价内。经买方选定后，即为卖方的供货范围。

第六章 图纸

1 概述

在招标附图中给出了调速系统及其附属设备的布置总图；部位尺寸和土建柱线等。图纸并非用来确定提供的设备的设计，仅用于示意合同设备的总体布置。

招标图纸中有"＊"标记为土建不能修改的土建尺寸，卖方提供的设计应满足其要求。其余为参考尺寸，卖方可根据合同设备的结构特点，考虑安装维护的方便，进行优化。

2 买方图纸目录

附图1 主厂房发电机层—水轮机层各层布置平面图

附图2 主厂房纵剖、横剖面图

附图3 铁路隧洞运输限界图

附图4 对外专用公路、辅助公路隧道建筑限界及内净空设计图

第七章　技术标准和要求

（一）一般技术条款

1　合同设备和工作范围

1.1　总则

卖方提供_____台套全新的、符合本文件规定运行功能、性能的用以控制_____电站水轮机的调速系统及其附属设备，并保证其设备质量与使用寿命。卖方对水轮机调速系统、备品备件和安装维修工具等合同设备的设计、制造、所需材料和部件的采购、成套、工厂试验、装配、包装、保管、发运、运输及保险、交货全面负责；提供安装、检查、试验、调试、运行、维修等必要的设备和仪器仪表；提交全套技术文件；提交安装、检查、调试、运行、维护和设备控制系统所需的应用软件、程序和使用说明；进行合同设备与相关设备接口之间协调；提供设计联络会、工厂见证、出厂验收等服务；培训买方技术人员；对调速系统及其附属设备的现场安装、检查、调试、试验、试运行、验收提供技术指导和监督服务；参加现场开箱检验、72小时试运行、考核试运行和商业投运等。

合同设备符合工程实际，应采用成熟的、经过实践验证的可靠技术进行设计和制造。在规定的运行工况下，具有良好的性能。合同设备采用成熟的、经过实践验证的可靠技术进行设计和制造。产品的设计通过计算验证，制造工艺经实践证实先进合理。卖方保证调速系统及其附属设备作为一个完整系统安全、可靠地运行。

1.2　供货范围

1.2.1　调速系统及附属设备

1)　_____台套用以控制_____电站水轮机的全新的、完整的、成套的调速系统及其附属设备，每台套设备必须完整、成套和技术成熟，包括但不限于下列零部件或附件：调速系统机械液压部分（含阀门及管路元件等）；调速系统电气柜；调速系统控制柜；油压装置（含油泵启动柜）；过滤系统（包括招标文件规定的静电过滤循环系统及接口）全套自动化元件；表计；控制元件；监视和显示仪表；继电器、传感器；软件、图纸及说明书等，调速系统控制柜的PLC联机软件和相关的控制程序的源程序以及接口硬件等，调速系统控制柜及调速系统电气柜上还同时提供与监控系统连接的光纤通信接口设备（含光电转换装置）及本侧尾纤。

2）负责调速系统及其附属设备系统的总成设计，包括所有相关自动化元件的选型、布置等，并提供连接调速系统及其附属设备上的所有自动化元件和装置的安装接口、支架。

3）在本招标供货范围的说明中没有专门提及，但属一套完整的性能优良的调速系统及其附属设备必不可少的、或对改善调速系统及其附属设备运行品质所必需的设备、元件或软件等，由卖方提供，以保证设备的完整和运行安全。

1.2.2　其他

1）提供调速系统与电站其他系统（油、气、水系统）连接的隔离阀门。提供合同设备内部、设备之间连接的所有的油、气、水连接管路、阀门及附件、电线和电缆，以及设备基础板、垫板、锚固螺栓、基础螺栓和固定支架。以及合同设备至规定的合同外设备的接口位置之间连接所有管路、阀门、电缆、电缆管和附件。

2）提供合同设备在电站内安装、维修、拆卸和重新组装所要求的必需的专用设备、材料、零件和其它设备，以及设备卸货/起吊、转运所需的配套吊装和转运工具。

3）提供合同文件规定的备品备件、专用工具、维修设备和测试设备。

4）除非另有规定，无论在本技术规范中提到与否，卖方提供与远方控制系统接口所需的所有辅助设备。

1.3　供货界面

本合同设备供货界面为：

1）土建侧：设备基础板、垫板、锚固螺拴和基础螺栓由卖方供货。

2）测量控制系统：测量控制的电缆及电缆管由卖方从测点供货至仪表和所规定的或由买方指定的仪表盘和端子箱的端子。

3）调速系统管路：油管路由卖方分别供至接力器缸体法兰处、接力器各漏排油接口、接力器液压锁定装置的本体接口；与电站透平油系统的接口由卖方供至回油箱的接口法兰处。气管路由卖方从压力油罐供货至设在压力油罐附近的电站供气管接口法兰处。冷却供排水管路由卖方从冷却器供货至设在回油箱附近的供排水管路接口法兰处。静电过滤循环系统供排油接口由卖方供至回油箱本体的供排油阀门接口法兰处（阀门带法兰增头）。

4）调速系统的电缆：电缆由卖方供货至调速系统的有关盘柜及调速系统的端子箱或买方指定的仪表盘的端子箱。

5）卖方供货的设备或部件之间电缆、电缆护管及其附件均由卖方提供。

6）卖方提供上述油、气、水管道所需的管道附件，包括阀门、三通、弯头、变径接头、活接头、堵头、固定支架等。

1.4 协调

1.4.1 卖方的责任

卖方对其供货的全部部件、设备进行相应的设计、协调和完善，并承担全部协调责任。卖方供货的设备在规定的运行工况下，均符合工程实际，并具有最好的性能。卖方提供全部有关的设计技术文件、图纸、资料以及用于设计中的标准。

1.4.2 卖方与其他卖方、承包人的协调

1）卖方需与其他设备的卖方、承包人（包括安装承包人）对图纸、样板、尺寸和所需的资料进行协调，以保证正确地完成所有与机组相连或有关的部件的设计、制造、吊运、安装、调试、试验、试运行、商业投运与验收工作。

2）若卖方对本合同以外设备的其他卖方和承包人的设计、技术规范或供货或有疑问时，需及时向买方作书面通报。当卖方与本合同以外设备的其他卖方、承包人不能达成一致的协调意见时，买方有权以最有利于本工程的方式作出决定，卖方应无条件执行。卖方需向买方提供6份与其他卖方、承包人进行交换的所有的图纸、规范和资料的副本。

3）除非在合同文件中另有规定，对于为了使卖方提供的设备适应其他卖方、承包人所提供的设备而要求的较小修改，不得要求额外的补偿。所有卖方、承包人之间的有关上述调整对买方均不增加任何附加费用。这些费用已包括在每个项目的报价中。

1.4.3 卖方与水轮发电机组卖方的协调

1）卖方负责与水轮发电机组卖方进行协调，其协调内容如下，但不限于此：

2）——与水轮发电机组卖方协调调速系统相关自动化元件（水头测量、位移变送器、导叶位置开关、测速齿盘等）的技术细节；协调分段关闭阀及其先导阀的布置、安装细节；

3）——与水轮发电机组卖方协调转速测量装置的技术细节；

4）——与水轮发电机组卖方协调调速系统与机组设备、元件之间的管路、阀门接口细节；

5）——与水轮发电机组卖方协调接力器操作容量，主配压阀操作容量、压力油罐及主油泵操作容量的级配细节，协调调节保证计算、事故低油压、最低操作油压整定值的建议值；

6）——与水轮发电机组卖方和机组安装承包人协调调速系统的现场试验；

7）——从水轮发电机组卖方获得水轮机综合特性曲线、机组飞轮力矩 GD^2 接力器行程与导叶开度曲线，接力器缓闭行程特性；

8）——从水轮发电机组卖方获得开、停机及事故停机程序；

9）——从水轮发电机组卖方获得水轮机圆筒阀（如果有），水轮机导叶开关位置信号和开关程序等；

10）——从水轮发电机组卖方获得效率测量仪表所需的有功功率信号；

11）——与水轮发电机组卖方协调功率反馈变送器的设置有关细节；

12）——向水轮发电机组卖方提供有关资料；

13）——其它要求的项目。

1.4.4　卖方与计算机监控系统卖方协调

1）卖方负责与计算机监控系统卖方进行协调，其协调内容如下，但不限于此：

2）——向计算机监控系统卖方提供调速系统及油压装置用于监控的I/O量详细资料；

3）——与计算机监控系统卖方协调调速系统自动化元件布置、安装细节及机组启停程序；

4）——调速系统与计算机监控系统接口（包括通讯规约）的协调；

5）——与计算机监控系统卖方协调转速测量装置的技术细节；

6）——其他要求的项目。

1.4.5　与相量测量装置PMU卖方协调（若有）

卖方负责与相量测量装置PMU卖方进行协调，其协调内容如下，但不限于此：调速器进行开度或功率闭环调节的输出指令、调速器导叶开度，以上信号均采用4－20mA电流信号输出，满足电网相关要求。与相量测量装置PMU卖方、计算机监控系统卖方三方协调，其协调内容如下，但不限于此：机组转速信号、一次调频投入/退出、一次调频动作/复归等信号的输出，满足电网相关要求。

1.4.6　与孤岛判别装置卖方协调（若有）

卖方负责与孤岛判别装置卖方协调，协调内容包括孤岛判别硬接线信号或通讯接口。

1.5　服务

卖方应提供下列服务（不限于）：

1）为买方监造、检查和见证、验收的人员提供服务。

2）在工地为合同设备的安装、现场调试、现场试验和交接验收提供技术服务。

3）为参加在卖方所在地召开的设计联络会、工厂目睹见证、出厂验收的买方参会人员提供服务。

4）为买方人员的技术培训提供服务。

5）为完成本合同规定的全部协调工作和责任提供服务。

6）为买方提供完善的售后服务。

1.6　试验

1）完成材料试验。

2）完成工厂试验。

3）仪器仪表的校验。

4）提供现场试验所必需的专用工具（除另有规定外，试验完成后的试验仪表和设备仍为卖方财产），并为合同设备的现场试验、调试提供协助、技术监督和指导。

1.7 进度表及资料

1.7.1 进度计划

1）合同生效后____天内，卖方需向买方提交____份工作进度计划。如果实施工作中进度计划发生调整，卖方在____天内将调整的进度计划报送买方。

2）进度计划应有箭头指示图表，按"关键路径法"（CPM）编制，显示按合同要求合同设备的每个部件或组件的设计、制造、试验、验收和交货开始和完成的日期，时标网络图应使用 MS Project 或与此兼容的软件编制，并提供电子文档。

3）进度计划中的项目应按其实施的先后顺序安排。进度表应符合本合同确定的工作时间和交付时间，提交买方审查。

4）进度计划应包含必要的文字说明，对重大事件作详细的描述，同时还应提供由分包人编制的主要分包部件的进度计划，并采用如上所述的格式。

1.7.2 月进度报告

每月的____日以前，卖方应提交上个月的月进度报告（包括主要部件分包人月进度报告），应列出所有设计、制造和交付工作及计划完成的工作项目与日期。每月进度报告应传真 1 份给买方。

月进度报告表格式（大纲）将由卖方提出并由买方批准。

月进度报告应至少包括以下方面的内容：

1）第一部分概述

对本月所发生的主要事件进行集中的文字描述，特别是一些主要和关键部件及其附件的采购、加工生产及发运准备情况，同时要说明生产进度安排是否能满足交货进度的要求，如不能满足进度计划则应说明有多大的差距和补救的措施。对于有明显的加工工艺阶段的主要大型部件，还应指出该部件目前所处于的工艺阶段。对于已具备工厂检验条件或装运条件的部件，应给出计划的工厂检验、装运和工地交货日期。

2）第二部分各台调速系统主要部件的工作进度

应列出各台调速系统主要部件完成工作的百分比和完成工作所要求的天数。对于交货发运时间，应给出计划的发运日期和工地交货日期。说明直到重大事件发生日以前的工作状况，如果在此期间没有发生什么重大事件，则应说明直到本月最后 1 个工作日以前的工作状况。月进度报告应附有表明设计和制造工作从开始时起连续进展情况的曲线图及附有进度的彩色照片。

3）第三部分公用部分的工作进度

该部分主要是对备品备件和安装维修工具等的进度描述，填报的内容和格式可同上款。

1.7.3 进度控制责任

按本条款规定提交的进度计划和报告，是为了买方或买方代表或监造人员了解卖方当前设计制造和试验、验收、交货等工作进展状态，买方及其代表或监造人员可提出要求满足交货的任何意见或指示，卖方对落后进度与交货采取补救措施。所有卖方的进度计划与报告及采取的补救措施或买方的意见和指示及要求等，并不意味着减轻或免除卖方按合同规定交货的责任，买方也不因此增加额外费用。

2 工程概况

2.1 概述

2.2 电站交通和运输条件（包括对外交通、场内交通）

2.3 自然条件

2.4 地震烈度及抗震设计

2.5 安装场地

2.6 压缩空气系统

2.7 技术供水系统

2.8 厂用电系统

2.9 起吊设备

3 标准和规范

3.1 标准和规范

卖方按下列机构、协会和其它组织的标准、规程的相应条款，进行合同设备的设计、制造和试验。卖方要把下面的标准和规程中与合同设备有直接关系的适用部分送交买方。

机构或标准名称	代号缩写
中华人民共和国国家标准	GB
中华人民共和国电力行业标准	DL
中华人民共和国水电行业标准	SD
中华人民共和国水利部（水利）标准	SL
中华人民共和国机械行业标准	JB
中华人民共和国石油行业标准	SY
中华人民共和国冶金行业标准	YB
国际标准化组织	ISO
国际电工委员会	IEC

国际电气和电子工程师协会	IEEE
行业安全与健康协会	OSHA
钢结构油漆协会	SSPC
美国机械工程师协会	ASME
美国材料和试验学会	ASTM
美国钢结构协会	AISC
美国钢铁协会	AISI
美国国家标准协会	ANSI
美国焊接学会	AWS
美国无损探伤学会	ASNT
美国国家电气规程	NEC
美国国家电气制造商协会	NEMA
美国仪表学会	ISA
美国标准局国家电气安全法规	NESC
美国国家防火协会	NFPA
欧盟标准	EN
法国标准协会	AFNOR
德国工程师协会	VDI
德国电气工程师协会标准	VDE
德国国家工业标准	DIN
英国电气工程师协会	IEE
加拿大标准协会	CSA
日本工业委员会	JIC
日本工业标准	JIS
日本电工委员会	JEC
中国长江三峡集团企业标准	Q/CTG

3.2 标准采用相关规定

本合同设备应按照上面所列出的标准和规程实施和进行试验，上述标准或规程与招标文件的规定有矛盾的地方，以招标文件的最终规定为准。如果上述标准之间存在矛盾，而在本招标文件中又未明确规定，则应按高标准的要求执行。本招标中所使用的标准或规程应是合同签定时最新版或是设计阶段的最新修改版。卖方应提供设备材料、设计、制造、检验、安装和运行所涉及的标准、规范和规程。中国标准采用中文版，国外标准采用英文版。

3.3　替代标准

如果卖方拟采用的设计、制造方法、材料及工艺的标准和规程没有包括在上列标准之中，则这些替代的标准将提交买方审查。只有在卖方已论证了替代的标准相当于或优于上列的标准，并且得到买方的书面同意或认可后方能使用。在设备的说明书或图纸中注明所采用的标准。提供审查的标准采用中文版本，其他文种的版本译成中文再与原版本一起提交买方审查，并且在设备的说明书或图纸中注明所采用的标准。

3.4　度量标准

所有技术文件的物理量都应注明计量单位。所有图纸和文件均采用国际度量制 SI 单位或中华人民共和国法定计量单位和 IEC 规定的符号表示，必要时应附说明。所有螺钉、螺母、螺栓、螺杆和有关管件的螺纹均使用中国 GB 标准。如需采用软件设计计算，则需说明软件的出处、安全可靠性及工程实际成功经验等有关内容。

3.5　三峡企业标准

附表（一）

4　卖方提供的技术文件

4.1　概述

卖方需提供用于合同设备零部件制造、安装、调试、运行、维护以及用于电站设计的图纸、有关的计算书和分析报告供买方审查；提供用于设计的标准；提供安装和检验的程序及相应的标准；提供运输、包装、保管、吊装、安装、调试、测试、试验、运行、维修、维护说明书或手册；提供经过合理分类的全部部件清单和按批次供货的设备和部件清单；提供安装、检查、调试、运行、维护和附属设备控制系统所必需的应用软件、源程序和使用说明。

卖方应对设备进行三维设计，并向买方提供三维设计的数据模型。其中，向买方提供的三维设计模型应包括原格式和通用格式两种格式，原格式为三维建模软件默认的格式，通用格式使用 STEP（STP）格式。

按照本招标文件"全生命周期信息"的要求，提供合同设备信息。按照买方物流信息管理要求提供相应的物流信息。

卖方在提交所提供设备图纸的同时，提出计算的设备重量、尺寸和基础详图以及设备所要求的油、压缩空气、冷却水等资料，以便对布置这些设备及其附属设备系统的结构物进行设计。

对于本技术条款以及将来设计联络会纪要中所有有明确提交日期要求的技术资料（包括各种图纸、计算书、说明书、设备清单等），卖方在规定的时间内提交，否则应处以"约定违约金"中规定的违约金。对下面列出的项目可能需要＿＿张或多张图纸，则所有张数的图纸也应在指定的天数之内成套提交。卖方需安排技术文件提交计划，需买方审查认可的图纸一周内不超过＿＿＿张。

卖方提供给买方审查的每一张图纸，应为＿＿＿份 A1 幅面和＿＿＿份 A3 幅面用耐用纸的白底、深色线条图纸；提供给买方的资料，数量均为＿＿＿份。卖方在提供图纸、计算书、分析报告、设备清单、说明书和手册、安装检验程序等资料的纸质文档的同时，还应提供与纸质文档完全一致的＿＿＿份电子文档的光盘（包括送审的资料和最终的资料、正版应用软件、源程序）。光盘中的图纸要求采用 AUTO CAD 的 ＊.DWG 格式，除正版应用软件、源程序和另有说明外，其它文档采用 WORD 的 ＊.DOC 格式或 EXCEL 的 ＊.XLS 格式。

除按上述规定提交过程设计图纸资料外，卖方还将在每次设计联络会开始前单独提供成册设计联络会专用图纸和资料（买方参会人员每人一份，A3 幅面白图，为全部的最新设计图纸和资料，并注明"联络会用"。每次联络会的图纸和资料均包括已确认的和送审的全套图纸资料）。

在签订合同时和合同执行过程中，买方有权根据工程进度要求调整部分技术文件的提交日期，卖方不得拒绝，且不发生合同外的任何费用。

4.2 轮廓图和资料

序号	提交的主要图纸和资料名称（不限于此）	提交日期 （合同生效后日历天数）
1	标有外形尺寸的调速系统及其附属设备总体布置图	
2	回油箱、油泵、压力罐、隔离阀、事故配压阀、分段关闭阀等调速系统设备的基础布置图	
3	主配压阀、油压装置、油泵及电机选型设计计算书	
4	油温计算书	
5	调速系统方框图（表明调速系统各组成部分的输入、输出及关系，列出传递函数、符号说明和常数的典型取值范围），给出表达调速系统框图的微分方程组	
6	调速系统机械液压部分的控制装置、仪表的总体布置及液压管路和电缆管进出口位置	
7	调速系统电气柜柜内和面板上的电气装置和仪表的总体布置及电缆管进出口位置	
8	调速系统控制柜柜内和面板上的控制装置、仪表的总体布置及电缆管进出口位置	
9	调速系统的建模报告	
10	……	

4.3 详图和说明书

1）概述

为满足＿＿＿工程施工进度的要求，卖方将根据第七部分"招标文件附图"，随合同文件提供调速系统的基础及埋件布置示意图，包括：

——回油箱、油泵、压力罐、事故配压阀、分段关闭阀的布置图；

上述图纸将作为合同文件的重要组成部分。

在设备制造之前，卖方提交总装图、部件装配图和详图，以充分表明所有部分均符合合同文件的规定，并符合合同文件对安装、运输和维护的要求。这些图纸表明所有需要的尺寸和装配细节，包括材料的型号和等级、焊接和螺栓连接的设计，配合的公差和间隙；设备在现场的连接和组装；油、油脂和气等管路的连接位置和尺寸，以及电气回路的端子箱和导线的规格与布置配线。

应对所有主要部件的设计和对其他部件所要求的细节提供详细的技术说明，包括计算的应力和变形。卖方提供的计算书格式应清楚地表明全部假定、方法和结果，便于进行审查。除下述图纸和数据外，其他详图和数据应按照卖方和买方之间协商确认的时间表提交。

2）调速系统详图

序号	提交的主要图纸和资料名称（不限于此）	提交日期 （合同生效后日历天数）
1	包括压力油系统、调速系统、过速装置、分段装置和接力器等在内的完整的液压系统原理图，附有描述性资料、必要的图例、功能表格和整定值，以说明液压系统及辅助设备的功能，并标明各油管的规格	
2	补气系统原理图，并标明各气管的规格	
3	油冷却系统原理图，并标明各油、水管的规格	
4	电气系统原理图，包括总装图.各盘柜布置及电缆出口图	
5	自动化元件（装置）配置图、参数表和整定值表	
6	回油箱图	
7	回油箱上液压设备装配图	
8	泵组的布置图和装配图	
9	压力油/气罐图	
10	与液压原理图对应的全套液压管路及管路支撑布置详图	
11	柜内电气设备配线图及端子引出接线图	
12	调速系统电气柜、控制柜盘面装置布置尺寸图	
13	电液转换单元装配图	
14	主配压阀装配图	
15	事故配压阀装配图	
16	分段关闭阀装配图	
17	隔离阀装配图	
18	转换阀装配图	

续表

序号	提交的主要图纸和资料名称（不限于此）	提交日期 （合同生效后日历天数）
19	液压连接件装配图	
20	油泵出口阀组的原理图和装配图	
21	电气和液压自动化元件装配图及参数和详细说明	
22	静电过滤装置原理图及装配图	
23	接力器反馈装置安装布置图	
24	齿盘测速探头的安装布置详图	
25	测速齿盘零件图	
26	机组启/停机原理图	
27	机组开、停机程序的详细说明	
28	调速系统与电站计算机监控系统接口原理图及端子结线图，以及详细的 I/O 清单、数据格式及通讯规约	
29	……	

3）卖方的详细说明书

合同设备的每一主要项目提供以下的说明书：

序号	提交的主要图纸和资料名称	提交日期 （合同生效后日历天数）
1	液压原理图的说明书	
2	电气原理图的说明书	
3	工厂组装和试验步骤	
4	装卸和贮存说明书	
5	安装说明书	
6	操作和维修说明书	
7	投产试运行的步骤	
8	……	

4）电气图纸的要求

所有图纸中的电气设备编号和代码按买方的规定进行，具体规定在设计联络会提交。图纸采用 A3 幅面。

a）系统接线图

图纸表明设备与电源的连接，仪表和控制设备、元件及变送器安装位置及代号，以及上述设备间的电气接线（系统图中有包括设备、元器件名称、型号、规格、数量的明细表及系统主要参数）。

b）原理接线图

图中表明供给的控制设备的原理和电气连接，包括：

——时间继电器和定时器的范围、动作和设定值；

——过程仪表的设定点和复归点；

——保护继电器的额定值；

——熔断器和断路器额定值；

——控制电压和为供电电路建议的过电流保护和导线截面（如果控制电压的电源不是制造厂提供）；

——设备部件及元器件的明细表（包括名称、型号、规格、主要参数、数量等）及使用维修说明。

c）配线图

配线图要表明控制设备各元件的点对点的相互连接（包括部件或模块的内部安装图）。控制设备和端子排应表明它们之间正确的相对位置，并按照系统图/原理图来标识。端子排的一侧应清楚地标志外部配线连接，且没有任何卖方的配线。外接电缆有特别要求时在图中说明。

d）盘面布置图

明安装在控制柜和配电盘前的设备和铭牌，按比例制图。并注明设备名称、代号、规格、主要参数及数量。

e）铭牌图、仪表刻度、刻模和开关把手

提供所有盘柜装置和设备的清单。铭牌图包括尺寸和文字大小。作为图纸审查过程的一部分，卖方在适当的图纸上标明铭牌刻字。应为仪表和其它指示仪表表明刻度标记。应表明刻度盘上的饰框板和符号刻字以及开关把手的类型和颜色。

f）电缆管路、电缆架及电缆敷设图

提交所供设备的电缆清册，并提交油压装置之间的电缆管路、电缆架及电缆敷设的实际布置详图。图上有电缆管路及电缆架的尺寸和型式；并规定在电缆管内敷设的导线的数量、型式和功能。

4.4　设计计算书、设计分析报告

卖方在提供合同设备的每一主要部件（包括压力罐、主配压阀、油泵、回油箱等）的设计图时，同时向买方提供相同份数的该主要部件的设计计算书。设计计算书中详细说明设计计算使用的基本设计方法、假设、使用的准则和计算的应力水平、变形，以便充分、详细地证明设备满足合同规定的要求，并能为寻找设备可能存在的故障提供足够的资料。主要计算书和设计分析报告如下，但不限于此：

——主配压阀选择计算

——伺服比例阀造型计算书

——油压装置选择计算

——油泵及电机选择计算

——回油箱油温计算

——接力器操作容量，主配压阀操作容量、压力油罐及主油泵操作容量的级配选择计算书

——关键部位（主配压阀、事故配压阀等）连接螺栓强度和疲劳分析计算书

4.5 设备清单及二维信息码

1）随设备图纸提交的部件清单

卖方在提供合同设备的每一主要组装件或部件的设计图纸时，同时提交____份设备清单供买方批准，并且，卖方在每次设计联络会期间提供最新设计完成的设备清单。设备清单包括名称、型号、规格、单位、数量、重量、材料和原产地。

2）合同设备交货部件总清单

a）卖方在合同签订后____天内向买方提供合同设备交货部件总清单，包括____份书面文档，____份电子文档。此清单应为调速系统及其附属设备成套的所有部件清单，以作为每批次交货基准，核对是否漏发少发。合同设备按一台调速系统的设备部件的数量和种类，用于合同设备的所有单台套设备；备品备件、安装维修工具按提供的所有种类和数量列出。零部件的细分程度以安装不需拆分为止。卖方须对合同设备主部件和主部件所属零部件进行编号，其主部件和所属零部件编号组成的代码是唯一且固定不变的。

b）合同设备交货部件总清单分为主部件清单和详细部件清单。主部件清单内容主要包括合同设备主部件名称、重量、体积和各主部件所属部件的种类等；详细部件清单是指每一主部件所包含零部件清单，其内容为部件编码、部件名称、规格型号、材料、设计数量、计量单位、唯一图号及图中位置号、相应部件号、生产厂家、原产地、仓储要求等信息。

c）卖方不能将合同设备交货部件总清单作为交货不全的理由。

d）每个部套图纸设计完成后，提供该部套的交货部件清单及其电子文件。当卖方提供的安装图纸发生版本更新时，所附的这个设备部件清单表也应作相应的更新。

e）货物装运前，卖方以 E—mail 方式向买方发送一份详细的交货清单，即装箱单。

f）发运通知与装箱单通过发运单号对应。

3）设备二维信息码

卖方负责在供货设备的包装箱和箱内零部件上标记二维信息码。二维信息码与设备交货总清单相关联，码内信息包括交货批次、箱号、设备名称、规格型号、货物图号、单位、数量、重量、报价单项代码及细项代码等有用信息。

4.6 逻辑图

提供 1 整套说明用于微处理机控制器的软件的逻辑图。该逻辑图按下列要求提供：

1）模拟控制回路：提供的逻辑图与 ISA 标准格式一致。

2）顺序控制：用于顺序逻辑的控制按布尔或梯形图格式提供。

4.7 软件

在最后一批合同货物发货后____年内，软件的更新或功能增强均无偿地提供给买方。在此之后，需使买方能以协商的费用得到更新的软件。

4.8　技术文件和图纸审查

　　卖方在提交图纸前，应检查这些复制的图样，以保证可以从可供复制的底图得到字迹清楚的复制件。所有设计图应将设备和部件成比例地布置在图纸上，并以恰当的间距分布在图纸上。

　　买方将在收到图纸后的＿＿＿天内进行复核和审查，并提出审查意见或确认。买方可在设计联络会上当面提出审查意见或确认，也可以通过传真方式提出。

　　对于买方审查确认且没有提出修改意见的图纸，将作为正式图纸使用；对买方提出了修改意见的图纸，卖方应进行相应的修改，标明修改部位，并在收到买方修改意见之日起＿＿＿天内再次成套提交＿＿＿份 A1 幅面和＿＿＿份 A3 幅面的图纸供买方审查。

　　如果经买方审查确认的图纸，卖方又进行了任何必要的修改，应在修改后的＿＿＿天内再次提交审查，对修改部分应作出明显的标记。

　　此外，每张经修改的图纸应清楚标明修改版本号和修改日期。若提交的图纸没有这些标注，将被认为不符合要求。

　　买方的审查并不意味着免除卖方对于满足合同文件要求和安装时各部件正确地配合的责任。

　　对于图纸审查的要求，应同样地适用于提交审查的计算书、设计数据、目录、清单、论证报告、技术规范、设计报告和其他类似数据，技术资料的幅面可采用 A4 幅面。

　　卖方可以进行必要的设计变更，以使设备符合合同文件的规定。

　　如果在结构组装或设备安装期间发现卖方图纸中的错误，应在图纸上注明修改内容，包括任何认为必要的现场变更。该图纸应按上文所述重新提交供审查和记录。

　　卖方提供给买方审查的每一张图纸，应为＿＿＿份 A3 幅面用耐用纸的白底、深色线条的复印图纸。卖方图纸在标题图框旁应留有供买方审查盖章的空白。卖方在提交图纸前，应通过检查这些复制的图样，以保证可以从可供复制的底图得到字迹清楚的复制件。所有设计图应将设备和部件成比例地布置在图上，并以恰当的间距分布在图纸上。

　　买方将在收到图纸后的＿＿＿天内复核并返回给卖方＿＿＿份注有"已审查"、"已审查并修改"、"返回修改"等字样的复印件，也可以通过传真方式提出审查意见或予以确认。

　　注有"已审查"和"已审查并修改"的复印件图纸是同意卖方按该图及修改部分（如果图上标有的话）所包括的设备进行制造和加工。

　　如果在注有"已审查"的图纸返回给卖方之后，卖方又需进行小的修改，卖方应在得到买方图纸后的＿＿＿天内进行修改并提交＿＿＿份复印图，对修改部分应作出必要的标记。当图纸"已审查"通过而未经再次提交买方进行如同最初提交的那样的全面的审查，则不得进行任何会影响设计的重大修改。

　　当图纸复制件已标有"返回修改"，则卖方应进行必要的修改工作，并在图纸收到之日起＿＿＿天内向买方提交＿＿＿份复印图纸。每次修改应在修改栏中注明修改的序号、日期和题目，并应在图上作必要的标记以表明这种改正。此外，每张经修改的图纸应清楚标明是最新修改版和修改日期。提交的图纸没有这些标明应认为是不符合要求的。

买方只审查产品的设计和合同文件一致与否。审查并不意味着免除卖方对于满足合同文件要求和安装时各部件正确地配合的责任。

对于图纸要求采取的审查程序，应同样地适用于提交供审查的设计数据、目录、论证报告、技术规范、设计报告和其他类似数据，技术资料的幅面可采用 A4 幅面。

卖方可以进行必要的设计变更，以使设备符合合同文件的规定和意图。

如果在结构组装或设备安装期间发现卖方图纸中的错误，应在图纸上注明修改内容，包括任何认为必要的现场变更。该图纸应按上文所述重新提交供审查和记录。

4.9 说明书

1）概述

卖方对每项设备的工厂组装、试验、搬运、贮存、安装、调试、试验、投产试运行、现场验收试验运行和维护的步骤提供书面的详尽的说明书。说明书在发货前提交买方，以便在安装和运行之前，在现场能获得最终的经审查的文本，用来做好计划工作。经审查后，卖方提交____套完整的经审查的最终说明书和相应图纸的装订本，以及____套同样内容经缩影的复制件及可编辑的配套电子版光盘____套。

2）工厂组装和试验步骤

在设备进行车间组装和试验之前，卖方提交____份概述所做检查细节的工厂组装和试验程序文件。工厂组装和试验步骤要以表格形式对每项试验分项列表提交，要注明根据设计预计结果，并留出空表格便于在车间组装和试验期间填写观测结果。试验步骤要包括使用的试验值、可接受的最高/最低试验结果和供参阅的通用的工业标准。工厂试验若受某种限制（如果有），要有充分的说明并经买方批准。

3）搬运、装卸、贮存说明书

卖方提交____份合同设备现场包装、搬运、装卸、贮存和维护的详细说明书。说明书具有叙述、图示和重量的详尽的说明。在完整说明书提交前的设备交货前____天，提供交货设备的包装、搬运、装卸、贮存说明书。油漆等化工产品的交货应随每次交货提供包装、搬运、装卸、贮存说明书。该说明书包括：

——为了长期和短期贮存，需要户外/户内、温控/湿控仓库的部件标志；

——为了长期和短期贮存，对于户外/户内、温控/湿控仓库的空间要求；

——在设备的卸货、就位、堆放和支撑固定方面应遵守的规定；

——吊装和起重方法；

——长期和短期贮存的维护方法，包括为户外储存部件建议的最长储存期；

——对部件定期的转运（当有要求时）；

——保护覆盖层的使用；

——在安装之前，保护覆盖层和/或锈蚀的清除。

4）安装程序和说明书

卖方向买方提供____套详尽的设备安装程序及说明书（含 QCR 表、分类合理的详细部件清单），以及表示安装顺序的相应图纸的缩影复制件。该说明书和图纸包括对于设备主要部件的搬运和起吊，包括重量、组装公差和安装期间遵守的特殊注意事项等方面的资料。在完整的安装说明书提交前的部件的安装，应在部件安装前____天提供安装部件的安装说明书。

5）运行和维护说明书

卖方提供____套详尽的运行和维护说明书，该说明书包括相应图纸的缩影复制件、相应的部件一览表、所提供的全部设备的样本，包括自动化装置或元件的产品说明书，还包括对于运行、维护、修理、拆卸或组装，以及订购更换部件时检修和识别部件等所必需或有用的说明。

卖方提供的运行和维护说明书细则应是一份完整的和清晰的文本，供买方使用。该文本在设备的使用期内能一直使用而不需要作任何补充。在说明书细则里使用的术语和符号应与卖方图纸上的完全相同。

运行和维护说明书应清楚地说明合同设备的工作原理、突出特点和电气控制操作，并包括系统主要参数和必要的液位、流量和压力整定值，以及全部附属保护装置的整定值。还提供故障寻找表、检修时间表、润滑系统图表以及拆卸、重新组装和调整的程序。

运行、维护说明书按下列格式编制：

第Ⅰ册：调速系统液压部分运行、维护说明书

A. 概述

A.1. 主要特性

A.2. 参考图纸、标准

B. 调速系统液压部分各部件的总体描述

C. 运行和维护说明/规程

D. 装卸所需的起吊设备和工具的使用说明

E. 图纸、手册、产品样本和出版物

F. 调试

F.1. 现场调试说明书

F.2. 调试报告

G. 备品备件

第Ⅱ册：调速系统电气部分运行、维护说明书

A. 概述

A.1. 简述

A.2. 运行方式和各部件描述

A.3. 功能描述

A.4. 操作说明

A.5. 方框图（传递函数）

A.6. 电路图

A.7. 各种控制和调节模式的软件流程图

B. 维护说明

B.1. 功能说明

B.2. 运行维护细则

B.3. 故障诊断及排除

B.4. 修复后的量度值检查

C. 调试

C.1. 工厂测试

C.2. 现场调试说明

C.3. 调试报告

D. 图纸

D.1. 插件电路图

D.2. 标有元件参数和布置位置的电路板和插件的图纸

D.3. 电路说明

E. 备品备件

F. 产品样本

6）试运行和现场验收试验步骤

卖方提交＿＿＿份叙述投产试运行详细步骤的说明书，包括设备在现场安装后的试运行和现场验收试验的方法和步骤的相应说明和图示，其内容包括：

——要清洗、检查和调整的部件，给出方法和措施；

——检查全部间隙的方法；

——为设备的试运行和现场验收试验预先作出详细的操作和试验的步骤。

在试运行期间，以表格形式提交分项列出的每次调试和试验的步骤，注明根据设计所预计的结果，并留出填写在试验过程中实际观察结果的空白处。

4.10 应用软件和源程序

卖方提供合同设备安装、检查、调试、运行、维护和附属设备控制系统所必需的正版应用软件、源程序及使用说明，并在设备质量保证期内免费提供其配套软件和源程序的升级版。

4.11 技术文件的提交

经买方审查确认的技术文件、图纸和资料等，卖方提供一式____份供买方使用，技术文件、图纸、资料的幅面要求与送审时的一致。

卖方提交的图纸和资料符合本合同要求。不符合要求的提交为不合格提交。对不合格的提交，买方将不作正式审查和处理，也不退还给卖方。买方将把任何被认为是不合格的图纸和/或资料的初审结果通知卖方。

对到期日前没有提交或不合格提交，买方都将视为延迟提交，卖方需按照违约规定支付约定违约金。

卖方向买方提交的技术文件、图纸、资料及向买方寄送或传真这些技术文件、图纸、资料的费用均包括在合同总价内。

5 全生命周期信息

为满足买方机电设备全生命周期信息系统对卖方供货设备数据和信息的需要，卖方应按照买方提供的格式和数据要求，及时向买方提供设备的设计及计算、材料选取及检验、制造工艺及过程、工厂试验及检验等真实可靠的数据和信息。

对于外购件，应及时提供供货厂家、产品规格型号、出厂检验报告、产品合格证等真实可靠的数据和信息。

本节中所要求的文档必须以电子文档（光盘或者存储卡）的方式提供或直接录入买方的信息系统（若具备条件）。

6 归档文件

设备投运后，卖方按买方档案管理要求向买方提供____套完整归档技术文件，归档技术文件的内容包括"卖方提供的技术文件"涉及的内容（除第1条）和设计联络会纪要、现场试验报告和合同执行期间买卖双方的书面技术文件等。

每套归档文件应包括1个表明图纸数量和图纸题目的索引，并应装订成册作为永久的资料。卖方应向买方提供____套上述文件的电子版及相应的正版支持软件。

归档文件具体要求在设计联络会上确定。

7 材料

7.1 概述

制造设备所选用的材料是新的、优质的、无损伤和无缺陷的合格产品。材料质地均匀，无夹层、无空洞或无夹杂杂质等缺陷，其种类、成分、物理性能应符合本合同的相应标准或规定。本合同没有列举的材料，应得到买方的批准后方可使用。材料的详细标准，包括类别、牌号和等级，均应标示在卖方提供审查的详图上。材料的代用品及其选择应遵守合同条款的相关规定。若卖方采用代用材料，其性能应相当于或优于本合同所列材料，并在制造前得到买方批准，且不因买方的审查认可而减轻卖方承担的责任。

用于本合同设备的材料根据相关标准规定的试验方法做试验。

7.2 材料和标准

本合同设备选用的材料及其相应的标准见表 7-1。

表 7-1　材料标准表

种　类	标　准
碳钢铸件	GB 7659，GB 11352，JB/T 6402， ASTM A27，ASTM A216 牌号 WCB. WCC
合金钢铸件	JB/T 6402， ASTM A148 80—50 级
不锈钢铸件	JB/T10264，JB/T 7349，JB/T 6405， ASTM A743 牌号 CA－15，CF－8，CA－6NM
不锈钢板，钢带	GB 4237， ASTM A167，ASTM A176，ASTM A264，ASTM A240
不锈钢圆钢	GB 1220， ASTM A582 钢号 303，416
电工钢	GB/T 2521 50W250， ASTM A345
镍铜合金钢板	ASTM B127
铸铁件	GB/T 9439， ASTM A48，30 级或更好
锻钢件	JB/T 1270，B/T 1269，JB/T 7023， ASTM A181 牌号 60，70，ASTM A668 cl D，ASTM A668 cl E
结构钢	GB 700，　GB 1591，　GB 3274，　GB/T 3077， ASTM A36，ASTM A283，ASTM A285 等级 B 和 C， ASTM A516 Gr485，ASTM A517 用于高应力部位，ASTM678，　ASTM A 537
钢管	GB/T 8163，GB/T 8162，GB/T14976，SY/T5037，GB3091 ASTM A53－81a
钢管法兰及法兰连接件	GB/T 17185－97，　　GB/T 9112，　　GB/T 9113， ASNI B16. 5
青铜铸件	GB1176， ASTM B143 合金号 C90300，C92300
青铜（用于轴承，抗磨板）	GB1176， ASTM B584 合金号 C93200，C93700
黄铜（螺丝用）	GB 13808 ASTM B21 合金号 464
青铜轴瓦	ASTM B22 合金号 C86300
巴氏合金	GB/T 1174 ASTM B23 N°3
紫铜管	GB 1527，　GB 1528，　GB 5231， ASTM B42，　ASTM 1388 C. k
黄铜管	GB 5232，　GB 1527， ASTM B43

种　　类	标　　准
镍合金管	GB/T 2882
不锈钢螺栓	GB/T 3098.6， ASTM A320 型号 304，138
不锈钢螺母	GB/T 3098.15， ASTM A194 型号 6
电工绝缘材料	IEEE－56，IEC－C4003
刚性电线管道	ANSI－C80.1
不锈钢管	GB/T 14975， ASTM A312/A312M，　ANSI B36.19 无缝，　　TP316N 级
不锈钢锻件	JB/T 6398，　ASTM A473
螺栓（合金，钢棒）	GB/T 3098.1，　GB/T 3077，　GB/T 6396， ASTM A 322
铝青铜砂型铸件	GB1176， ASTM B148 C95500；ASTM B271 C95500
优质钢丝绳	GB8918

8　材料试验

8.1　概述

用于设备的所有材料应根据中国标准或 ASTM 或通过买方批准的其他权威机构（若有特别要求）规定的试验方法做试验。用于主要部件的材料试验应有买方代表在场见证，除非买方书面声明放弃。买方有权再次在现场进行材料试验或抽查，如符合合同要求，试验费用由买方承担；如发现材料不符合规定的标准，买方有权退货，由此发生的一切费用均由卖方负责，并处以合同规定的违约金。

8.2　一般性化验与试验

卖方对主要部件材料的化学成份进行化验。试验按中国标准或 ASTM 的有关规定进行，并将试验结果写入材料试验报告之中。

8.3　冲击和弯曲试验

所有主要部件的金属材料应作 V 型缺口试件的冲击韧性试验。试验应按中国标准或 ASTM 的有关规定进行。热轧钢板应根据中国标准或 ASTM 的有关规定，同时做纵向和横向冲击试验。所有主要的铸钢件和锻件，应做样品弯曲试验、零韧性的临界温度试验。

8.4　试验证明

在材料试验完成后，卖方尽快提出 ____ 份合格的材料试验报告。试验报告应标明使用该材料的部件名称、材料的化学成分和机械性能，并包括所有必须的资料，以便核实材料试验是否符合本合同文件的规定。经试验合格的全部材料试验报告的复印件将由卖方保存在档案中。卖方免费向买方提供大型铸钢件、铸件和板材的样品，供买方复核这些材料的化学成份及机械性能之用。买方或买方指定的代理人有权检查全部材料的试验报告。

9 工作应力和安全系数

9.1 概述

本合同设备在正常运行工况下，所有部件材料的工作应力不得超过规定的最大许用应力，同时要考虑材料的疲劳。卖方在设计中取用经实践证明的安全系数，并且对关键的部位和卖方认为需要的任何部件，可采用较低的工作应力。

9.2 最大许用应力

1）在设计中，所有部件应有足够的安全系数，对那些承受交变应力、振动或冲击应力的部件更应特别重视。在设备部件设计时，应考虑在所有预期的运行工况下，都有足够的刚度和强度及寿命期内的疲劳强度。设备各部件的尖角都应采用适当的倒圆，与临近表面连续、光滑地过渡，以减少应力集中。设备各零件的倒角应采用适当的圆弧过渡，且与邻近的表面连接是平滑和连续的，以减少应力集中。

2）所有零部件均设计有足够的刚度，在任何工况下运行，变形能够限制在安全范围之内。

10 制造工艺

10.1 基本要求

合同设备在良好的工艺方法和工艺条件下进行制造加工，制造工艺应是经实践证实为先进合理的。全部制造工艺工作由专业技术人员和经训练的熟练技工担任。设备的生产过程进行严格质量控制，确保提供设备的质量。

所有零部件严格按规定的标准加工，零件可互换、便于修理。除技术条款有特殊规定以外，所有部件包括特殊设计或制造的部件按 ISO 工艺标准精确制造。螺栓、螺母等紧固件符合 GB 的规定。

10.2 机械加工和表面抛光加工

受焊接影响的部件表面，在焊接后，需进行机械加工或表面处理，最终达到规定尺寸的要求。焊接部件在进行最终机械加工前进行应力释放。

调速系统所有液压部件的内表面应平滑，对接表面应平齐。

调速系统所有零部件表面符合 ANSI B46.1 "表面组织"的有关规定，并标示在设计图纸上。除非合同另有规定，所有零部件表面粗糙度 Ra 应符合 GB3505、GB1031《表面粗糙度》的要求，且不应超过表 7-2 中所列的数值。

表 7-2　表面粗糙度

部　　位		Ra（10^{-6} m）
滑动接触面一般要求		1.6
固定接触表面一般要求	要求紧配合的	3.2
	不要求紧配合的	6.3
其它机械加工表面		12.5
主配压阀		0.4
事故配压阀		0.4
转换阀		0.4
电液转换单元		0.4

10.3　公差

对所有的配合件，应按其用途选择合适的机械制造公差。公差应按照国际标准协会（ISO）或 GB 的规定选取。

11　焊接及无损检测

11.1　焊接

1）所有的焊接应采用电弧焊，焊接过程中应排除熔化金属中的气体。合适的地方应尽可能采用自动焊机进行焊接。

2）除另有规定，调速系统所有主要部件，包括压力罐以及所有需焊接的承压部件、压力容器和压力管路的设计和制造，均符合 GB150《钢制压力容器》或美国机械工程师协会（ASME）"锅炉和压力容器"的有关规定。在工厂焊接的部件，不允许采用局部消除应力的方法。其他部件，如管道支架等，设计和制造符合 AWS 的结构焊接规程 D1.1 或 ASME "锅炉和压力容器规程" 有关条款的规定。这些部件不需作应力消除处理。

3）对焊缝进行检查，以确定其是否符合中国有关标准、AWS 或 ASME "锅炉和压力容器规程" 以及合同技术规范的要求，如果焊缝出现如 AWS 或 ASME "锅炉和压力容器规程" 所禁止的缺陷，例如任何程度的不完全熔合、没有焊透与咬边、焊缝夹渣、空穴或存有气泡、构造与尺寸达不到设计或规程规范规定标准、焊接变形等，都应被判为不合格。按等强度设计受拉的对接焊缝和按等强度设计的丁字接头组合焊缝且接头受力垂直于焊缝轴线的为一类焊缝，应作 100% 的超声波探伤，按 ASME I 级验收；一般对接焊缝（非等强度或受压的）和按等强度设计的丁字接头组合焊缝且接头受力平行于焊缝轴线的为二类焊缝，应作 50％的超声波检查，按 ASME II 级验收；其它焊缝为三类焊缝，一般只作外观检查，对于有淬硬倾向的应作磁粉或渗透探伤。无论何时，当对焊接质量有怀疑，买方有对卖方工艺过程所述的范围，或超出该范围，而追加无损探伤检查的权利。无损探伤检查的质量应符合 GB150《钢制压力容器》或美国焊接学会（AWS）外部检查规范或美国机械工程师协会（ASME）《锅炉和压力容器规程》的要求，经无损探伤（NDT）后，若有任何部分需要修复，则检查费、修复费和再检查费均由卖方承担。

4）焊接表面处理表面覆盖的焊接飞溅物应去掉。焊缝形成后，如果没有另外的规定，应该清除焊渣。焊缝应均匀一致、光滑，与母体金属融合良好，并且无空穴、裂纹和夹渣。受焊接影响的机械加工表面应在焊接结束后加工到符合图纸上的尺寸和规程规范规定。如果要求对焊接的部件进行消除残余应力处理，则在消除残余应力后再把部件表面机械加工到最后尺寸。对工厂焊接部件，不允许进行局部应力释放。

11.2 无损检测

1）基本要求：除另有规定，无损检测按国家相关标准或美国材料及试验学会（ASTM）标准中适用章节或 JB4730《压力容器无损检测》的规定进行，焊缝射线探伤符合 GB150《钢制压力容器》或美国机械工程师协会（ASME）锅炉和压力容器规程中的技术和验收标准进行。焊缝的超声波探伤满足美国机械工程师协会（ASME）锅炉和压力容器规程所规定的技术要求。

2）卖方在图纸上规定采用无损检测的部件、范围、检测方法及标准，提交买方审查；卖方提供对焊缝和主要部件进行无损检测的详细步骤和说明供买方审查。参加无损检测人员的资格应当经过鉴定，具有 ASNT－TC－1A II 级及以上的资格证书，或符合中国劳动部文件"锅炉压力容器无损检测人员资格鉴定考核规则"及 GB9445 中的规定，卖方将无损检测人员资格证明文件提交买方备案。

3）无损检测运用于主要部件上，如压力罐、主配压阀、回油箱等。在最后的表面加工和精加工之后还应作全部表面的检查，在部件热处理后作焊缝检查。

4）无损检测的方法

a）焊缝检查

调速系统承压部件的所有焊缝进行一定比例的射线探伤（RT）、超声波（UT）、着色（PT）、磁粉（MT）探伤检测。买方有权提出抽样检查的要求，焊缝的超声波检查应符合 GB150《钢制压力容器》和 ASME《锅炉和压力容器规程》规定的方法和验收标准。

b）铸件检查

铸件应按卖方提出的、经实践证明效果良好的、且经买方认可的无损探伤方法及标准进行，以确保铸件质量。

c）锻件检查

锻件的无损探伤检查，可用通常可接受的、经实践证明效果良好的方法进行。锻件的金相组织应均匀，不允许有裂纹出现，非金属杂质的尺寸和数量应符合有关技术条件和标准的规定。如杂质的过分集中或关键合金元素的离析，将予以拒收。

5）无损检测结果的处理

无损检测结果若不符合本合同文件规定或者认可的有关规范、标准规定的要求，该部件将被拒收。无论何时，在合同履行期内，买方对焊接质量有怀疑，有权要求对超出买方已批准的工艺过程所述范围进行补充无损探伤检查，若经检查后所有焊缝是合格的，其补充检查费用由买方承担；若不合格，其补充检查费用由卖方承担。经上述无损探伤检查后，任何部位需由卖方修复及修复后进行的复检，其费用由卖方承担。

12 铸钢件

12.1 概述

铸钢件应无气孔、砂眼、夹渣和裂纹等有害缺陷，表面要清理干净。不进行机械加工及在安装时外露的表面应进行修饰并涂漆。应仔细检查各部位的缺陷，危害铸件强度和效用的所有缺陷应彻底铲除直至无缺陷的金属，然后补焊修复。铸钢件组织应均匀致密，不允许有裂纹出现，非金属杂质的尺寸和数量应符合有关技术条件和标准的规定。杂质过份集中或关键部位合金元素离析的铸钢件将拒收。铸钢件的次要缺陷允许修补。铸钢件除按"材料试验"中规定的一般性化验和试验外，还应按国家标准或美国机械工程师协会（ASME）标准的方法进行弯曲和冲击试验。

12.2 检查

铸钢件清扫干净后，在铸造车间用肉眼检查、提取试样；检查缺陷，并进行修补。在修复和热处理后，还将按照本合同技术规范对铸件进行检查。买方有权要求卖方免费进行无损探伤检测，以确定：

A. 缺陷的全部范围；

B. 准备补焊的面积；

C. 修补是满意的。

12.3 修补

1）在缺陷修复之前，卖方提交铸钢件缺陷的报告，报告应包括说明主要和次要缺陷的位置和尺寸及相应的图纸，并附加照片、金相试验报告、无损探伤检查结果、相对于总体外形尺寸的铸件稳定性、金属断面厚度、中心位移、收缩量、扭曲变形和钻孔等。该报告还应说明缺陷形式，可能的原因以及在零件设计中或在铸造工艺中推荐的改进措施，以防止随后铸件中发生类似的缺陷。该报告还应提出详细的缺陷修复工艺，包括在焊接过程中和最终修复后采用的无损检测等。

2）铸钢件主要受力区和高应力区不允许有缺陷。对其它部位铸钢件次要缺陷系指需补焊的深度不超过实际厚度的_____%，但在任何情况下都不得大于_____mm，补焊面积必须在_____cm² 以内。当缺陷超过次要缺陷规定范围时，应视为主要缺陷。有主要缺陷的铸钢件将被拒收。若消除缺陷后，导致铸钢件承受应力的断面厚度减小了____%以上，或者导致缺陷断面处的应力超出许用应力的_____%以上，该铸件亦将被拒收。对于不削弱铸钢件强度或者不影响铸钢件可用性的次要缺陷，可按铸钢件行业的习惯做法进行补焊，并达到规定的要求。

3）所有缺陷须经买方认可后，方能进行修补。修补后的铸钢件应与图纸尺寸相符。经热处理后的铸钢件，修补后应重新进行热处理和进行无损检测，补焊部位的检验标准按检验铸钢件的同一质量标准进行，并需经买方认可。

12.4 尺寸

铸件尺寸应符合图纸要求。铸件局部尺寸不能减小到以致削弱铸件强度的____%（按图纸尺寸计算），或引起应力超过规定的允许值；也不能过大到以致影响制造加工或与其它零件正常配合。扭曲或有其它变形的铸件，在没有提交全部细节供买方审查前禁止使用。

13 辅助电气设备

13.1 概述

1）除非另有规定，辅助电气设备应符合本文件所列的标准和规程，所有技术规范的要求和所有制造厂的保证值均应根据这些工作条件制定。

2）卖方所提供的所有电气设备应适用于 50Hz 单相交流 220V 或三相交流 380V 电源，或者直流 220V 电源。对于电气设备控制均采用双电源（交流/直流）供电，应选用独立的电源模块，避免电源切换引起瞬时失电现象。如果所提供的电气设备为其他电压等级的电源，卖方提供相应的电源转换设备，并采取适当措施提高电源设备的可靠性。调速系统电气控制柜中的所有自动化元件及控制元件的电源由开关电源变换为直流 DC24V。卖方所提供的所有电气设备能在以下电压和频率波动范围内正常启动和运行：

电压波动范围：交流－____%～＋____%；

直流－____%～＋____%；

频率波动范围：－____%～＋____%；

3）电缆管道和导线的安装应符合 ANSI C1/NFPA 70 标准的要求。

4）卖方向买方提供为工程合同所推荐的各种采购的辅助电气设备的生产厂家、类型及有关技术资料。

5）本节所述的自动空气开关、按钮等应采用湿热型国际知名品牌产品，并提供相应的产地证明，继电器、断路器、启动器应采用进口或合资的知名品牌。

6）辅助设备控制系统及自动化元件应在电源消失并再恢复供电后能自动恢复正常工作。

7）电气盘柜内安装的传感器、指示仪表控制器、变送器（含电源变换装置、输出____—____mA 及报警接点扩展装置等）等设备应在 0—60℃ 的环境温度下可靠工作。

13.2 电动机

1）标准

电动机符合 IEC、ANSI、IEEE 和 NEMA 或 GB755 标准的要求。

2）额定值和特性

型式：鼠笼式感应电动机直流电动机

频率（AC）：50Hz

电压（AC）：三相：380V（DC）220V

单相：220V

绝缘：B 级，防潮型 B 级，防潮型

防护等级：IP ____ IP ____

交流电动机 750W 以下为单相，750W 以上为三相。

3）附件

提供下列附件：

a）重量在____kg 以上的所有电动机上的吊环（有眼螺栓）。

b）电动机应有带 2 个内螺孔的接地板，该板应靠近底座，并应在制造厂的电动机图纸或者安装外形图上标明。

c）在需要的地方，应有底板和地脚螺栓。

d）密封的电动机端子盒，应容纳得下外部电缆和接线片，并适合于电缆管的连接。

4）利用系数

所有电动机的容量应能拖动设备持续发出其规定出力，而不超过额定温度值；并且利用的容量不超过电动机额定容量（kW）的____%。

5）轴承

a）轴承应有足够大小的尺寸，适合于在规定条件下连续运行，轴承的密封应防止尘土进入及润滑剂流失。

b）在轴承座上应有适当的加油、排油孔。在需要的地方，应提供加油孔盖和排油延伸部分，并且易接近操作。

c）凡是需要的地方，轴承应加以绝缘以防止轴电流通过轴承。

d）立轴电动机的推力轴承应为耐磨型，能支撑电动机和被拖动设备的转动部件的重量加上由于载荷引起的液压推力。轴承应采用油脂润滑，并有油润滑的设施。润滑油应符合本文件要求。在加油过多可能引起损坏的地方，应有防止油脂过量的措施。

e）在额定转速和额定功率下，其寿命应大于＿＿小时。

6）起动

a）电动机应适合于全电压启动，＿＿kW以上的电动机采用软启动＋旁路方式。

b）对于全电压启动的电动机在机端供电电压是电动机铭牌电压的＿＿%时，电动机应能加速至额定转速。在额定电压下应有正常的起动转矩和不超过＿＿—＿＿倍额定电流的启动电流。

c）需要重复起动的地方，应在电动机铭牌上清楚地标明允许的起动次数。

7）保护层

除非另有规定，户内使用的电动机的保护层可使用制造厂的标准。

8）资料

提交批准的资料应包括：

a）表明电动机具有规定性能的完整说明。

b）图上注明电动机全部数据（包括尺寸、电气参数等）、工程名、序号和拖动设备名。

c）提供＿＿kW及以上的电动机的下列特性曲线：

定子温度与持续功率（kW）的关系曲线。

应根据正常负荷惯性矩和额定满负荷温度条件绘制下列曲线表明连续安全运转的时间和电流关系曲线；在＿＿%和＿＿%额定电压下，加速时间与电流的关系曲线。

在＿＿%和＿＿%额定电压下，转速与转矩和电流的关系曲线。

13.3 电动机启动器

1）软启动

电动机软启动采用组合型，带有断路器、交流接触器、380V交流线圈和快速熔断器，并带有＿＿继电器输出接点。

2）非软启动的三相电动机启动器为磁力组合型，并带有断路器、交流接触器、380V交流线圈、具有熔断器的控制回路、＿＿个过载脱扣机构，还带有至少两常开、两常闭的单刀单掷的辅助接点。

3）单相电动机启动器为磁力组合型，并带有断路器、交流接触器、220V交流线圈、具有熔断器的控制回路、在不接地线路里的热过载脱扣机构，还带有至少两常开、两常闭的单刀单掷的辅助接点。

4）直流电动机的启动器为直流接触器，带有过载保护机构、电阻和至少两常开、两常闭的单刀单掷辅助接点，操作电压为 220V 直流。按钮、控制开关和指示灯安装在启动器盖板上。

5）交流接触器的容量与被控电机匹配，主要技术指标如下：

A. 工作电压：380V AC 或 220V AC；

B. 过载能力：600％ ＿＿s；

C. 环境温度：0～50℃ 相对湿度 95％（无凝结）；

D. 带有至少两常开、两常闭的单刀单掷的辅助接点。

6）热过载保护器应采用断相保护热继电器，其过载脱扣器的整定电流应能接近但不小于电动机的额定电流。其动作时限应躲过电动机的正常起动或自起动时间。

7）在电动机回路中应设置一只红色信号灯，以示电动机运行状态，并设置一只绿色信号灯，以示电动机停止和控制电源投入状态。

8）软启动器

a）采用先进成熟的知名品牌产品；

b）软启动器满足下列技术要求：

——防护等级：IP2X

——耐振性：符合 IEC68-2-6：0.2 至 13Hz 为 1.5mm 峰值

13 至 200Hz 为 1gn

——抗冲击性：符合 IEC68-2-27：15g，11ms

——最大环境污染等级：3 级，符合 IEC947-4-2

——最大相对湿度：95％无冷凝或滴水，符合

IEC68-2-3

——环境温度：贮存：－＿＿℃至＋＿＿℃

运行：＿＿℃至＋＿＿℃不降容

——软启动器的容量考虑在 60℃ 环境下运行时降容的要求。

13.4　变送器和传感器

1）变送器和传感器能适用于精确测量规定的物理量。其准确级不低于 0.2 级。其输出为＿＿－＿＿mA（满刻度）直流电流，负载电阻不小于＿＿Ω。

2）除另有规定外，25℃时的最大允许误差不超过满刻度的±＿＿％，温度从－20℃至 60℃的变化引起的误差不超过满刻度的±＿＿％。交流输出脉动不超过 1％。设备的校准调节量为满刻度的 10％，从 0—99％的响应时间小于＿＿ms。在输入、输

出、外接电源（如果有）和外壳接地之间设有电气隔离。所有传感器、变送器的绝缘耐压值符合 IEEE 472 SWC 或 GB 的试验要求。

3）元件密封在金属外壳内，金属外壳具有适宜于盘面安装的整体支架，外部电气连接采用有隔板的螺钉型端子板。提供单独的端子用于输出电缆的屏蔽接地。

4）变送器和传感器采用 DC220V 或 DC24V 供电，所有变送器及传感器具有断线、掉电保护功能。

5）变送器量程为最大测量值的____－____％。

6）本节所述的所有变送器和传感器均采用进口的国际知名品牌产品，由买方选择并报卖方审查批准。

13.5　触点

除另有说明外，所有用于仪表、控制开关及器件的触点，用于 220V 直流电压的最小额定电流不小于____A，并要符合有关标准的规定。

13.6　按钮

1）按钮为重载防油型和自复归型，并带有刻制的符号牌和接触块。符号牌的刻制由卖方选择并经买方批准。

2）接点额定值

最高设计电压：交流____V 和直流____V

最大持续电流：____A（交流或直流）

最大开断电流：感性　交流 220V，____A 和直流 220V，____A

最大关合电流：感性　交流 220V，____A 和直流 220V，____A

3）按钮符合 NEMA 标准 ICS2 的要求。

13.7　继电器

1）顺序继电器

顺序或监测回路中用于程控的继电器为重载型，并具有线圈和可转换接点。接点数量满足程控的要求和与计算机监控系统连接的要求。

2）延时继电器

延时继电器应为固态式，带有防尘盖和____个单极双掷接点回路并可调延时。如有规定，还应具有瞬时接点回路。

3）保护继电器

保护继电器应按照本技术规范详细要求的规定提供。

13.8　电气模拟量指示仪表

1）型式和结构

仪表应为开关板型，半嵌入式，盘后接线。仪表应经过校准并适合于所用的场合。

另外，仪表应包括调零器（便于在盘前调零）、防尘、黑色外壳和盖板以及游丝悬挂装置。表的显示应为白色表盘、黑色刻度及指针。表计刻度盘盖板应防眩光。双指针表计指针为红、黑两色。

2）尺寸和额定值

A. 壳体尺寸：＿＿mm（除非另有规定）

B. 刻度弧度：＿＿°（直角）

C. 精度：1％

3）标准：指示仪表符合 ANSI C39.1 或 GB 的要求。

4）刻度：刻度由卖方选择并经买方批准。当仪表与仪用变压器或变送器的二次侧相连接时，选择的刻度能读出变压器一次侧的电气量，一般额定值应为满刻度的 2/3。

5）数字显示仪表：该仪表应有下述特点：

——明亮的桔黄色发光电子二极管显示或液晶显示；

——读数至少为＿＿位，＿＿mm 高；

——黑色仪表板并带有适于盘前安装的装配件及附件；

——0.25％精度；

——抗干扰及耐压性能符合 IEEE 472 SWC 或 GB 及试验的要求。

数字显示仪表的采用应经过买方的审查和批准。

13.9　指示灯

1）型式

指示灯为开关板型，指示灯的发光元件采用 LED，具有合适的有色灯盖和配套安装的电阻。有色灯盖是透明材料并不会因为灯发热而变软。从屏的前面能进行灯泡的更换，提供所有更换所需的专用工具。所有有色灯盖具有互换性，而且所有的灯为同一类型和额定值。

2）额定值

指示灯和电阻的额定值为 220V（交流或直流）或与它所工作的电压系统相适应。灯泡发光元件的工作电压应为 24V（交流或直流）。

3）特殊要求

a）电动机起动回路

在接触器辅助开关常开接点回路中应串接 1 只红色指示灯，以指示电动机处于"运行"状态。在接触器辅助开关常闭接点回路中应串接 1 只绿色指示灯，以指示电动机处于"停机"和控制电源"投入"状态。

b）其它回路

用于其他各种场合的指示灯和光字信号由卖方选择并提交买方批准。

13.10 控制、转换和选择开关

1）总则

开关板或控制柜盘面安装的手动开关具有如下特性。

2）型式

开关为重载、旋转式。

3）额定值

（1）最高设计电压：交流500V或直流250V；

（2）持续工作电流：＿＿＿A（交流或直流）；

（3）最大开断电流：感性，交流220V，＿＿＿A或直流220V，＿＿＿A；

（4）最大关合电流：感性，交流220V，＿＿＿A或直流220V，＿＿＿A。

4）面板

每个开关应有能清楚地显示每一工作位置的面板。面板的标志由卖方选择并经买方批准。

5）手柄

开关手柄的型式和颜色由卖方选择并经买方批准。

13.11 电气盘

1）概述

卖方提供外表美观、经批准的全封闭的钢壳体来安装电气设备。柜体由坚固的框架和钢板构成，并装有带密封件和铰链、长度为柜全长的门，门的位置应方便接近设备。

a）结构

①电气盘面板由＿＿＿mm厚以上的薄钢板制成，框架和外壳有足够的强度和刚度。盘高一般为＿＿＿＋＿＿＿mm，其中＿＿＿mm为盘顶档板的高度，为放置盘铭牌而设置。若为其它尺寸，则需经买方的批准，但排在一起的盘柜高度一致。

②各盘柜为金属外壳封闭结构，正面单开门，背面双开门，柜体的每扇门装有带钥匙的安全锁，只有在门锁好时，钥匙才能拔出，电气盘正面门采用铝合金框有机玻璃门或钣金门，背面门和侧板由薄钢板制成。柜底部及顶部设有足够的电缆孔，与外部联接的电缆应便于拆卸和移动。柜门为密封门，门上装有把手及弹簧锁。

③盘面平整，表面喷塑。壳体内设有内安装板以便安装电气设备。调速系统的相关的端子箱尺寸由买方选定。

④端子箱的颜色符合买方的专项规定。

⑤电气盘设置必要的通风孔或通风窗。

⑥为了确保全站屏柜外形和颜色的一致性，本合同电气盘采用（800W×2200H×600D）型机柜。调速系统电气柜采用两面800W×2200H×600D，但两屏之间完全相

通，没有隔板，以便走线，外面两个柜，实际上为一整体柜。

⑦电气盘的防护等级为 IP ____。

b）电缆孔

对墙上安装的柜体，其顶部或底部应有可拆卸的带密封垫的板，以利现场为电缆管开孔。对楼板上安装的壳体，其顶部应有可拆卸的带密封垫的板，其底部应预留电缆敲落孔，以利电缆的引入，并有固定电缆的设施。电缆从屏柜底部或顶部中央进入，并从屏中央引上或引下逐渐向左、右侧端子排分线，因此屏后部应设有固定电缆的横梁，以利于实施上述进线及分线方式。

c）温湿度控制器

为控制温度和湿度，所有电气盘内装有温湿度控制器及加热器。柜体的结构和温湿度控制器的放置应确保空气循环流畅，并在过热状态时不会损坏设备。温湿度控制器额定电压为单相交流 220V，具有自动投入/切除功能。

d）灯和插座

对柜正面垂直面积大于____m² 的壳体，其壳体内装有____盏灯和____个插座，以方便运行和维修。带有护线板和电源开关。插座为双联、10A、两极、三线式。灯和插座的动力电源为单相交流 220V，电源回路由其他承包商提供。

e）接地

①柜正面垂直面积大于____m² 的柜体，独立装设有适当额定值的接地铜母线，该铜母线截面不小于____mm×____mm 并安装在柜的宽度方向上。柜的框架和所有设备的其它不载流金属部件都应和接地母线可靠连接。接地母线应设有与买方提供的接地网连接的固定连接端子。接地母线应至少在两个位置上与接地网相连，且铜质连接线的截面积不小于____mm²。卖方提供设备各接地点至电站接地网的接地线。

②面积小于____m² 的壳体装有接地端子，该端子固定在壳体的构架上，并适合与买方提供的上述接地扁钢或接地铜母线棒相连。

③柜体的外壳、框架、柜内所有不带电的金属部件应与铜排可靠连接。

f）防雷保护器

为防止雷电通过交流进线侵入，损害电气盘内电子设备，所有电气盘内交流电源进线侧均装有合资品牌的防雷电保护器。

g）试验座和连接片

电气盘盘面应按需要设置试验插座和连接片。试验插座应是半嵌入式，盘后接线，并带有能取下的外罩，安装在盘的下部。所有试验插座都应有回路识别标记，试验时能短接电流互感器，并不影响其它回路。

h）屏柜之间的连接

排在一列的屏柜将安装在同一个预埋槽钢上，屏柜之间采用螺栓连成整齐的一列，屏柜之间的母线和连接线由卖方提供。

i) 标志

屏内的电缆和电线端部有粘性的、自层压型的标志加以识别。标志上应印有与卖方图纸相符的电缆或电线的编号。标志上应有透明的层压表层，该表层能耐油、耐磨擦和耐高温。

2) 组件布置

盘面组件的布置均匀、整齐。尽可能对称，便于检修、操作和监视。不同电压等级的交流回路将分隔。面对电气盘正面，交流回路的组件相序排列从左到右或从上到下为 U—V—W—N。

3) 盘内接线

每块盘的左、右两侧设置端子排，以连接盘内、外的导线。每个端子一般只连接 1 根导线。

盘内组件采用绝缘铜导线直接连接，不允许在中间搭接或 "T" 接。盘内导线整齐排列并适当固定。

强电和弱电布线分开，以免互相干扰，活动门上器具的连线是耐伸曲的软线。

组件和电缆设有防止电磁干扰和隔热的措施。所有其他组件与电子元件连接时，若组件的工作电压大于电子元件的开路电压时，将有相应的隔离措施。

面对电气盘正面，交流回路的导体相序从左到右、从上到下、从后到前，为 U—V—W—N；直流回路的导体极性从左到右、从上到下、从后到前为正—负。

盘内连接导体的颜色，交流回路 U、V、W 分别为黄、绿、红色，中性线 N 为黑色，接地线为紫底黑条；直流正极回路赭色，直流负极回路蓝色。

13.12 电气接线、电缆管路和端子

1) 总则

a) 卖方提供设备与买方提供设备之间应用电缆和电缆管进行电气连接，该电缆和电缆管由其他承包商提供和安装。所有控制和信号电缆应带外屏蔽。

b) 卖方提供设备的各单个元件之间应用电缆和电缆管进行电气连接，该电缆和电缆管由卖方提供，并由其他承包商安装。

2) 电缆管路

a) 买方供应的电缆管为刚性、厚壁、热镀锌钢管。卖方提供设备的电缆管入口，其支架和配件符合 NEMA FB1 的要求。

b) 卖方负责发电机坑内电气管路的布置和设计，并提供所有电缆管、紧固件、连接件和安装支架。

c）卖方提供的电缆管可依据卖方选择的标准，但管径不小于电缆外径的____倍。

d）电缆中间不允许有接头，接头只允许在端子盒、接线盒、转接盒等内。

3）电缆、电线及光缆

a）电缆、电线必须是 A 级阻燃型、材质为无氧铜材，监控回路、双重化保护回路、保安电源等双回路中的一个回路电缆须选用耐火电缆。电缆采用聚全氟乙丙烯绝缘、聚氯乙烯护套，电线采用聚氯乙烯绝缘。控制及信号电缆应采用带屏蔽电缆，在绝缘导体外应采用铜丝编织成网状屏蔽层。

b）动力电缆截面不小于____mm^2；二次控制、信号回路的导线截面不小于____mm^2，电流互感器和电压互感器二次侧的导线截面不小于____mm^2；照明电线的截面不小于____mm^2。但下列情形除外：如载流量及短路故障水平需要，将使用更大截面积的导线；仪用互感器二次线圈引线应满足二次负载要求。

c）动力电缆为____/____kV 级电缆，并符合 NEMA 标准或 GB12706《额定电压 35kV 及以下铜芯、铝芯塑料绝缘电力电缆》的规定，控制电缆为____/____V 级电缆，应是屏蔽型的，并符合 NEMA 标准或 GB9330《塑料绝缘控制电缆聚氯乙烯绝缘和护套控制电缆》的规定。照明用电线应符合 NEMA 标准或 GB5023《额定电压____/____V 及以下聚氯乙烯绝缘电缆》的规定。

d）电缆及导线的布线符合下列要求：

● 交流和直流回路不合用一根电缆；

● 强电和弱电回路不合用一根电缆；

● 保护用电缆和电力电缆不同层敷设；

● 交流电流和交流电压不合用一根电缆，双重化配置的设备不合用一根电缆。

e）光缆采用 ITU－T 或 IEC 推荐的光缆。其技术参数须满足 ITU－T 或 IEC 建议的要求。光缆具有铠装、加强构件、阻水层、阻燃层、钢塑复合层、聚乙烯外套等防护层。所有的光缆在到达柜体时均应接到光纤配线架上，再使用跳线和具体光设备连接。

f）绝缘：

● 交流额定电压：____/____kV。

● 工作温度：电缆导体长期运行工作最高温度为____℃，最低温度－____℃。

● 短路温度：短路时（最长持续时间不超过____s）电缆导体的最高温度不超过____℃。

● 阻燃特性：阻燃材料耐____℃。

g）用于低电平信号回路的电缆和控制线采用双绞线或三绞线（用于测温电阻），带有分屏蔽和总屏蔽，且外护层能耐油、防潮和抗热。

h）4 芯以上控制电缆及光缆留有____％—____％的备用芯，芯数多的电缆、光缆取低值，但最少备用芯数不小于＿＿＿。

i) 卖方对本合同供货范围内的全部设备及电缆、光缆，编制端子接线图和电缆（含光缆）清册，每根电缆两端设置与电缆清册上一致的识别编号。电缆清册按买方认可的格式对每根电缆标明电缆型号、长度、起止位置及安装编号。

j) 交流 U、V、W、N 电缆的颜色分别为黄、绿、红、黑。

4）导线端子和端子板

a）总则

设备内的电气接线应布置整齐、正确固定并连接至端子，使所有控制、仪表和动力的外部连接只需接在设备内端子板的一侧。每组端子板应至少预留＿＿＿％的端子，任何一个端子板螺钉不得接入多于＿＿＿根的导线。正负电源端子之间应间隔至少＿＿＿个空端子。端子采用＿＿＿系列端子。

b）端子板

①端子板应为有隔板的凹式螺丝型或弹簧回拉式端子（其中电流、电压回路端子应采用带隔刀的双进双出试验端子），在有振动的场合的控制信号回路应优先采用弹簧回拉式端子，端子板的额定值如下：

- 最高电压（AC）：不低于＿＿＿V。
- 最大电流（AC）：＿＿＿A。
- 最大导线尺寸：＿＿＿mm²。

②控制和动力回路的端子排用分隔板完全隔开或位于分开的端子盒内。端子排根据要求或接线图进行标记。电流互感器的二次侧引线接于具有极性标志和铭牌的短路端子排上。

③除电流、电压回路采用电流型端子外，所有其他端子均应具有隔离开关分/合功能；电流回路端子应具有防止开路自闭合功能。

④用于计量回路的电流、电压回路端子应集中布置，与其他端子之间具有明显的分隔，并便于买方采取可靠措施进行封闭。

c）导线端子

①导线应用导线端子与端子排或设备连接。导线端子规定如下：

16mm² 以下的导线应为圆形舌片或铲形舌片，压接式铜线端子。

16mm² 及以上导线应为 1 孔或 2 孔压接式铜线端子。

②所有导线端子应有与要求或接线图一致的标志。

d）线槽

卖方提供盘内走线槽，以便于盘内保护装置及其它元器件的配线，固定电缆及端子排的接线。走线槽的配置应合理，固定可靠，线槽盖启闭密封性好。

13.13　动力电源

辅助电气设备的动力电源为交流 380/220V 或直流 220V。

13.14　控制单元

调速系统控制柜采用国际知名品牌。

13.15　电子元件和组件

1）所有电子元件应经过严格的筛选及防止老化，其设计寿命不少于____年。

2）电子元件焊接在印刷电路板上，防止虚焊、松焊，不允许搭接，焊接表面涂有一层保护层，以防止焊点被腐蚀。

3）一个或几个印刷电路板组成一个功能组件，印刷电路板之间采用接触良好、可靠、耐用、并有防松脱措施的接插器连接，不允许在印刷电路板之间用导线直接连接。卖方同时供应接插器的试验接插头，以便需要时，向装置输入试验信号或对装置测试。印刷电路板上的所有元件和测试点有清楚、永久、耐清洗的标记，以表明元件标号和组件标号。所有接插器应有统一的规格。

14　管道、阀门及附件

14.1　概述

1）管道、管道材料、管道支架和吊架应符合至少相当于 ANSIB31.1.0 "动力管道"的标准，管路系统设计、安装、试验应符合 GB/T8564《水轮发电机组安装技术规范》、GB50235《工业管道工程施工及验收规范》、GB50236《现场设备、工业管道焊接工程施工及验收规范》、GB50683《现场设备、工业管道焊接施工质量验收规范》中有关规定。管道尺寸应优先采用 GB 或 ISO 标准。卖方应负责其供货范围内油、水的管道布置设计，提供全部管道的连接件、紧固件、管架及成形的管道。管道、阀门和接头的布置及管接头的位置应便于设备解体检查和移动部件，且检修时，对其他设备干扰最少，管道系统需拆卸的部位，应设置带有织带型耐油橡胶密封圈法兰并尽可能减少活接头连接方式。

2）管径____mm 以上的管道，在满足安装起吊、装卸和运输的要求下，应由卖方的工厂预加工。所有管道内壁应加以清理，装运时管道应配有管塞或管帽。卖方应在工厂图纸上详细地表示出各管道的位置、管径及用途。

3）管道内的液体流速应不大于____m/s。所有的组装管道都应作____倍设计压力的试验。所有管道均应按本技术条款的规定进行涂漆。

14.2　油管

油管及管件均采用不锈钢，公称直径小于或等于____mm 的油管可采用不锈钢接头连接，公称直径大于____mm 应采用不锈钢法兰连接。

14.3 压缩空气管和水管

压缩空气管道和供排水管道以及附件均采用不锈钢材料，并采用不锈钢法兰连接。

14.4 仪表接管

仪表管应为紫铜管或不锈钢管，并有相应材料的管道附件。在仪表处应提供表用三通阀和排水接头。温度计的软管应有铠装防护。

14.5 管道支架和附件

卖方供货的全部管道，应提供足够的管道支架、吊架、托架、管夹。紧固装置和管道系统所需的双头螺栓、螺栓、螺帽、垫圈、耐油密封垫圈、密封件和填料等附件均由卖方提供。所有支架、吊架、托架、管夹均应进行热浸锌处理。这些产品应为成品，不需要在现场进行任何加工，如焊接、钻孔。

14.6 管道连接

合同设备的内部管道连接及连接件，其螺纹、法兰面加工及钻孔应符合 GB 标准的公制规定。合同设备的管道与其他卖方提供的管道相连处，其螺纹、法兰面加工及钻孔应与买方协调。连接件（螺栓、螺帽和垫圈）亦采用 GB 标准，由卖方提供。同时应适当提供富余的特种管接头。

14.7 阀门

除另有说明，阀门采用阀门或合资厂生产并经证实质量性能优良的产品，并经买方同意，同时满足以下要求：

1）高压油阀和高压空气阀门采用不锈钢球阀。

2）所有口径大于____mm 的阀门采用法兰连接，若不能做到，应提交买方审查。口径大于____mm 的手动阀门均应配备位置接点，便于远方监控。

3）油阀采用不锈钢球阀。

4）闸阀应为实心楔式闸阀。

5）没有设置可锁住外罩的阀门应采用保险型或锁定装置，以防止误动作。

6）操作油管路全部阀门在工厂内打压试验确保压内漏。

14.8 加工/组装

除在现场组装或拆卸检修外，整个管路系统应尽量预加工好。油管应留有调节余量。各部分的加工应使焊接过接量最小。所有焊缝都应能从内部进行打磨和用钢刷清理，在靠近端部或 T 形接头处，应采用法兰连接。

15 埋入基础的构件

为固定设备需要的所有地脚螺栓和紧固材料（包括管套、螺母和平垫圈）由卖方提供，并留有余量。

16 吊具和安装工具

在所有设备的主要部件上应提供需要系住起吊工具的吊耳、吊眼和起吊工具等。卖方提供在目的地和中转站装卸时有特殊要求的部件的吊具。

17 工厂涂漆和保护涂层

17.1 概述

1）保护涂层应按 SSPC—PA1 "工厂、现场和维修涂层"、ASTM B456、ASTM B633.ASTM A164 进行操作。含有铅和/或其它重金属或被认为是危险的化学物质不得用于保护涂层。

2）全部设备表面应清理干净，并应涂以保护层或采取防护措施。表面颜色参见表 7-3，最终在设计联络会上确定。

3）除另有规定，锌金属和有色金属部件不需要涂层。不锈钢、奥氏体灰口铸铁和高镍铸铁应视为有色金属。为防止运输过程中锈蚀，表面应涂防护漆。

4）在进行清理和上涂层期间，对不需要涂保护层的相邻表面应保护不受污染和损坏。

5）清理和涂保护层应在合适的气候条件和充分干燥的表面上进行。当环境温度在 7℃以下或当金属表面的温度小于外界空气露点以上 3℃时，不允许进行此项工作。

表 7-3 设备表面油漆颜色（设计联络会最终确认）

	系 统	部 件	色 标	备 注
1	控制、仪表盘柜	调速系统电气柜		
2	各类阀门	本体		含阀门电机
		操作手柄		
3	油系统	压力罐		
		滤油机		
		所有油泵及电动机、回油箱、调速系统控制柜		
		供油管道		标志色带
		排油管道		标志色带
4	气系统	气管		
5	水管路	供水管路		
		排水管路		

17.2 表面准备

在设备部件表面涂层之前，应采用合适的设备进行清扫，除去所有的油迹、油脂、污垢、锈斑、热轧氧化皮、焊渣、熔渣、溶剂积垢和其它异物。清扫前，对不需要涂层的表面和已有涂层的表面应予以保护，以免受损坏和污染。对已清扫过的表面，在涂层间隙期或者是涂 2 层涂料的间隙期受到污染的表面，均应重新清扫。对表面的清扫工作，应按下列方法进行：

a）溶剂清洗：先用干净抹布或刷子浸湿溶剂，将表面擦洗，清除所有的油质和污物，最后用干净溶剂和干净抹布或刷子清除残留已清洗表面的残余物薄膜。清洗剂在正常气候条件下，用闪点不小于 38℃的矿物酒精溶液或无毒溶剂；在热天，应采用 2 级浓度矿物酒精溶液，其闪点不小于 50℃。涂覆沥青油环氧树脂的表面应采用有效溶剂清洗。

b）喷丸处理：表面先按上述"溶剂清洗"的要求清除掉所有的油迹、油脂和污垢，再对需要涂层的表面，用尖硬的干砂或钢磨粒进行喷砂处理，使金属表面发亮呈均匀的灰白色。喷丸处理表面的清洁度应不低于 ISO 8501－11/2 级的要求。用于喷砂的压缩空气应不含油和凝结水分。

17.3 涂层工艺

1）在运输过程中暴露在大气中的、经机械加工或精加工的黑色金属表面，要用溶剂清洗干净，进行干燥处理，涂 1 层厚的防锈化合物，并采用防潮材料进行包装。

2）所有会暴露在大气中的非机械加工的黑色金属表面，需喷砂发亮处理，再涂 2 层防锈漆。底层防锈漆干膜的厚度不小于____μm。2 层防锈漆在干燥后总的厚度不小于____μm。受冷凝作用的表面，应涂覆经买方批准的合适的防结露油漆。

3）卖方及其分包人的标准油漆系列也适用于各种小的辅助设备，例如小功率电动机、接触器、表计、压力开关和类似的设备。

4）所有与混凝土接触的非配合黑色金属埋件表面，应进行机械清扫，并涂 1 层保护涂层，便于运输和存放。保护涂层应便于安装时清除，以不影响预埋件与混凝土的有效结合。

5）准备现场焊接的不防锈的钢板或铸件的焊缝坡口，需喷砂发亮处理，并涂 2 层防锈铝底漆。这种油漆应为焊接前不需清除的底漆。

6）盘柜、压力罐、泵组和管道的外表面，应在机械清扫后涂 4 层指定的装饰颜色涂料。盘柜的非工作内表面，须在进行机械清扫后，按卖方的标准涂 2 层防护漆。

7）油罐、油箱铁质金属的全部内表面需喷砂处理，直到露出金属光泽为止，再按卖方的涂层标准涂保护层，卖方提交证明书，证明所使用的涂料在类似的工作条件下至少使用了____年。该标准涂料需经买方的认可。

8）对重要部件的涂层，卖方提交涂层附着力及老化试验报告。

17.4 涂料应用

1）所有涂料在应用时，应按涂料厂家的说明充分搅拌均匀。

2）应采取有效的措施，以消除喷涂设备的压缩空气系统中的游离油和水份。喷涂时，应选用与涂层相符的喷嘴压力。喷涂 2 层以上涂层时，每层涂层不得有淌滴、气孔和凹陷。应在底层涂料干燥、硬化后，再涂上层涂料。

3）卖方提供足够数量的罐装备用涂料，以供现场修整（包括修补和装饰）所有设备部件表面涂层之用。

17.5　工厂喷涂清单

设备表面在工厂进行喷涂，一般按 SSPC 乙烯基涂层系列 4.04 号和 SSPC-PS－1.07 "煤焦油聚酰胺树脂黑色涂层"进行喷涂。表 7－4 "喷涂清单"要求的设备表面除外。

表 7－4　喷涂清单

序号	表面	表面准备	上漆
一	调速系统设备		
1	与混凝土接触的表面	按 SSPC－SP2 或 3 的要求作机械清扫	环氧砂浆
2	配合的机加工表面	溶剂清理（SSPC－SP1）	防锈涂层化合物，它可用溶剂除去
3	暴露于空气中的非配合表面	接近白色喷砂处理（SSPC－SP10）	两层乙烯基涂层加上所要求的面层颜色
二	其他表面		
4	电气柜、控制柜、仪表柜等的外表面	按 SSPC－SP2 或 3 的要求作机械清扫	按卖方标准和买方要求的面层颜色
5	压力罐、箱柜的内表面	工业喷砂处理	卖方的标准面层
6	辅助设备	标准的商品面层	按买方的要求的面层颜色
7	管路及管件的外表面	按 SSPC－SP2 或 3 的要求作机械清扫	按卖方标准和买方要求的面层颜色

18　润滑油、润滑脂

18.1　概述

调速系统的润滑油由买方提供，其主要技术参数见表 7－4。

18.2　润滑油的技术参数

设备所使用的润滑油采用 Mobil DTE746 润滑油，也可采用中国标准 GB11120《L－TSA汽轮机油》46 号汽轮机油，润滑油由买方另行采购。

18.3　润滑油脂的技术参数

设备所使用的润滑油脂应为中国标准 SPB1403.ZGN－2 型，并由卖方提供，价格含在相应部件的报价中，其技术参数如下：

表 7－5　ZGN－2 润滑油脂标准

序号	项　目	单位	质量标准
1	滴点	℃	
2	水分	%	
3	矿物油粘度（40℃）	mm²/s	
4	游离碱	NaOH%	
5	针入度（25℃，50g）	1/10mm	

19 铭牌与标牌

19.1 概述

每一项主要和辅助的设备有一个永久固定的铭牌，在铭牌上以清楚和耐用的方式标出序号、制造厂家的名称和地址、规格、特性、重量、出厂日期以及其他有用的数据，仅有销售代理商的铭牌不予接受。刻度表、表计和铭牌上的度量单位应以国际公制单位（SI）表示，并标有名称，并提交买方审批。

为了工作人员和操作的安全，提供额外的铭牌以表明主要的操作说明、注意事项或警告。另外，盘上装的每一个仪表、位置指示器、按钮、开关、灯或其他类似设备有永久性的铭牌以表明控制功能。电气接线和仪表（包括继电器）也应标有与电气控制图上相对应的编号。

19.2 文字

所有设备均装设中文铭牌，并符合环境和气候的要求。所有的铭牌应永久性地安装在相应的设备、零件或部件上，其位置应清楚易见。铭牌和标牌中刻制的字体应为印刷体，并清晰可见。

19.3 标牌与标志

设备使用的指示标牌和标志，包括运行操作与监视、维护与检修标志；安全标牌等。标牌与标志均采用中文印刷体。

19.4 审批

装在设备上的铭牌的清单及图样提交买方审查。

20 液压密封件

所有设备及部件的密封材料是新的、符合前列标准的优质产品，使用寿命长，易于更换和检修，并应采用可靠的知名品牌的产品。

除特殊结构的密封外，均应采用可靠的知名品牌的氟橡胶"O"型密封圈。当卖方采用特殊的密封材料时，应将其详细试验资料与实际运行情况证明提交买方审查。

21 备品备件、易损件和安装维修工具

21.1 概述

备品备件能与主设备相应的部件互换，并应与主设备相应的部件有相同的材料和质量。备品备件必须与主设备的部件分开装箱。卖方应对备品备件进行处理，以防止在贮藏时变质，电气线圈和其他精密的电气元件，必须先装在带干燥剂的塑料袋中，或用其他有效的方法防潮然后装箱。备品备件应按要求涂保护层和装箱以适应长期保存。

卖方将按本合同文件的规定提供调速系统及其附属设备的备品备件。

21.2　易损件

卖方提供在安装和现场试验过程中可能损坏的易损件。这些易损件不计算在备品备件的范围以内。

21.3　安装维修工具

1）规定的安装维修工具

2）卖方推荐的安装维修工具

22　互换性

卖方提供的合同设备的相同零部件可以互换，其尺寸和公差应完全相同。所有的备品备件的材料和质量应与原设备相同。

23　监造（如果有）

23.1　买方对卖方的监造

1）买方的监造人员将按下列的项目进行制造检查：

A. 审查制造检查和试验计划，以及质量控制系统的初步评价；

B. 定期或不定期检查制造和试验工序，以保证有效地实施；

C. 提供检查和/或检查记录分析报告，包括下列内容：

—加工件与技术规范、图纸、标准的相符性；

—材料与本技术规范规定的标准的相符性；

—定期或不定期对设计和生产情况进行检查；

—各种试验的见证；

D. 交货进度、工作计划的监督；

E. 对装箱、包装及发运进行跟踪检查；

F. 签署合同设备出厂证明文件。

2）设备加工制造过程中，如发生重要质量问题时，卖方应及时向买方监造人员反映。买方监造人员发现零件、产品不符合合同文件技术规范要求时，可以中止生产，直到材料、工艺、性能符合技术规范要求为止。

3）买方监造人员的签字均不减轻卖方的责任。在设备制造全过程中，卖方应认真执行合同文件、技术规范。卖方必须全面保证产品质量。

4）买方监造人员所作出的决定不构成卖方不按期交货的理由。

5）买方提出的材料、工艺、性能、质量、进度等不一致报告及相关文件将可能成为买方向卖方索赔的依据。

23.2　卖方对分包人的监督

卖方对其分包人的制造过程必须进行监督，卖方应对分包的主要部件进行监造，在第一次设计联络会期间提交监造计划。

23.3 质量保证体系

为了对合同设备所有设计制造全过程进行质量控制，并使所有合同设备设计制造工艺均达到最高的质量标准要求，卖方有完善有效的质量管理和质量控制体系。卖方的质量保证体系应符合 ISO9000 系列标准。

24 工厂制造、组装及试验见证

24.1 概述

卖方按有关标准规程及本合同的规定对设备在工厂进行制造、组装和试验。

买方代表将参加主要试验的见证和产品的中间组装的检查、见证。当买方有疑问要求进行验证设备性能的另外的试验时，卖方免费执行。在合同设备设计、制造过程中，买方有权对认为重要的技术方案进行专题审查。

24.2 试验要求

1）卖方在设备进行制造、组装、试验或检验前____天，向买方提供____份设备清单、试验或检验大纲，并说明技术要求、工艺、试验或检验方法、标准及时间安排，以便买方派人参加。

2）所有试验项目尽量模拟正常使用条件。对所有拆卸的部件，作出适当的配合标记和装设定位销，以保证在工地组装无误。对工厂组装、试验的设备，非安装需要工地也可不进行解体，其装配质量和性能由卖方予以保证。

24.3 工厂制造、组装、试验见证

买方派代表参加工厂内制造、组装、试验的见证。买方授权的代表在试验进行的任何时间和执行产品中间组装的监督、验收和检查期间，可以进出车间各地，卖方要给予方便而不收费，并免费提供所需的工具、量具及根据相应的标准提供满意的资料。

25 设计联络会

25.1 设计联络会的规定

1）合同双方应遵守本条款的规定，召开____次设计联络会议，协调合同设备的设计与试验、与土建安装工程和其它方面的工作与衔接、技术条件、技术问题、设计方案、与其他系统设备的接口、交换资料、工作进度等。

2）每次设计联络会议时间与参加人员数量，除按本合同规定外，由双方协商确定，由卖方编制每次会议的详细计划和日程，并按计划份数准备会议文件资料（包括图纸和电子文件等）和工作设施，报买方同意后执行。

3）在设计联络会议期间，买方或买方代表人员有权就合同设备的技术方案、性能、参数、试验、工作与工程及其它系统设备的接口等方面的问题，进一步提出改进

意见或对合同设备设计试验和结构布置等补充技术条件和要求，卖方应认真考虑研究改进、予以满足。

4）每次设计联络会将以会议纪要的形式确认双方协定的内容，卖方应接受设计联络会的意见、建议或要求，并在合同执行中遵守。在设计联络会期间如对合同条款、技术条款有重大修改时，或涉及合同额外费用时，须经过双方授权代表签字同意。设计联络会均不免除或减轻卖方对本合同应承担的责任与义务。设计联络会的会议纪要由卖方起草，经会议讨论并签字确认后生效。

5）除本条款规定设计联络会会议以外，如果有重要问题需要双方研究和讨论，经协商可另外召开设计联络会议，卖方的费用已包括在合同设备的价格中。

25.2 设计联络会地点和主要内容

1）第一次设计联络会：在合同生效后____天内，在卖方所在地举行。联络会上将讨论和审查的主要内容为：

——调速系统机械液压设计原理、补气系统、供水系统；

——调速系统电气设计原理，油压装置控制原理；

——自动化元件（装置）配置；

——调速系统总体设计方案，主要部件结构及性能参数；

——调速系统、油压装置、油泵等选型计算书；

——设备基础布置

——讨论并确认完成电站厂房土建设计所必需的调速系统油、气、水、电缆管路和附属设备布置；

——讨论双方关心的有关技术问题；

——审查、协调并确认配套设备的选型和产地；

——讨论买卖双方通过互联网进行信息传递的实施方案、内容，以确保信息的时效性和兼容性；

——制造计划安排；

——其他。

2）第二次设计联络会：会议时间在第一次设计联络会上确定，在卖方所在地举行。联络会上将讨论和审查的主要内容为：

——讨论调速系统的详细设计、自动化元件（包括配置、选型、参数）；

——调速系统电气原理及端子接线图；调速系统油压装置控制逻辑和建议的控制回路接线图；

——主要元件及部件的设计、材料、制造工艺及性能参数；

——油压装置的控制、保护回路等设计确认；

——质量保证体系；

——与水轮机、发电机、监控、保护等系统的接口及协调；

——机组开停机流程；

——工厂组装试验、出厂性能试验、现场试验有关事项；

——服务和培训；

——解决第一次设计联络会遗留问题；

——其他。

3）第三次设计联络会（如果有）：卖方提交了全部令买方满意的设计图纸后，在____水电站工地举行。卖方将向买方代表解释调速系统及其附属设备最终设计的所有特性；解决遗留问题，讨论合同设备的交货、运输、组装、安装、试运行和验收试验。确切时间和会期由双方协商确定。

25.3 其他设计修改

除设计联络会以外，由任意一方提出的所有有关合同设备设计的修正或变更都应经双方讨论并同意。一方接到任何需批复的文件或图纸后，应在规定时间内将书面的批复或意见书面返回提出问题的一方。在本合同有效期内，卖方应及时回答买方提出的技术文件范围内的有关设计和技术问题。同样，买方也应配合卖方工作。

26 买方技术人员在卖方的技术培训及设计验证

为保证合同设备的顺利安装调试和正常运行，达到预期性能，由卖方负责组织对买方技术人员进行____次技术培训。

26.1 技术培训的地点和主要内容

1）第一次技术培训：在卖方工厂所在地及类似电站进行包括合同设备的性能、结构、装配、安装、检验、调试、试验、试运行等内容的安装技术培训，买方将派调速系统及其附属设备技术人员参加。

2）第二次技术培训：在卖方工厂所在地及类似电站进行包括合同设备的性能、结构、装配、运行、操作、维修、维护等内容的运行技术培训，买方将派调速系统及其附属设备技术人员参加。

3）第三次技术培训（如果有）。

26.2 技术培训与设计验证

1）卖方提出对买方技术人员培训的大纲，包括时间、计划、地点、要求等。卖方将指派熟练、称职的技术人员对买方技术人员进行指导、示范和培训，并解释合同范围内的相关技术问题。卖方保证买方技术人员在不同岗位工作和受训，使他们能够了解和掌握合同设备的生产技术、操作、安装、调试、运行、维修、检验和维护等作业。在培训期间，卖方将向买方技术人员免费提供有关的试验仪表、工具、技术文件、参考资料、工作服、安全用品和其它必需品，以及适当的办公室。

2）卖方将在培训开始之前____个月，将初步培训计划提交给买方审阅。在培训开始之前____个月，买方将通知卖方其培训人员的姓名、性别、出生日期、职务和专业，并对卖方的初步计划提出意见。双方将根据合同及设计联络会的规定，以及买方技术人员到达卖方所在地后的实际需要，通过协商确定详细的培训计划。

3）培训开始前，卖方将向买方技术人员详细阐明与工作有关的规则和其它注意事项。培训结束时，卖方将向买方签署具有培训主要内容的证明书，以确认培训结束。

4）为保证合同设备设计开发达到预期性能，买方技术人员对卖方的设计过程进行验证。买方技术人员在卖方所在地进行开发设计过程验证，为期____天，参加人数____人。卖方将向买方参加验证技术人员免费提供有关的试验仪表、工具、技术文件、参考资料、工作服、安全用品和其它必需品，以及适当的办公室。

27　现场技术服务

27.1　概述

1）调速系统的安装由其他承包人承担，卖方应派遣技术人员到工地指导安装工作。卖方技术人员对合同设备的现场就位、检查、安装、拆除、试验的技术指导和培训负责，对系统调试、试运行和在商业运行前的最终调试负有指导和配合责任。

2）在投标文件中应列出卖方技术人员现场技术服务所需的估计人日数，卖方为完成合同设备现场服务的全部费用包含在合同总价中。卖方技术人员的实际工作小时数应逐日记入考勤表，一式两份，并由买方工地代表签字，这个考勤表应作为买方签发技术服务证明文件的依据。

3）工作进度、每天做的主要工作、发生的所有问题以及解决办法，应记录在"工作日志"中，并由双方代表签字，每方各执1份。

4）双方应该根据工地施工的实际工作进展，通过协商决定卖方技术人员的准确专业、人员数量、服务的持续时间、以及到达和离开工地的日期。如果安装出现拖期，是否需要卖方技术人员的服务，则可根据买方的要求，卖方技术人员返回本部或仍留在工地，但费用不调整。

5）卖方应该编制1份详尽的安装调试时间表并提交给买方，指明安装调试所需时间，并列出所需的人员和工具的类型和数量。

6）卖方人员每天在现场上、下班时间应按工地的规定执行，现场交通自理。

27.2　技术服务人员的资质

1）卖方派到现场的技术服务人员应具有相应的资质及类似工程的工作经验，可胜任此项工作。人员名单在现场安装前____天内提交买方予以确认。买方有权提出更换不符合要求的卖方现场服务人员，卖方应重新选派买方认可的数量足够和合格的技术服务人员到工地进行技术服务。

2）卖方应派遣1名工地总代表全权负责合同设备的安装、拆除、现场试验、调试、试运行的技术指导工作。卖方的工地总代表应得到所在公司技术和商务等各方面的充分授权，并对合同设备的起动、试运行和在商业运行前进行的技术服务负责。工地总代表应具有相应的资质并得到卖方书面授权。

27.3 卖方技术指导任务和责任

1）卖方技术人员应常驻工地，应在合同范围内全面负责安装，技术服务和培训工作，并与买方工地代表充分合作与协商，以解决与合同有关的技术和工作问题，对买方工地代表提出的问题，应按期作出回答。双方的工地代表，未经双方授权，无权变更和修改合同。

2）卖方技术人员应按合同规定承担有关合同设备的组装、安装、拆除、检查、调试、试运行、现场试验等的技术指导并承担责任。

3）卖方技术人员应详细地解释技术文件、图纸、运行和维护手册、设备特性、分析方法和有关的注意事项等，以及解答和解决买方在合同范围内提出的技术问题。

4）为保证正确完成本条款中提到的工作，卖方技术人员应在合同范围内，给买方以全面正确的技术服务和必要的示范操作。

5）卖方技术人员的技术指导应是正确的。卖方技术服务人员技术指导的疏忽和错误，以及卖方未按要求派人指导而引起设备和材料的损坏，根据合同条款相关内容，卖方应负责修复、更换和/或补充，其费用由卖方承担。买方的有关技术人员应服从卖方技术人员的正确技术指导。

6）卖方应对其现场技术服务人员进行安全管理，保证其人身安全，对因其管理不当发生的安全事故承担全部责任。

27.4 对买方的技术培训

1）为保证合同设备的正常运行，达到预期性能，卖方需派出技术人员在工地现场对买方人员进行技术培训。

2）卖方对买方人员的技术培训应包括但不限于以下内容：

● 设备的结构特点；

● 设备电气与机械性能，有关试验方法及试验仪器仪表的使用；

● 设备运输、安装及拆卸的注意事项，掌握安装、拆卸、更换的工艺流程和质量控制要点；

● 现场试验方法、试验程序及注意事项；

● 在现场进行油回收、处理及化验等技术；

● 设备的现场运行监控要点、维护内容及其质量要求；

● 故障处理方法。

3）卖方应在培训开始之前＿＿＿天，将培训大纲（包括时间、计划、地点、要求、拟提供的培训资料等）提交给买方审查。

4）卖方应指派熟练、称职的技术人员，对买方人员进行指导和培训，并解释本合同范围内的所有技术问题。卖方应在培训前准备好中文技术资料。

5）在培训期间，卖方应向买方人员提供有关的技术文件、图纸、参考资料和其他必须品，卖方培训人员的费用及技术资料费都已包括在合同总价中。

6）卖方应使买方人员全面了解和掌握设备的运行、操作、安装、调试、检验、修理和维护等技术。

27.5 买方的义务

买方要配合卖方现场服务人员的工作，并在食宿和通讯上提供方便，其所需费用由卖方自行承担。

28 故障调查研究与处理

1）合同设备从投入运行之日起____年的时间内，如果发现设备在运行中发生任何故障或无法正常操作运行，或者影响其他设备的正常运行，卖方应进行调查研究，找出故障原因，并记录形成调查报告，提交给买方和电站设计单位。如果故障是由于设备的设计、制造或安装引起的，卖方应进行必要的维修和修补或更换。

2）上述调查研究、维修或修补所需的费用，由卖方承担。

3）买方可派代表出席和参加这种调查研究，费用自理。

4）上述规定绝不意味着减轻卖方履行合同规范要求的责任。

（二）专用技术条款

29 水轮发电机组参数及电站运行方式

29.1 机组主要参数

机组供货厂家及机组主要参数如下：

29.1.1 水轮机主要参数

序号	项目	单位	参数
1	水轮机型式	/	
2	机组台数	台	
3	最大水头	m	
4	加权平均水头	m	
5	额定水头	m	
6	最小水头	m	
7	额定出力	MW	
8	额定转速	r/min	
9	额定流量	m^3/s	
10	水轮机安装高程	m	
11	水轮机飞轮力矩	$t-m^2$	

29.1.2 发电机主要参数

序号	项目	单位	参数
1	发电机型式	/	
2	机组台数	台	
3	额定容量	MVA	
4	额定功率因数	/	
5	额定频率	Hz	
6	额定转速	r/min	
7	飞逸转速	r/min	
8	发电机飞轮力矩	t－m²	

29.1.3 接力器有关参数

序号	项目	单位	参数
1	机组台数	/	
2	额定油压	MPa	
3	油压装置停泵油压	MPa	
4	最低操作油压	MPa	
5	接力器活塞直径	mm	
6	接力器活塞杆直径	mm	
7	接力器行程	mm	
8	接力器个数	个	
9	接力器操作总容积	m³	
10	接力器操作总容量	kN－m	
11	最快关机时间（按两段关闭最快段速率折算成100％接力器行程关闭时间）	s	
12	操作油流速	m/s	

合同生效后，买方将组织卖方与机组卖方就上述数据进一步协调确定。

29.2 调节保证计算
配合水轮机卖方进行机组过渡过程计算，选择最佳分段关闭规律和时间。

29.3 电站及机组运行方式

29.4 使用环境条件
明确水轮机调速系统运行环境，包括海拔高程、温度、湿度和电磁场等。

30 总体要求

调速系统的合同设备为成熟的具有 PID 调节规律的数字式微机电液调速系统，额定工作油压为＿＿MPa，接力器（根据不同机型选择导叶接力器、转轮叶片接力器、折向器和喷针等）的全关和全开时间能在＿＿－＿＿s范围内独立可调，并能进行两或三段速率关闭，其中不包括缓冲段。

微机调节器硬件平台、断路器、交流接触器、继电器、电源装置、电－液（电－位移）转换单元、油泵及电机、软启动器、自动化元件等设备均采用国际知名品牌产品，且需经买方审查批准。

30.1　总体设计

30.1.1　调速系统能控制机组在大网模式、孤网模式、系统联网模式、孤岛模式下运行，具备适应交直流混合送出电网和直流孤岛送出电网的运行功能。

30.1.2　调速系统具有频率控制、功率控制、开度控制、适应式变参数调节、开度限制、最大功率限制、频率跟踪控制、在线自诊断及其处理、时钟同步等功能；调速系统还具有现地及远方的水轮机开机、停机、紧急停机、快速同步等功能。

30.1.3　调速系统液压部分采用成熟和先进的技术，模块式结构。采用冗余电液（电－位移）转换器，采用双比例伺服阀或单比例伺服阀＋电-机转换装置方式，具有电手动和开环机械手动功能，主配压阀具有断电自复中功能。电液转换元件采用国际知名品牌的伺服比例阀和其他成熟的电液（电－位移）转换装置。机械液压系统中设有可靠的油过滤装置，液压部件的设计有防振、防卡、防止油粘滞的措施，以保证机械液压部件正常工作。调速系统具有通过软件程序或自动化元件监测可判断出电液转换元件故障、主配压阀是否发卡等功能。

30.1.4　调速系统电气部分采用冗余微机调节器和触摸显示屏。微机调节器冗余系统中的每一个通道，即输入模块、输出模块、电源模块及CPU模块等，均采用相同配置，且为相互完全独立，所有外部输入、输出信号均独立进入每一套控制器，在控制上可实现双通道自动/手动切换。在运行过程中，随时将其中一个通道退出而不能影响调速系统的正常工作，且退出的通道能进行停电检修。

30.1.5　卖方保证在调速系统内部发生故障时，不造成水轮机运行不稳定和出力波动，在外部系统事故时，能保证机组安全停机。调速系统能远方控制和现地控制，与电站计算机监控系统通信，能接受电站计算机监控系统信号，并向电站计算机监控系统输出信号。信号接口要求在设计联络会上确定。

30.1.6　调速系统具有良好的可维修性，方便维护、检查、检修与调试，能利用微机对调速系统的参数、控制逻辑进行实时监视和在线参数修改。所有提供的设备和装置都满足规定的设备运输条件要求。

30.2　容量

调速系统有足够的容量。在压力罐油压为事故低油压，同时作用在水轮机流量调节执行装置（包括导叶、转轮叶片、折向器和喷针）上的反向力矩最大时，能在规定的时间内，操作水轮机接力器全行程开启或关闭，操作后压力罐内油压不低于最低操作油压，整个过程中油泵不启动。全行程的定义为：接力器移动 0—100％开度。

30.3 时间参数

在第 30 条规定的时间范围内，接力器（根据不同机型选择导叶接力器、转轮叶片接力器、折向器和喷针等）开启和关闭全行程的时间能单独调整，能在调速系统运行情况下不拆卸调速系统的情况下能修改此时间，并提供可靠牢固的装置锁定调整部件，不能因运行操作而引起调整时间的改变。接力器整定的开、关全行程时间，能使接力器不产生超过允许的最大移动速度。导叶关闭速度能实现分段调节整定，分段数能根据水力过渡过程计算结果确定。

30.4 总体布置

机械液压部分和电气控制部分采用分开布置。回油箱设现地端子箱，汇集自动化等元件，在油压装置回油箱旁设调速系统控制柜。所有控制柜设柜门式面板，以方便参数调整和设备维护，底部有电缆和管路的进出口。仪表和控制装置布置在柜子的正面，以便于监视和操作。

调速系统的油泵出口组合阀等及主配压阀布置在回油箱顶部，且牢固固定；回油箱具有足够的强度直接安放在地板上，油泵和油泵启动柜布置在靠近回油箱旁的地板上。整个液压系统布置在水轮机层。

设调速系统电气柜容纳调速系统所有的电气部分，包括与调速系统控制柜及与外部系统联系的端子或接口设备。

30.5 合适的设计

卖方提供能实现本节技术条款要求的合适的设计，并最好地符合本工程的实际需要。技术条款中没有规定的，但为调速系统成套和良好运行所必须的，或为改善、提高调速系统的运行质量所必需的任何项目和装置，均由卖方提供。液压系统中有合适的油过滤装置，液压部件的设计有防振、防卡、防止油粘滞的措施，以保证机械液压部件能满意地工作。电气系统设有抗干扰、过电压、瞬变电压保护以及屏蔽保护。调速系统根据本技术条款、GB、IEEE 和 IEC61362 等有关标准的要求进行设计和试验（以高标准为准）。

30.6 参数可调范围

30.6.1 永态转差系数/转差率

在频率控制方式下，永态转差系数能在 0—10％之间调整。在功率控制方式下，转差率能在 0—10％之间调整。

30.6.2　PID 参数

PID 参数调整范围：

比例增益 kp：_____（频率控制模式）

_____（功率/开度控制模式）

积分增益 ki：_____ 1/s

微分增益 kd：_____

PID 控制方式及其增量还具有本文件规定的适应式变参数功能。

30.6.3　人工频率失灵区

人工频率失灵区在_____的额定转速范围内能在线调整。

30.6.4　频率、功率给定及开度调整范围

在频率控制模式下，频率调整范围为：_____Hz。

在功率控制模式下，功率给定值调整范围为：_____的机组额定出力。

在开度控制模式下，开度给定范围为：_____额定开度，调整分辨率 0.1%。

无论是频率控制模式、功率控制模式还是开度控制模式，频率调整、功率给定值和开度的调整的变化速率是可调的，从机组最大出力减少到零出力（或相反）所需的时间能在____s—____s 之间调整。

31　功能要求

31.1　调节规律

调速系统具有比例、积分、微分（PID）调节规律，频率采用 PID 调节，功率/开度采用 PI 调节。PID 参数具有足够的可调增益范围，并能适合被控系统的动态特性。

31.2　适应式变参数调节功能

调速系统适应被控制对象的运行工况及参数的变化，包括运行水头、导叶开度、空载工况等，自动选择 PID 或 PI 调节方式及其最佳参数，并按规定好的程序或检测到的内部、外部选择信号自动执行不同增益的 PID 频率控制、PI 功率/开度控制。

31.3　开机过程控制

调速系统采用成熟可靠的开机方式，能适应电站水头变化，有效防止开机过速；开机过程的性能指标见 GB/T 9652.1 中的相关规定。具体方式在设计联络会上确定。调试系统具有柔性开机功能。

31.4　停机控制

调速系统能根据外部系统的操作命令、调速系统工作状态及过速保护的动作信号等条件来判断不同的停机工况，实现机组的正常停机控制、紧急停机控制和事故停机控制。

31.5 水头测量

调速系统能接收两路水头信号的接口，压力变送器由机组卖方供货。能实时测量机组水头值，并有效克服压力波动的影响，自动按水头修正空载开度及机组最大出力限制等；当水头信号故障时，能保持故障前的水头测量值运行，当水头信号恢复正常时，自动按当前的水头信号运行。水头信号也可切换为人为给定方式。

31.6 功率测量

调速系统能接收监控系统的机组功率信号。

31.7 时钟同步功能

调速系统能与电站计算机监控系统时钟同步。时钟同步误差不大于 1ms。时钟同步信号取自电站计算机监控系统 GPS。信号类型及接口在设计联络会上确定。

31.8 无扰动切换

31.8.1 调速系统的自动与电手动操作方式进行切换时，引起的接力器行程变化不得大于全行程的±____％；调速系统的自动或电手动与机械手动操作方式进行切换时，引起的接力器行程变化不得大于全行程的±____％。

31.8.2 控制模式（频率控制、功率控制、开度控制）切换时，水轮机主接力器的开度变化不得超过其全行程的±____％。

31.8.3 两套电源切换时，水轮机主接力器的开度变化不得超过其全行程的±____％。

31.8.4 调速系统冗余系统切换时引起的接力器行程变化不得大于全行程的±____％。

31.9 开度限制及功率限制

调速系统设有最大开度限制功能，最大开度限制能按水头自动修正，防止机组过出力。开度限制可在现地、远方进行调整及数值显示。空载开度限制能按水头自动修正。

调速系统具有最大功率限制功能。

31.10 手动操作机构

调速系统具有电手动和机械手动操作功能。

调速系统在电手动控制下，如果机组甩负荷，能使机组自动关机到空载运行。

调速系统配备 1 套开环机械手动操作机构，该机构具有开停机操作和负荷调整操作功能，在 0 到 100％最大接力器开度范围内能操作水轮机接力器于任意开度。当调速系统的自动调节系统故障时，调速系统可无扰动地自动切换至电手动或开环机械手动操作机构运行。

31.11 人工频率失灵区

调速系统具有人工频率失灵区，失灵区可在线可调，该功能可在现地及远方进行投、切，并对失灵区进行数值显示。

31.12　频率跟踪

为便于实现机组与系统快速并网或缩短同期时间，调速系统有频率跟踪功能，并具有优良的调节和跟踪性能。频率跟踪中的机组频率采用齿盘测速（或残压）装置测量，系统频率取自主变压器低压侧电压互感器 PT（100V）。

31.13　一次调频

调速系统具有一次调频功能。当电网频率波动时，自动参与一次调频，其转速死区、响应滞后时间应满足当地电网要求。

31.14　在线自诊断和故障处理功能

调速系统至少有下面给出的在线自诊断和故障处理功能，其中重要的故障通过调速系统电气柜上的指示灯指示。所有故障信息以双接口（接点及通信）方式提供给电站计算机监控系统。每次调速系统投入前应对下列故障进行自诊断一遍，无故障后方可开机。

程序出错和 CPU 故障；

输入/输出通道故障；

通讯模块故障；

测速系统故障

反馈系统故障；

功率传感器及其反馈通道故障；

水头信号故障；

功率给定故障；

电源系统故障；

事故紧急停机回路故障；

冗余系统自动切换或自动方式/机械手动操作切换故障；

液压系统故障（但不限于此）

——电液转换单元发卡故障；

——主配压阀发卡故障；

——切换阀发卡故障；

——液压系统不跟随故障；

——高、低液位报警；

——高、低油压报警；

——高、低油温报警；

——油过滤器堵塞报警。

其他

31.15 离线诊断及调试功能

调速系统有下面给出的离线诊断及调试功能：

——系统硬件及软件故障检查，包括各硬件模块故障检查；

——调节参数检查及调试；

——程序检查及调试；

——修改和调整程序；

——检查、调试和电站计算机监控系统的通信及其它接口；

——其他。

31.16 故障保护

31.16.1 调速系统发生本文件中－在线自诊断和故障处理功能：第31.13条中的任何故障均具有相应的处理措施，具体细节在设计联络会上商定。

31.16.2 调速系统冗余系统中任一通道故障时，不影响调速系统的正常工作，包括所有功能和性能指标。当调速系统的自动调节系统故障时，调速系统能自动地切换到电气手动控制方式。

31.16.3 对调速系统内的重要故障信号均有现地指示信号，并提供电气独立的接点至电站计算机监控系统。

31.16.4 调速系统中每个动作于停机的保护（如过速停机、事故低油压停机、事故低油位停机、主配压阀拒动等），分别提供至少2对电气独立的接点至机组现地控制单元。

31.16.5 调速系统具有各种在线录波功能和事故追忆功能。

31.16.6 调速系统在电气柜和调速系统控制柜上均配备电手动操作功能，在0%—100%接力器开度范围内能操作水轮机接力器于任意开度。

32 性能要求

调速系统安装后，满足下列性能要求。

32.1 稳定性

当机组在额定转速空载运行带孤立负荷（如果有）时，调速系统能控制机组转速稳定运行；当发电机与电站其他发电机或电力系统并联运行时，调速系统也能在零到最大出力范围内控制机组出力稳定运行。如果水轮机和引水管道的水力系统本身是稳定的，只要满足下列条件，即认为调速系统是稳定的：机组在额定转速空载工况自动运行时，由调速系统控制的机组转速波动值不超过额定转速的_____，试验时，连续测量时间为3min。

32.2　静态特性

32.2.1　静态特性曲线近似为一直线，其最大非线性度不超过____%。

32.2.2　测至接力器的转速死区：大型电液调节装置不超过 0.02%；中型电液调节装置不超过 0.06%。

32.2.3　转桨式水轮机电液调节装置，转轮叶片随动系统的不准确度应不大于 0.8%。实测协联曲线与理论协联曲线的偏差不大于转轮叶片接力器全行程的 1%。

32.2.4　在稳定工况下，多喷嘴冲击式水轮机的任何两喷针之间的位置偏差，应不大于全行程的 1%；每个喷针位置对所有喷针位置平均值的偏差不大于 0.5%。

32.3　动态特性

32.3.1　从调速系统动态特性示波图上求取的比例增益 kp、积分增益 ki 值与理论值的偏差不得超过±____%。

32.3.2　甩 100%额定负荷后，在转速变化过程中，超过稳态转速 3%额定转速值以上的波峰不超过两次；从机组甩负荷时起，到机组转速相对偏差小于±1%为止的调节时间 t_e 与从甩负荷开始至转速升至最高转速所经历的时间 t_m 的比值，对中、低水头反击式水轮机应不大于 8（转轮叶片关闭时间较长的轴流转桨式水轮机不大于 12）；对高水头反击式水轮机和冲击式水轮机应不大于 15；对从电网解列后需提供厂用电的机组，解列后机组的最低转速不低于 90%额定值（投入浪涌控制及转轮叶片关闭时间较长的贯流式机组除外）。

32.3.3　接力器不动时间．转速或指令信号按规定形式变化，接力器不动时间不大于 0.2 s。

32.4　电磁兼容性

调速系统的电气装置能承受来自电源和周围环境的电磁干扰，同时，调速系统的电磁干扰可减小到最低程度，不至影响其他设备。调速系统的电磁兼容性符合 GB/T 9652.1 标准中电磁兼容性的相关要求。

32.5　调速系统测频

32.5.1　调速系统转速测量采用齿盘测速和残压测速 2 种方式。

32.5.2　齿盘测速方式由安装在机组主轴上的齿盘和 4 只探头组成，其中 2 只用于 2 个微机调节器的测速模块，另 2 只用于转速测量装置。调速系统齿盘测速所需的所有测速探头和转速测量装置均由卖方提供，齿盘由机组卖方提供。测速探头选用国际知名品牌产品。

32.5.3　齿盘测速系统的测量范围不小于 2～90Hz，测频分辨率不大于±0.0015Hz。

32.5.4　残压测速方式采用取自机端的 PT（100V）的残压，系统频率取自主变压器低压侧电压互感器 PT（100V），每套调节器能接受一路独立的机端 PT 信号和一路独立的主变压器低压侧 PT 信号。所有 PT 信号经过隔离变压器隔离。PT 残压的测量范围不小于 5—90Hz，测频分辨率不大于±0.0015Hz。PT 测量电压范围为 0.5—150V。残压测速信号可保证在水轮发电机组的各种运行工况下满足调速系统对转速信号的要求。

32.6 调速系统可靠性

32.6.1 调速系统可利用率大于 99.98%（自动运行）。

32.6.2 首次无故障间隔时间（自现场验收起）不小于____小时，在此期间，机组不得因调速系统调节装置故障而被迫停机，大修间隔不小于____年。

33 运行要求

33.1 控制模式

调速系统具有三种控制模式：频率控制，功率控制和开度控制模式。三种控制模式之间，可通过调速系统电气柜上的控制开关或远方计算机监控系统实现各种控制模式的切换。当机组频率超过设定值时，能自动切换到频率控制模式，当频率恢复正常时，能自动切换到原来控制模式运行。在功率控制模式或开度控制模式时，如当前控制模式故障时，自动切换到另一个控制模式下运行，无论调速系统工作在功率或开度控制模式时，计算机监控系统给出的设定值均为功率设定值。

33.2 控制方式

调速系统具有三种控制方式：远方自动、现地自动和现地手动。三种控制方式的优先级依次为：现地手动、现地自动和远方自动。

调速系统现地手动控制方式分为两种：

1）调速系统电气柜和调速系统控制柜上分别设置一个电手动控制开关，发送脉冲信号调整开度限制，开度可跟踪开度限制。

2）机械液压部分还可通过手操机构操作。

33.3 运行方式切换

调速系统可进行以下运行方式的切换操作：

- 现地、远方切换；
- 自动、手动切换；
- 电手动与机械手动操作切换；
- 频率、功率、开度控制模式的切换；
- 电液（电—位移）转换器切换；
- 调节器切换；
- 频率跟踪功能的投入、切除；
- 人工频率死区的投入、切除；

● 自动水头、人工水头切换。

33.4　开机

调速系统可现地开机或由电站计算机监控系统远方控制机组开机，无论现地自动开机还是远方自动开机，调速系统能自动控制机组转速至额定值，在断路器合闸前，机组能自动跟踪系统频率。

在现地手动控制方式下，调速系统能在规定的转速调节范围内控制机组在设定转速下稳定运行。

调试系统具有柔性开机功能。

33.5　空载运行

调速系统能控制机组在设定的转速下空载稳定运行。在自动控制方式下，调速系统能控制机组自动跟踪电网频率。当接受同期命令后，调速系统能快速进入同期控制方式。在空载运行方式下，开度限制稍大于空载开度。

33.6　并网运行

在并网运行控制方式下，调速系统能调整机组出力的大小，并可接受电站计算机监控系统的控制信号。并网运行信号可由发电机出口断路器信号和功率信号综合判断。在开度控制方式下，调速系统能将功率给定值转换为相应开度给定值。

33.7　一次调频

当电网频率波动时一次调频功能投入时，调速系统控制机组自动参与一次调频。

33.8　孤岛运行（如有）

33.9　停机

调速系统在下列情况下能使水轮机停机：

1）正常停机：能接受现地或远方停机指令，按程序自动停机，全关闭流量调节执行装置。

2）紧急停机：调速系统接到紧急停机信号，或手动操作紧急停机按钮时，以允许的最大速率关闭流量调节执行装置，进行紧急停机。

3）事故停机：电气过速开关或机械过速装置动作，事故配压阀动作停机。

4）闭锁：在找到事故原因并加以消除以前，紧急停机和事故停机回路一直保持闭锁状态，只有通过手动操作复归按钮或通过计算机复归程序才能复归。

33.10　操作方式

33.10.1　现地操作

为满足现地操作及监视要求，在调速系统电气柜和调速系统控制柜上至少能进行下列操作，并有相应的指示。

a）调速系统电气柜

现地/远方控制方式切换。远方控制方式时，调速系统接受电站计算机控制系统的控制，"现地"控制被闭锁；在现地控制方式时，操作员通过现地按钮或触摸屏进行操作，"远方"控制被闭锁。

自动/手动运行方式切换。自动位置采用调速系统的自动调节系统进行调节操作。手动位置采用电手动操作机构进行操作。

在调速系统电气柜现地，可通过开关和按钮进行下列操作：

——现地/远方控制切换；

——手动/自动控制切换；

——控制器切换；

——电液（电一机）转换器切换；

——功率控制模式/开度控制模式切换；

——频率给定增减；

——功率给定增减；

——开度限制增减；

——手动开/停机；

——故障复归；

——灭灯。

在调速系统电气柜现地，可通过触摸屏操作实现以下控制：

——本款中所述所有操作（紧急停机除外）；

——人工频率失灵区投、切；

——频率跟踪功能投、切；

——一次调频功能投、切；

——控制模式（频率、开度、功率模式）投、切；

——自动水头投、切；

——滑差浮定投、切、条；

b）调速系统控制柜

在调速系统控制柜现地，可通过开关和按钮进行下列操作：

紧急停机；

流量调节执行装置；

开度限制的增、减；

电气操作与机械手动操作切换；

电液（电一机）转换器切换。

33.10.2 远方操作

调速系统的远方操作包括但不限于下列各项，卖方也可提出建议方案供买方批准。

a）接收下列的远方控制指令进行控制

正常开、停机：接收远方的机组正常开、停机指令，进行正常开、停机的顺序控制；

事故停机：接收远方的机组事故停机指令，进行事故停机顺序控制；

转速/有功增、减；

开度限制增、减；

人工频率失灵区投、切；

频率跟踪功能投、切；

开度/功率模式切换。

b）接受由电站计算机监控系统给定的机组有功功率给定值的数值，由调速系统完成按机组给定有功功率的闭环调节。

33.11 远方信息

为实现远方操作功能，调速系统至少应和电站计算机监控系统交换下列信息，最终在设计联络会上讨论确定：

33.11.1 状态信号

a）提供下列信号的电气独立的接点至电站计算机监控系统：

（1）调速系统现地/远方开关位置；

（2）调速系统自动/手动开关位置；

（3）微机调节器 A 于"工作"状态；

（4）微机调节器 B 于"工作"状态；

（5）微机调节器 A 于"主故障"状态；

（6）微机调节器 B 于"主故障"状态；

（7）液压系统现地/远方开关位置；

（8）液压系统 PLC "故障"；

（9）紧急停机电磁阀投入状态；

（10）事故配压阀投入状态；

（11）调速系统交、直流电源故障信号；

（12）电液（电—机）转换器 A 于"工作"状态；

（13）电液（电—机）转换器 B 于"工作"状态；

（14）一次调频动作信号；

（15）其他。

b）按在线自诊断和故障处理功能，转速检测装置及转速开关配置、接力器位置和功率反馈，压油罐、回油箱、油泵、等要求提供电气接点。

c）通过通信接口向电站计算机监控系统提供下列状态信号：

（1）控制模式于频率/开度/功率；

（2）开限于上限；

（3）开限于下限；

（4）人工频率失灵区于投入；

（5）人工频率失灵区于切除；

（6）频率跟踪功能投入；

（7）频率跟踪功能切除；

（8）孤网运行于投入/切除；

（9）其他。

33.11.2 模拟量

a）调速系统向电站计算机监控系统提供机组转速、机组有功功率、机组有功功率给定反馈值、频率给定反馈值、位置、开限的____～____mA模拟量信号。

b）调速系统通过通讯接口向电站计算机监控系统提供所有模拟量信号。

c）电站计算机监控系统向调速系统提供下列模拟量信号：

（1）机组有功功率给定值；

（2）其他。

d）电站向调速系统提供下列模拟量信号：

（1）蜗壳进口和尾水管出口的水压信号（微机调节器能够接收并处理，得到净水头参数）；

（2）其他。

33.12 现地监视

调速系统电气柜、调速系统控制柜上除配置必要的操作开关、指示灯及仪表外，还为二柜配置_____寸 真彩色液晶触摸显示屏 各一台，显示屏可提供各种参数显示、模拟量显示、状态量显示、事件记录、事故追忆等。此外还可进行各种调节模式切换、给定值设定、故障复位等。

34 电源

34.1 电厂提供的交直流电源（或以当地电源标准为准）为：交流：三相四线制，380/220V，50Hz（电压变化范围－20％～＋15％）。直流：220V（电压变化范围－20％～＋15％）。

34.2 调速系统系统的控制及信号电源采用DC24V供电，调速系统电气柜及调速系统控制柜内分别装设冗余的带滤波器及抗干扰装置的双电源变换模块，每个冗余电源模块采用交/直流并列供电（AC220V、DC220V），电源模块的输出经过隔离装置后汇接在一起形成直流小母线，向微机调速系统提供相互独立的供电回路。在任意一路输入电源正常的情况下，能保证调速系统的正常供电。

34.3　电源系统采用国际知名品牌产品。调速系统电气柜内装设电源监视继电器，对输入电源、输出电源等进行监视，盘面装设相应的电源投入信号指示灯，并提供 2 对独立的电源投入（常开接点）、电源消失（常闭接点）监视信号至电站计算机监控系统。

35　微机调节器

35.1　概述

　　调速系统配备冗余容错微机调节器，采用主、备运行方式。备用机自动跟踪工作机状态，当工作机有故障时自动无扰动切换到备用机。若上述两套系统同时故障时，可自动无扰动切换到电手动控制或机械手动方式下运行。冗余容错调节器装在调速系统控制柜内机架上，并能适应合同文件所列出的环境条件而长期工作。微机调节器具有良好的接地。

35.2　硬件

35.2.1　微机调节器采用高性能、高可靠的国际知名品牌的____控制器。

35.2.2　调节器中配有高性能的 CPU 模块，能完成调速系统的各种功能，CPU 字长____位，内存____MB，主频____MHz。

35.2.3　调节器配备足够容量的内存贮器，以容纳各种系统软件和应用软件，并有40％的裕量。调节器还留足不少于 100％的扩展容量。采用 RAM 时带有后备电池，后备电池能保证正常工作不少于 3 年。

35.2.4　每套调节器配备独立的 CPU 模块、电源模块、通讯模块和插拔式输入输出模块（I/O 模块）、高速计数模块。I/O 模块与外部的 I/O 信号均有光电隔离措施并有发光二级管（LED）型指示灯以指示故障。各种型号的模拟输入输出及数字输入、输出通道数根据本合同规定的性能要求配置并另留足 25％的余量。具体通道数在设计联络会议上确定。

35.2.5　所有插拔式模板，能带电插拔。

35.2.6　对外通信口除具有与电站计算机监控系统的通信接口外，还另外提供 2 个串行通信接口，用于现地与便携式的 PC 机相连，以便修改、调试程序和设定参数，其中 1 个备用。如果要求调速系统具有辅助试验功能和其他附加功能，相应的通信接口也应提供，以便存取数据。

35.2.7 调速系统事件量分辨率（SOE）不大于____ms。

35.3 软件

提供合同设备（调节器、触摸屏等）所需完整的系统软件和应用软件。软件按模块化设计并允许从规定的程序接口设备对程序运行方式或控制参数进行修改。应用软件成熟可靠并经实践运行。软件使用方便，维护容易，所有软件均经过测试，并能直接投入现场操作。卖方提供详细的应用软件源程序及其使用维护指南，并对买方开放。卖方提供 1 份供货的软件清单（附件十）。对软件的具体要求将在设计联络会上进一步确定。卖方在系统现场验收后 5 年内免费为用户提供最新版本的应用软件。

36 转速探测

36.1 调速系统转速探测系统由齿盘测速和残压测速 2 种测量方式组成。齿盘测速方式采用安装在机组大轴上的齿盘和 2 组脉冲转速探测器组成。调速系统的转速信号还采用残压测速方式，它采用取自机端的 PT 的残压。残压测速信号保证在水轮发电机组的各种运行工况下满足调速系统对转速信号的要求。所采用的残压测速方式需得到买方的批准。具体设计在第一次设计联络会上由讨论确认。

36.2 测频分辨率0.0015Hz，测频精度 0.02%，信号同时送入调速系统，由软件确定在不同运行工况采用何种测速方式。

36.3 卖方负责协调齿盘及转速探测器的连接。齿盘测速的转速探测器与机组主轴完全电气隔离。齿盘转速探测器设计成和安装成不受大轴摆度的影响，其信号不致引起事故配压阀的误动及主配压阀的跳动，并能承受水轮机的最大飞逸转速而不会产生任何损坏。

36.4 转速探测器的所有电气回路，通过导线与端子箱内的端子相连。端子箱有电缆管入口。转速探测器与调速系统之间需用屏蔽电缆连接，卖方提供这种屏蔽电缆。

37 机械过速装置

由机组卖方为每台机组提供 1 套机械过速装置，安装在机组主轴上，该装置带 3 对空接点，并提供一路控制油至调速系统。卖方将主动和水轮机卖方协调有关接口细节及管路布置。

38 转速检测装置及转速开关配置

调速系统转速检测装置接受转速探测器（齿盘及残压）的转速信号并产生电气转速开关信号及模拟信号用于电站计算机监控系统等。除第 36 条"转速探测"另有规定外，转速开关信号数量及转速模拟信号数量满足机组自动化控制系统的要求并在设计联络会上确定。但转速开关信号数量不少于 12 个，并向电站计算机监控系统提供不少于 4 个 4—20mA 的转速模拟信号，每个转速开关有 2 个独立的、不接地的转换触点回路，其动作精度不低于 1％。每个转速开关在 0％—200％额定转速范围可调，且每个开关信号均可设定成上升沿或下降沿触发。机组转速/频率显示清晰直观。

39　接力器位置和功率反馈

39.1　接力器位置反馈

接力器位置反馈采用电气反馈，卖方为每台水轮机提供 3 只导叶/喷针位移传感器，其中 2 只供调速系统用，另 1 只供计算机监控系统用。冗余的微机调节器的接力器位置信号分别取自独立的位移传感器。

直线式接力器位移传感器选用的知名品牌（MTS），靠近主接力器安装，并且能防潮、防振、防止损坏等。接力器位移传感器具有优良的静态和动态特性，非线性度不大于＿＿％，工作电源为 24VDC，输出为 4—20mA，精度不低于＿＿％FS，防护等级 IP ＿＿，量程满足接力器实际全行程的要求。

39.2　机组有功功率反馈

调速系统具有机组有功功率反馈，卖方为每套调速系统提供＿＿只功率变送器，供调速系统采集有功功率信号，以使调速系统可按给定功率进行自动调节。冗余的微机调节器中的有功功率信号分别取自独立的有功功率变送器。功率变送器选用的知名品牌，工作电源无需外部供电（取自 PT），其技术指标至少满足如下规定：

准确度等级：＿＿；

工作温度：—10—55℃；

响应时间：＜＿＿ms；

输出纹波峰值：＜＿＿％。

40　接力器分段关闭装置

调速系统配有分段关闭装置。该装置可灵活选择两段或三段关闭功能，动作可靠，便于调整，并在运行的同类型水轮机上证明是可靠的。分段关闭由机械液压和电气方式实现。

41　主要液压部件

41.1　电液转换单元

41.1.1　电液转换器采用伺服比例阀和（或）电机式转换装置。

41.1.2　电液转换器具有良好的抗油污能力，电液转换器进口装设双滤芯精密过滤器，可无扰动切换，并带有差压显示和报警，过滤精度为____μm。

41.1.3　电机具有足够的控制精度、输出转矩，具有较好的低频特性。

41.1.4　伺服比例阀主要性能不低于下述指标：

滞环＜____%；

重复性＜____%；

阶跃信号调节时间＜____ms；

比例伺服阀响应频宽____—____Hz。

41.2　主配压阀组

____台调速系统分别采用相同型号的主配。

主配压阀组中各液压元件及油路采用组合式集成结构，以实现高性能密封；

主配压阀避免可能出现的发卡和漏油现象；

衬套（如果有）的设计保证小波动时的控制稳定性和大波动时的速动性；

主配压阀的主要零部件采用耐磨、抗蚀性能好的材料，确保主配压阀动作灵活、耐磨损、抗油污。

41.3　事故配压阀

事故配压阀采用座式结构，作用于机组过速保护。事故配压阀设计合适的缓冲结构、防止事故配压阀剧烈冲击及振动。

42　压力罐

42.1　结构

42.1.1　压力罐总容积根据卖方的设计计算确定为____m3，压力等级为____MPa，压力罐设计压力根据设计计算确定。考虑到受厂房高度限制，设置____只压力罐。

42.1.2　压力罐是钢板焊接结构，材料为____，其设计、制造、试验、验收均根据 ASME 标准《锅炉和压力容器规程》第Ⅷ章第一部分或 GB150 的要求进行，并提供计算书；最大允许工作压力不小于额定工作压力的____倍。压力罐具有足够的容积，当油压在正常工作油压下限时，在油泵不工作的情况下，能操作水轮机接力器的"关—开—关"三个全行程，且操作后油压不低于事故低油压。在调速系统额定工作压力时，压力罐中油气比为____。

42.1.3　压力罐装有压力表、压力开关和压力传感器、液位传感器、油位计、油位开关、空气安全阀（控制压力不超过压力罐设计压力，并高于油安全阀的动作压力）、供排油接头、空气过滤器、供气接头和手动操作空气泄放阀以及压缩空气自动补气装置。

42.1.4　压力油罐配备一个指示油位的磁翻柱式油位计，油位计采用不锈钢浮球形式，油罐外挂式安装。油位计与压力油罐间设置隔离阀，油位计上配有测压接头，便于油位计的校核。油位计具有＿＿个油位开关，每个油位开关的动作油位是独立可调的。油位计的量程足以指示在机组停运和所有运行状态下的油位。压力罐上配备的压力开关有＿＿个独立、可调、不接地报警触点电路。压力开关上有 1 个经校准了的刻度盘和 1 个外部调节装置，用来设定工作压力。此外压力罐还配备一个油位传感器和一个压力传感器。传感器的量程足以测量在机组停机和所有运行工况下的油位和压力。传感器能输出 4—20mA 直流信号。压力开关信号、油位开关信号以及压力传感器、油位传感器输出的 4—20mA 的模拟量信号均以硬接线方式提供给电站计算机监控系统。

42.1.5　压力罐选择合理的直径和高度比，总高度不大于＿＿m。

42.2　连接

42.2.1　除供排气和安全阀接口外，压力油罐的所有接口均在最低油位以下，并保证在最低油位情况下，无空气进入调速系统管道内。每只压力罐设有 1 个 Φ500mm 进人孔，进人孔采用金属硬密封。带有阀门的底部排油管、吊耳和支座。还要设＿＿旁通阀，用于将油排入回油箱，以便进行压力罐维修和清理。

42.2.2　压力油罐和气罐之间设检修阀门。压力罐至主配压阀管路上设置 1 个手动球阀和 1 个电磁液压操作的隔离阀，均带接点输出。

42.2.3　隔离阀与主配压阀之间的主管路上装设＿＿个压力传感器。

42.2.4　压力表、压力开关和压力传感器均统一安装可靠的表前阀。

42.3　自动补气

卖方提供向压力罐自动补气的控制装置和电气操作（带手动操作装置）。补气装置通过油压和油位开关发出的信号自动控制压缩空气进入压力罐。采取措施防止补气装置中电磁阀出现内漏的现象。在靠近压力罐的供气管上装设 1 个空气过滤器，过滤精度不低于＿＿μm。自动补气装置排气管出口设置消音器。

42.4　管道

提供调速系统、压力罐、回油箱和接力器之间的全部管道，包括 1 套完整的调速系统所必须的阀门、管接头、管子吊架及支撑架等。管子吊架及支撑采用后置式固定方式。

43　回油箱

43.1　概　述

回油箱容积不小于压力油罐的全部油量和从调速系统自流返回回油箱的全部油量之和的＿＿倍，回油箱有足够的容积，以使油泵能在一个合适的工作油位范围内运行。回油箱有合适的、便于回油箱检修的进人门。回油箱内装有 1 个精密网状隔板过滤器，每一油泵吸口装设 1 只过滤器。网状隔板过滤器和油泵吸口过滤器易于拆卸清洗，而不需排掉回油箱中的油。回油箱装设配备一个指示油位的磁翻柱式油位计，油位计采用不锈钢浮球形式，回油箱外挂式安装。油位计与回油箱间设置隔离阀，油位计上配有排油阀，便于油位计的校核。油位开关、温度传感器、充油接口、呼吸器、排油接口和排油阀，以及静电循环过滤装置接口。回油箱内装设油冷却器，控制油温不高于40℃，冷却系统配套的监测自动化元件、电动/手动阀门和管路均有卖方供货。回油箱有足够的刚度和防振隔离支座。在回油箱顶部设置一套可切换的双联过滤器，过滤精度为____μm，该过滤器用于保护调速系统液压控制、转换、引导元件免受大的机械杂质的影响。过滤器有差压堵塞信号。回油箱内设置便于检修的油混水检测装置。回油箱有足够的刚度和防振隔离支座。

43.2 静电液压过滤系统

卖方为____机组调速系统提供 1 套回油箱静电循环过滤系统，该系统能除去氧化油泥以及____μm 以上杂质粒子。

静电循环过滤系统通过加载高压静电场，采用特制的滤芯吸附油中的氧化物、颗粒污染物。

43.3 制作要求

回油箱内部应无裂纹、裂缝或盲孔，所有焊缝要连续，制成后应用煤油或其他批准的方法进行渗漏试验。回油箱防腐涂层按照 HG/T 4077《防腐涂层涂装技术规范》确保在一个大修周期内回油箱、内外室油漆不脱落。

44 油泵

44.1 双调节水轮机主油泵每分钟输油量为双调节接力器总容积的____—____倍；单调节水轮机主油泵每分钟输油量为接力器总容积的____—____倍。油压装置设置____台套相同容量的主油泵和____台套辅助油泵。油泵均采用国际知名品牌产品，每台主油泵输油量为____L/min。辅助油泵的输油量大于调速系统设备的漏油量，维持油压装置的压力在设定压力之上，减少主油泵的起动次数。辅助油泵的输油量为____L/min。

44.2 每台油泵出口装设具有卸落安全、止回以及截止功能的模块式组合阀组，并设置检修阀，以便使任何一台油泵检修或更换时与油压系统隔开而不影响系统运行。当泵在启动或压力达到最大正常工作油压时通过卸荷阀旁泄。

44.3 油泵能并联和切换，以便其中任一台能单独运行或并联运行。

44.4 卖方提供具有足够容量的油泵安全阀，当油压高于工作油压上限____%以上时，安全阀开始排油；当油压高于工作油压上限的____%以前，安全阀全部开启，并使压力罐中油压不再升高，从安全阀流出的油要返回到回油箱。安全阀的泄漏量不大于油泵输油量的____%。随泵要提供止回阀和用于起动装置的压力开关，还要提供油泵进、出口检修阀门，以便从油压系统中隔离任一台油泵，并允许其拆换而不降低油压。阀门配置位置接点反馈。

44.5　在每台油泵出口配备可切换的双联过滤器，过滤精度为____μm，每个过滤器设有堵塞信号装置用于报警指示并送入可编程控制器。

44.6　油泵进口采用柔性连接结构。

44.7　油泵配套电机采用国际知名品牌产品。

45　控制装置和仪表

45.1　总则

随调速系统提供配套的控制装置和仪表，分别安装在调速系统控制柜、调速系统电气柜面板上。安装在柜面板上的控制装置、仪表和故障指示灯要便于观测且对称排列。所有的仪表、控制开关的尺寸和外观应相似。所有柜内设备应配线到附近的端子排上。

45.2　仪表和装置

仪表应为平装型，白盘、黑字和黑色指针，精度不低于1.5级。两指针表盘的第二根指针和数字应用红色或其他经许可的颜色。仪表应有防眩玻璃盖。紧急按钮采用带保护罩、手动复位形式的按钮。控制开关、按钮及故障指示标牌均应装饰得与柜子协调一致。所有柜子的尺寸和颜色等将在设计联络会上确定。

45.3　调速系统电气柜面板上的控制装置与仪表

45.3.1　测量指示仪表：

开度/开度限制指示表－____－____％，双指示型

系统频率表45～55Hz

机组转速表____－____％额定转速（绝对值）

机组功率表____－____％额定出力（绝对值）

系统压力表____－____MPa

45.3.2　操作选择：

现地/远方控制方式选择

手动/自动运行方式选择

开度/功率控制模式选择

A/B套调节器选择

A/B套电液（电－机）转换器选择

45.3.3　给定操作：

开度限制增/减

转速、有功增/减

45.3.4　15"彩色液晶触摸屏

45.3.5　紧急停机按钮

45.3.6　其他卖方认为需要装设的设备与仪表

45.4　调速系统电气柜内的设备

45.4.1　冗余微机调节器（调节器 A、调节器 B）

45.4.2　转速测量装置

45.4.3　信号及控制操作回路

45.4.4　电源模块

45.4.5　盘内加热、照明设备及多功能电源插座

45.4.6　其他为满足本技术条款所需的设备和装置

45.5　调速系统控制柜上的控制装置、开关和仪表及指示

45.5.1　测量指示表计

——机组有功功率表＿＿～＿＿％最大功率

——开限和开度指示表－＿＿～＿＿％，双指示型

——转速指示表＿＿～＿＿％额定转速

45.5.2　控制开关、按钮

——紧急停机按钮

——开度限制的增、减

——电气操作与机械手动操作切换

——A/B 套电液（电－机）转换器选择

——锁锭投入/切除按钮

——电动截止阀开/关按钮

45.5.3　指示

——锁锭投入/切除红绿指示

——手动/自动运行状态指示

——电动截止阀开/关指示

45.5.4　液压系统故障指示

——液压控制系统可编程控制器及电源故障指示

——油泵运行故障指示

45.5.5　＿＿"真彩色液晶触摸屏

45.5.6　其他卖方认为需要装设的设备、仪表或相应指示

45.6　调速系统控制柜内的设备

柜内装设满足调速系统油压装置和漏油装置控制所需的所有控制保护设备，主要包括双电源切换开关、开关电源、PLC（双CPU）、继电器、防雷设备、模拟信号隔离器、指示灯、操作控制开关等设备。各设备型号规格、数量和接线，满足控制和监视功能的要求。回油箱现地设端子箱，收集现地的自动化元件等信息。

45.6.1　油压装置控制用可编程控制器（PLC），PLC采用高可靠性、高性能产品，配备冗余热备的双CPU模块、冗余电源模块、通讯模块和插拔式输入输出模块（I/O模块）。CPU模块字长32位。I/O模块与外部的I/O信号均有光电隔离措施并有发光二级管（LED）型指示灯以指示故障。I/O模块根据本合同规定的数据交换容量配置并另留足____%的余量。具体通信接口方式和数量在设计联络会议上决定。所有插拔式模板，均能带电插拔。提供2个串行通讯接口，用于现地与便携式的PC机相连，以便修改、调试程序和设定参数，其中1个备用。

45.6.2　信号及控制操作回路

45.6.3　电源模块

45.6.4　盘内加热、照明设备及多功能电源插座

45.6.5　其他为满足本技术条款所需的设备和装置

45.6.6　调速系统控制柜上的控制装置、开关和仪表及指示按常规配置，具体布置可报买方审核。

45.6.7　上送信号：应将切换开关位置状态信号、电机故障信号、电机运行状态信号、各电磁阀开关信号、压力油罐油位过异常信号、压力罐油压过异常信号、压力罐事故低油压信号、回油箱和漏油箱油位异常信号、回油箱油混水、电源故障信号、PLC故障信号等开关量信号通过硬接点上送计算机监控系统，同时将压力罐的压力和油位、回油箱和漏油箱的油位等____—____mA的模拟信号上送计算机监控系统。

45.6.8　通信：除上述常规信号外，PLC还应通过以太网或现场总线或串口与计算机监控系统进行通信，上送设备运行状态信号（包括油泵电机的运行和停止状态、泵处在工作和备用状态等），所有故障和报警信号（包括电机故障、PLC故障、软启动器故障、电源故障、传感器故障、主/备切换等），各模拟量实测值，以及泵的运行时间和动作次数的统计结果等。

45.7　触摸屏

45.7.1　调速系统控制柜和电气柜上的触摸屏选用国际知名品牌的优质产品。触摸屏满足如下配置：

电源：DC24V

尺寸：____″（TFT）

像素：≥____×____

色彩：≥____色真彩

内存：具有足够的内存，满足触摸屏的各项功能正常运行，并预留不少于____％的内存量。

45.7.2 触摸屏具有以下功能：

在线调速系统参数显示，各种故障显示、模拟量显示、状态量显示等功能。在线进行调速系统各种运行方式切换、控制模式切换、冗余切换、给定值增/减、参数修改、故障复位等功能。调速系统各种事件记录、事故追忆和模拟量录波等功能。录波数据保存时间不少于____天，数据记录条数不少于____条。能进行调速系统各项试验、试验分析计算、试验录波记录等功能。

触摸屏的显示画面设计在设计联络会上确定。

45.8 油泵启动柜

每台压力油泵配置一个油泵启动柜，柜内包括断路器、交流接触器、热继电器、软起动器和其它控制回路设备。每台油泵的保护动作信号及运行状态信号，除提供现地显示用的接点外，提供两对接点分别至调速系统控制柜和电站计算机监控系统。每台油泵均提供远方操作接口。油泵启动回路具有缺相、过载等保护功能。

油泵启动柜上将装设下列开关、指示灯和仪表，但不限于此：

——油泵"手动—自动"选择开关；

——油泵运行状态红/绿指示灯；

——油泵电动机的交流电压表；

——油泵电动机的相电流表。

46 与油、气、水管路系统的接口

46.1 气管路接口

____水电站设有供油压装置的压缩空气系统，额定工作压力为____MPa，供气总管布置在主厂房水轮机层下游侧墙上，通过供气支管供气接至压力罐自动补气装置接口。

46.2 油管路接口

厂内透平油系统供/排油总管布置在主厂房水轮机层下游侧墙上，通过供/排油支管至回油箱供/排油管旁。

46.3 水管路接口

回油箱冷却供/排水接自于每台机机组技术供/排水总管，与回油箱冷却供/排水阀相接。

47　调速系统与电站计算机监控系统的接口

调速系统（包括双微机调节器和油压装置控制 PLC）应能方便地实现以 I/O 接口和通讯口两种方式与电站计算机监控系统进行通讯，调速系统优先采用 I/O 接口方式，当 I/O 接口发生故障时（断线、掉电），采用数字通讯接口通讯实现信息交换。无论是现地及远方控制方式，调速系统均可向电站计算机监控系统提供本技术规范所规定的调速系统有关的各种运行信息。

双微机调节器和油压装置控制 PLC 采用相同通讯协议以现场总线的方式接入机组 LCU，与电站计算机监控系统交换信息。具体的 I/O 接口、通信接口方式、通信协议、数据交换内容及技术要求等在今后设计联络会议上商定。

48　备品备件

卖方提供的所有部件是新的并具有互换性，并与按本合同所提供的调速系统的相应部件采用相同的材料、工艺要求和标准进行制造。备品备件按要求涂保护层和装箱以适应长期保存。所有箱子和包装应有合适的识别记号。

卖方提供规定的____台调速系统所要求的全部备件，并在本合同文件第三部分文件二 报价表 3 中分类列出其价格清单，其价格包括在调速系统的总价中。"1 台套"定义为一台调速系统机器辅助设备所要求的总数量。

49　安装、调试和维修设备

卖方提供____套用于调试程序、设定参数的便携式 PC 机。每台 PC 机预装好用于调试程序、设定参数的应用软件。

50　工厂内组装和试验

50.1　概述

调速系统和油压装置在卖方工厂作整体装配和型式试验，压力罐和管路在车间按____倍的额定压力进行液压试验。回油箱在涂漆之前，应用煤油或其他批准的方法进行渗漏试验，并进行微机调节器和液压系统的联动试验。

50.2　动作试验

所有的设备或装置按实际可能进行动作试验，以验证其功能满足要求。卖方在车间对可调装置按其调整范围进行检查，并给出最终整定值。油压装置的油泵卸荷阀、安全阀、节流阀（阀组）和各种压力继电器、差压继电器、液位继电器等信号装置，均在车间进行试验并进行精确整定。电气装置参照美国全国制造商协会（NEMA）、美国国家标准协会（ANSI）的实用条款和电气与电子工程师协会（IEEE）和合同文件所列出的标准进行绝缘强度、抗电磁干扰及抗震等项目的试验。在车间装配时，在调速系统的合适部位标上配合标记和销钉，以便在工地正确安装和调整。调速系统设备与全部零部件一起装配成整体发运。

50.3 工厂性能试验

调速系统将安排工厂性能试验，以证明满足本文件"性能要求"中规定的关于不动时间、转速死区和速度响应特性等要求。在性能试验前至少____天，向买方提交做这些试验所用的设备和程序的详细说明，并经买方认可。为进行工厂性能试验，调速系统及其油压系统与接力器相连。试验接力器的容积不小于真机接力器容积的____%。为进行转速死区试验，转速测量元件由合适的恒定频率源驱动，其频率变化分辨率不大于调速系统转速死区的____/____。采用合适的并经过批准的方法，同时并列地记录转速、主配压阀位置、接力器行程和时间信号。在记录器、位移与速度转换装置以及放大器的各个测量及通讯通道里，有相同的时间滞后，或者能够精确的加以校准或标定。各种记录绘制成曲线并有标记识别及参数值。

50.4 仿真试验

调速系统需进行仿真试验，所需机组资料由水轮机和发电机制造商提供，引水系统的资料由买方提供。仿真试验包括在各种水头下的空载、负载扰动试验、静特性试验、故障模拟试验、抗干扰试验等，详细内容及要求将在设计联络会上讨论确定。仿真试验前至少____天，卖方将向买方提供仿真试验所用设备及程序的详细说明，并经买方认可。在仿真试验完成后，卖方将推荐____水电站机组首次投入运行时的调节参数整定值，并向买方提交____份试验报告，报告中包括试验方法和调节系统精确的传递函数。

50.5 调速系统安装调试

调速系统的安装调试将在合同设备安装调试工程师的指导下，由其他卖方进行。

51 现场试验

51.1 概述

51.1.1 试验要求

在卖方的试验工程师的指导下，买方要对每一台调速系统在最后验收前做各项现场试验，以验证卖方提供的保证值和本规范规定的要求是否得到满足。现场试验的内容包括安装试验、调速系统试验、试运行、考核运行。本条款对技术规范中一些相类似的要求进行了补充，如果有抵触，则以具体设备章节的详细要求为准。

51.1.2 责任

所有的试验在卖方的合作下由买方完成。卖方要派有资格的试验工程师来指导试验，对所有现场试验的指导和试验程序负责。买方有权决定取消某些试验项目，但任何试验的取消，并不免除卖方完全满足技术规范要求的责任。

51.1.3　试验大纲及进度

每项试验的日期由买方确定。卖方至少在开始试验前＿＿＿天提交＿＿＿份完整的试验大纲和进度表供买方审查。试验大纲和进度表包括试验项目、试验准备、试验方法（含成果计算方法）、试验程序、每项试验需要的设备清单、使用的图纸、使用的试验表格和观察记录表格、检查校核和试验时间、试验进度等。

51.2　安装试验

51.2.1　管道压力试验

由卖方提供的调速系统油管和各种承压元件，在安装完毕后做静压试验，试验压力不小于额定工作压力的 1.5 倍。静压试验时间不小于 1 个小时，以便能观察是否存在任何的渗漏或缺陷。卖方需为进行这些试验提供方便，并尽可能减少对安装的干扰。

51.2.2　油泵试验

油泵安装后需进行油泵试验。在空载下运行＿＿＿h，然后分别在 25％、50％、75％额定油压下运行＿＿＿min，再在额定油压下运行＿＿＿h，油泵运转应平稳，输油量不小于设计规定值，并且手、自动切换及自动控制动作符合设计要求。

51.2.3　自动补气装置及油位信号装置动作试验

自动补气装置及油位信号装置动作正确、可靠。补气量符合设计要求。

51.2.4　调速系统试验

调速系统安装完毕后，在无水状态下与接力器、导水机构一起进行现场试验，并录制接力器行程与导叶开度关系曲线、检查导叶的压紧行程，以及进行调速系统的试验，试验按照本技术规范、IEC、IEEE 等有关标准的规定，以确信调速系统及导水机构满足技术规范的性能要求。

51.3　试运行

51.3.1　检查、调试和起动

在通过电站试验和型式试验后，卖方要在安装承包人的帮助下进行试运行。水轮机要做充水试验、起动试验、手、自动的空载稳定性试验、空载扰动试验、过速、低油压关机、带负荷和甩负荷试验、负荷扰动试验和一次调频试验，以便调整水轮机、调速系统和有关保护装置。所有这些调整和有关的参数记录下来并包括在现场试验报告中。调速系统试验根据本技术规范、GB、IEC、IEEE 等有关标准的规定进行，需测取和记录的调速系统功能的参数。上述提供的仪器仍是卖方的财产。在设备上需要连接测取和记录所需数据的传感器或压力变送器的所有装置，都要由卖方选择并提供。

51.3.2　72h 试运行

在设备安装好后准备投入考核运行前，安装承包人应在卖方和水轮发电机组卖方指导下对每台机组进行试运行试验，以确认机组已正确安装、调试，并在连续运行条件下能够安全、正常地运行。试运行要在机组最大负荷（按实际水头条件确定）条件下，在无需人为调节和校正的自动控制状态下进行。试运行持续时间为 72h。

51.4　考核试运行

在 72h 试运行后再进行持续 30 天的考核试运行。如果由于卖方提供的设备故障使考核试运行中断，考核试运行要重新进行。如果由于其他卖方的设备故障使考核试运行中断，考核试运行时间则按考核试运行期内的累加运行时间计算。

51.5　试验数据和报告

每项试验完成后，卖方需提交____份试验结果给买方。

试验报告应由卖方编写，交买方审查。

试验报告的内容包括试验项目、试验目的、试验人员名单、测量仪表的说明、测量设备的率定、试验程序、试验方法、测量结果表、计算实例、计算过程使用的各种曲线、全部测量结果汇总、最终成果的修正和确定、测量率定误差说明、试验结果的讨论和结论。

在试验结束后的____天内，卖方向买方提供____份完整的试验报告。

第八章　投标文件格式

＿＿＿＿＿＿＿（项目名称）＿＿＿＿＿＿招标

投　标　文　件

投标人：＿＿＿＿＿＿＿＿＿＿＿＿＿＿＿＿＿（盖单位章）

法定代表人或其委托代理人：＿＿＿＿＿＿＿＿＿（签字）

＿＿＿＿＿年＿＿＿＿＿月＿＿＿＿＿日

目　录

一、投标函

致：＿＿＿＿＿＿＿（招标人名称）

1. 我方已仔细研究了＿＿＿＿＿（项目名称）＿＿＿＿标段招标文件的全部内容，愿意以人民币（大写）＿＿＿＿元（＿＿＿＿）的投标总报价，按照合同的约定交付货物及提供服务。

2. 我方承诺在招标文件规定的投标有效期＿＿天内不修改、撤销投标文件。

3. 随同本投标函提交投标保证金一份，金额为人民币（大写）＿＿＿元（＿＿＿元）。

4. 如我方中标：

（1）我方承诺在收到中标通知书后，在中标通知书规定的期限内与你方签订合同。

（2）我方承诺按照招标文件规定向你方递交履约保证金。

（3）我方承诺在合同约定的期限内交付货物及提供服务。

5. 我方已经知晓中国长江三峡集团有限公司有关投标和合同履行的管理制度，并承诺将严格遵守。

6. 我方在此声明，所递交的投标文件及有关资料内容完整、真实和准确。

7. 我方同意按照你方要求提供与我方投标有关的一切数据或资料，完全理解你方不一定接受最低价的投标或收到的任何投标。

8. ＿＿＿＿＿＿＿＿＿＿＿＿＿＿＿＿＿＿＿＿＿＿＿＿＿（其他补充说明）。

投　标　人：＿＿＿＿＿＿＿＿＿＿＿＿＿＿（盖单位章）

法定代表人或其委托代理人：＿＿＿＿＿＿＿（签字）

地址＿＿＿＿＿＿＿＿＿＿＿＿＿＿邮编

电话＿＿＿＿＿＿＿＿＿＿＿＿＿＿传真

电子邮箱

网址：

＿＿＿＿年＿＿＿＿月＿＿＿＿日

二、授权委托书、法定代表人身份证明

授权委托书

本人_____（姓名）系_____（投标人名称）的法定代表人，现委托_____（姓名）为我方代理人。代理人根据授权，以我方名义签署、澄清、说明、补正、递交、撤回、修改_____（项目名称）_____标段投标文件、签订合同和处理有关事宜，其法律后果由我方承担。

代理人无转委托权。

附：法定代表人身份证明、生产（制造）商出具的授权函（若需要）

投　标　人：_____（盖单位章）

法定代表人：_____（签字）

身份证号码：_____

委托代理人：_____（签字）

身份证号码：_____

_____年_____月_____日

注：若法定代表人不委托代理人，则只需出具法定代表人身份证明。

附：法定代表人身份证明

投标人名称：_____

单位性质：_____

地址：_____

成立时间：_____年_____月_____日

经营期限：_____

姓名：_____性别：_____年龄：_____职务：_____

系_____（投标人名称）的法定代表人。

特此证明。

附：法定代表人身份证件复印件

```
┌─────────────────────────────────────┐
│                                     │
│      法定代表人身份证件复印件粘贴处     │
│                                     │
│                                     │
└─────────────────────────────────────┘
```

投标人：_____（盖单位章）

_____年_____月___日

附：生产（制造）商出具的授权函

致：_____（招标人）

我方_____（生产、制造商名称）是按中华人民共和国法律成立的生产（制造）商，主要营业地点设在_____（生产、制造商地址）。兹指派按中华人民共和国的法律正式成立的，主要营业地点设在_____（代理商地址）的_____（代理商名称）作为我方合法的代理人进行下列有效的活动：

（1）代表我方办理你方_____（项目名称）_____（货物名称及标包号）投标邀请要求提供的由我方生产（制造）的货物的有关事宜，并对我方具有约束力。

（2）作为生产（制造）商，我方保证以投标合作者来约束自己，并对该投标共同和分别承担招标文件中所规定的义务。

（3）我方兹授予_____（代理商名称）全权办理和履行上述我方为完成上述各点所必须的事宜。对此授权，我方具有替换或撤消的全权。兹确认（代理商名称）或其正式委托代理人依此合法地办理一切事宜。

我方于___年__月__日签署本文件，_____（代理商名称）于___年____月___日接受此件，以此为证。

代理商名称_____（盖单位章）　　生产（制造）商名称___（盖单位章）____

签字人职务和部门_____　　签字人职务和部门_____

签字人（印刷体）姓名_____　　签字人（印刷体）姓名_____

签字人签名_____　　签字人签名_____

三、联合体协议书

牵头人名称：

法定代表人：

法定住所：

成员二名称：

法定代表人：

法定住所：

……

鉴于上述各成员单位经过友好协商，自愿组成_____（联合体名称）联合体，共同参加_____（招标人名称）（以下简称招标人）_____（项目名称）标段（以下简称本项目）的投标并争取赢得本项目承包合同（以下简称合同）。现就联合体投标事宜订立如下协议：

1. _____（某成员单位名称）为_____（联合体名称）牵头人。

2. 在本项目投标阶段，联合体牵头人合法代表联合体各成员负责本项目投标文件编制活动，代表联合体提交和接收相关的资料、信息及指示，并处理与投标和中标有关的一切事务；联合体中标后，联合体牵头人负责合同订立和合同实施阶段的主办、组织和协调工作。

3. 联合体将严格按照招标文件的各项要求，递交投标文件，履行投标义务和中标后的合同，共同承担合同规定的一切义务和责任，联合体各成员单位按照内部职责的部分，承担各自所负的责任和风险，并向招标人承担连带责任。

4. 联合体各成员单位内部的职责分工如下：_____。按照本条上述分工，联合体成员单位各自所承担的合同工作量比例如下：_____。

5. 投标工作和联合体在中标后项目实施过程中的有关费用按各自承担的工作量分摊。

6. 联合体中标后，本联合体协议是合同的附件，对联合体各成员单位有合同约束力。

7. 本协议书自签署之日起生效，联合体未中标或者中标时合同履行完毕后自动失效。

8. 本协议书一式_____份，联合体成员和招标人各执一份。

牵头人名称：_____（盖单位章）

法定代表人或其委托代理人：_____（签字）

成员一名称：_____（盖单位章）

法定代表人或其委托代理人：_____（签字）

成员二名称：_____（盖单位章）

法定代表人或其委托代理人：_____（签字）

___年___月___日

四、投标保证金

（一）采用在线支付（企业银行对公支付）或线下支付（银行汇款）方式

采用在线支付（企业银行对公支付）或线下支付（银行汇款）方式时，提供以下文件：

投标保证金承诺（格式）

致：三峡国际招标有限责任公司

鉴于＿＿＿（投标人名称）＿＿已递交＿＿（项目名称及标段）＿＿招标的投标文件，根据招标文件规定，本投标人向贵公司提交人民币＿＿万元整的投标保证金，作为参与该项目招标活动的担保，履行招标文件中规定义务的担保。

若本投标人有下列任何一种行为，同意贵公司不予退还投标保证金：

（1）在开标之日到投标有效期满前，撤销或修改其投标文件；

（2）在收到中标通知书30日内，无正当理由拒绝与招标人签订合同；

（3）在收到中标通知书30日内，未按招标文件规定提交履约担保；

（4）在投标文件中提供虚假的文件和材料，意图骗取中标。

附：投标保证金退还信息及中标服务费交纳承诺书（格式）

投标保证金递交凭证扫描件

投标人：＿＿＿＿＿＿＿（加盖投标人单位章）

法定代表人或其委托代理人：＿＿＿＿＿＿（签字）

日　期：＿＿＿年＿＿月＿＿日

（二）采用银行保函方式

采用银行保函方式时，按以下格式提供投标保函及《投标保证金退还信息及中标服务费交纳承诺书》

投标保函（格式）

受益人：三峡国际招标有限责任公司

鉴于＿＿（投标人名称）（以下称"投标人"）于＿＿年＿＿月＿＿日参加＿＿（项目名称及标段）的投标，（＿＿＿银行名称＿＿＿）（以下称"本行"）无条件地、不可撤销地具结保证本行或其继承人和其受让人，一旦收到贵方提出的下述任何一种事实的书面通知，立即无追索地向贵方支付总金额为＿＿＿＿＿的保证金。

（1）在开标之日到投标有效期满前，投标人撤销或修改其投标文件；

· 164 ·

（2）在收到中标通知书 30 日内，投标人无正当理由拒绝与招标人签订合同；

（3）在收到中标通知书 30 日内，投标人未按招标文件规定提交履约担保；

（4）投标人未按招标文件规定向贵方支付中标服务费；

（5）投标人在投标文件中提供虚假的文件和材料，意图骗取中标。

本行在接到受益人的第一次书面要求就支付上述数额之内的任何金额，并不需要受益人申述和证实他的要求。

本保函自开标之日起（投标文件有效期日数）日历日内有效，并在贵方和投标人同意延长的有效期内（此延期仅需通知而无需本行确认）保持有效，但任何索款要求应在上述日期内送到本行。贵方有权提前终止或解除本保函。

银行名称：（盖单位章）

许可证号：

地　　址：

负责人：（签字）

日　　期：　　年　　月　　日

附件　投标保证金退还信息及中标服务费交纳承诺书

三峡国际招标有限责任公司：

我单位已按招标文件要求，向贵司递交了投标保证金。信息如下：

序号	名称	内容
1	招标项目名称及标段	
2	招标编号	
3	投标保证金金额	合计：¥＿＿＿＿＿＿元，大写＿＿＿＿＿＿
4	投标保证金缴纳方式（请在相应的"□"内划"√"）	□4.1　在线支付（企业银行对公支付） 汇款人： 汇款银行：　　　　　银行账号： 汇款行所在省市： □4.2　线下支付（银行汇款） 汇款人： 汇款银行：　　　　　银行账号： 汇款行所在省市： □4.3　银行投标保函 投标保函开具行：
5	中标服务费发票开具（请在相应的"□"内划"√"）	□5.1 增值税普通发票 □5.2 增值税专用发票（请提供以下完整开票信息）： ● 名称： ● 纳税人识别税号（或三证合一号码）： ● 地址、电话： ● 开户行及账号：

我单位确认并承诺：

1. 若中标，将按本招标文件投标须知的规定向贵司支付中标服务费用，拟支付贵司的中标服务费已包含在我单位报价中，未在投标报价表中单独出项。

2. 如通过方式4.1或4.2缴纳投标保证金，贵司可从我单位保证金中扣除中标服务费用后将余额退给我单位，如不足，接到贵司通知后5个工作日内补足差额；如通过方式4.3缴纳投标保证金，将在合同签订并提供履约担保（如招标文件有要求）后5日内支付中标服务费，否则贵司可以要求投标保函出具银行支付中标服务费。

3. 对于通过方式4.1或4.2提交的保证金，请按原汇款路径退回我单位，如我单位账户发生变化，将及时通知贵司并提供情况说明；对于通过方式4.3提交的银行投标保函，贵司收到我单位汇付的中标服务费后将银行保函原件按下列地址寄回：

投标人名称（盖单位章）：

地址：　　　　　　邮编：　　　　联系人：　　　　联系电话：

法定代表人或委托代理人：　　　　　　　　年　　月　　日

说明：1. 本信息由投标人填写，与投标保证金递交凭证或银行投标保函一起密封提交。

2. 本信息作为招标代理机构退还投标保证金和开具中标服务费发票的依据，投标人必须按要求完整填写并加盖单位章（其余用章无效），由于投标人的填写错误或遗漏导致的投标担保退还失误或中标服务费发票开具失误，责任由投标人自负。

五、投标报价表

说明：投标报价表按第五章"采购清单"中的相关内容及格式填写。构成合同文件的投标报价表包括第五章"采购清单"的所有内容。

六、技术方案

1. 技术方案总体说明：应说明设备性能；拟投入本项目的加工、试验和检测仪器设备情况等；质量保证措施等。

2. 除技术方案总体说明外，还应按照招标文件要求提交下列附件对技术方案做进一步说明。

附件一　货物特性及性能保证

附件二　设计、制造和安装标准

附件三　工厂检验项目及标准

附件四　工作进度计划

附件五　技术服务方案

附件六　投标设备汇总表

附件七　投标人提供的图纸和资料

附件八　其他资料

投标人：＿＿＿＿＿＿＿＿＿＿＿＿＿＿＿（盖单位章）

法定代表人或其委托代理人：＿＿＿＿＿＿＿（签字）

＿＿＿年＿＿月＿＿日

附件一　货物特性及性能保证

投标人必须用准确的数据和语言在下表中阐明其拟提供的设备的性能保证，投标人应保证所提供的合同设备特性及性能保证值不低于招标文件第七章技术参数要求。

投标人一旦被授予合同，所提供的性能保证值经买方认可后将作为合同中设备的性能保证值。

序号	招标文件要求值	投标响应值

投标人：＿＿＿＿＿＿＿＿＿＿＿＿＿＿＿＿（盖单位章）

法定代表人或其委托代理人：＿＿＿＿＿＿＿（签字）

＿＿＿＿年＿＿＿月＿＿＿日

附件二　设计、制造和安装标准

投标人应列明投标设备的设计、制造、试验、运输、保管、安装和运行维护的标准和规范目录。

投 标 人：＿＿＿＿＿＿＿＿＿＿＿＿＿＿（盖单位章）

法定代表人或其委托代理人：＿＿＿＿＿＿＿（签字）

＿＿＿年＿＿＿月＿＿＿日

附件三　工厂检验项目及标准

投标人应列明工厂制造检查和测试所遵循的最新版本标准。

投标人应指出拟提供设备的初步检查和测试项目。

投标人：＿＿＿＿＿＿＿＿＿＿＿＿＿＿＿（盖单位章）

法定代表人或其委托代理人：＿＿＿＿＿＿＿＿（签字）

＿＿＿＿年＿＿月＿＿日

附件四　工作进度计划

投标人应按技术条款的要求提出完成本项目的下述计划进度表。

1. 制造进度表

2. 交货批次及进度计划表

3. 其他

投标人：＿＿＿＿＿＿＿＿＿＿＿＿＿＿＿（盖单位章）

法定代表人或其委托代理人：＿＿＿＿＿＿＿＿（签字）

＿＿＿＿年＿＿＿月＿＿＿日

附件五　技术服务方案

投标人应按技术条款的要求提出本项目的技术服务方案，如安装方案（若有）、现场调试方案、技术指导、培训和售后服务计划等。

投标人：＿＿＿＿＿＿＿＿＿＿＿＿＿＿＿（盖单位章）

法定代表人或其委托代理人：＿＿＿＿＿＿＿＿（签字）

＿＿＿＿年＿＿＿月＿＿＿日

附件六　投标设备汇总表

序号	名称	主要技术规范	数量	包装	每件尺寸（cm³）（长×宽×高）	每件重量（吨）	总重量（吨）	交货时间	发运港/发运点	备注
1										
2										
3										

注：本表应包括报价表中所列的所有分项设备、备品备件、专用工具、维修试验设备和仪器仪表。

投　标　人：＿＿＿＿＿＿＿＿＿＿＿＿＿＿＿（盖单位章）

法定代表人或其委托代理人：＿＿＿＿＿＿＿＿（签字）

＿＿＿＿年＿＿＿月＿＿＿日

附件七　投标人提供的图纸和资料

1. 概述

投标人应与其投标文件一起提供与本招标文件技术条款相应的足够详细和清晰的图纸资料和数据，这些图纸资料和数据应详细地说明设备特点，同时对与技术条款有异或有偏差之处应清楚地说明。除非买方批准，设备的最终设计应按照这些图纸、资料和数据的详细说明进行。

2. 随投标文件提供的图纸资料

投标人应根据本招标文件所述的供图要求，提供工厂图纸的目录及供图时间表，图纸应包括招标文件所列的内容和招标人认为应增加的内容。

投标人提供的投标图纸及资料应包括（但不限于）以下内容：

（1）调速系统布置详图

提供调速系统及其附属设备总装图，包括平面（俯视）、侧视和正视图。该图应表示出主要组件的主要尺寸、布置位置及定位尺寸，设备重量、起吊尺寸。总体布置图应严格符合招标文件附图所示的土建结构尺寸。

（2）调速系统管路布置图

（3）调速系统电气液压原理图

（4）压力容器及管道

（5）调速系统控制模型

（6）控制流程图

（7）主要部件装配图

3. 随投标文件提供的数据、资料

（1）设备特性及性能保证值，包含调速系统特性和性能保证、结构数据表；

（2）合同设备描述概要表（单件包装运输尺寸、重量）；

（3）调速系统结构参数表（包括调速系统、油压装置、回油箱、油泵等详细参数）

投标人认为必要的其他技术资料。

投标人：＿＿＿＿＿＿＿＿＿＿＿＿＿＿＿（盖单位章）

法定代表人或其委托代理人：＿＿＿＿＿＿＿（签字）

＿＿＿年＿＿＿月＿＿＿日

附件八　其他资料

（根据项目情况，加入与项目特点相关的其他需要投标人提供的技术方案，如：运输方案等。）

投标人：＿＿＿＿＿＿＿＿＿＿＿＿＿＿＿＿（盖单位章）

法定代表人或其委托代理人：＿＿＿＿＿＿＿＿（签字）

＿＿＿＿年＿＿＿月＿＿＿日

七、偏差表

表 7-1　商务偏差表

投标人可以不提交一份对本招标文件第四章"合同条款及格式"的逐条注释意见，但应根据下表的格式列出对上述条款的偏差（如果有）。未在商务偏差表中列明的商务偏差，将被视为满足招标文件要求。

项　目	条款编号	偏差内容	备　注

备注：对投标人须知前附表中规定的实质性偏差的内容提出负偏差，无论是否在本表中填写，将被认为是对招标文件的非实质性响应，其投标文件将被否决。

表 7-2　技术偏差表

投标人可以不提交一份对本招标文件第七章"技术标准和要求"的逐条注释意见，但应根据下表的格式列出对上述条款的偏差（如果有）。未在技术偏差表中列明的技术偏差，将被视为满足招标文件要求。

项　目	条款编号	偏差内容	备　注

备注：对投标人须知前附表中规定的实质性偏差的内容提出负偏差，无论是否在本表中填写，将被认为是对招标文件的非实质性响应，其投标文件将被否决。

投标人：＿＿＿＿＿＿＿＿＿＿＿＿（盖单位章）

法定代表人或其委托代理人：＿＿＿＿＿＿（签字）

＿＿＿年＿＿＿月＿＿＿日

八、拟分包（外购）项目情况表

表 8-1　分包（外购）人资格审查表

序号	拟分包项目名称、范围及理由	拟选分包人				备注
		拟选分包人名称	注册地点	企业资质	有关业绩	
		1				
		2				
		3				
		1				
		2				
		3				
		1				
		2				
		3				

表 8-2　分包（外购）计划表

序号	分包（外购）单位	分包（外购）部件	到货时间
1			
2			
3			
...			

备注：投标人需根据拟分包的项目情况提供分包意向书/分包协议、分包人资质证明文件。

投标人：＿＿＿＿＿＿＿＿＿＿＿＿＿＿（盖单位章）

法定代表人或其委托代理人：＿＿＿＿＿＿＿（签字）

＿＿＿年＿＿＿月＿＿＿日

九、资格审查资料

（一）投标人基本情况表

投标人名称					
投标人组织机构代码或统一社会信用代码					
注册地址			邮政编码		
联系方式	联系人		电话		
	传真		网址		
组织结构					
法定代表人	姓名		技术职称		电话
技术负责人	姓名		技术职称		电话
成立时间		员工总人数：			
许可证及级别		其中	高级职称人员		
营业执照号			中级职称人员		
注册资金			初级职称人员		
基本账户开户银行			技工		
基本账户账号			其他人员		
经营范围					
备注					

备注：1. 本表后应附企业法人营业执照、生产许可证（如果有）等材料的扫描件。

2. 若代理商投标，须同时提供生产（制造）商的基本情况表。

附件一 生产（制造）商资格声明

1. 名称及概况：

（1）生产（制造）商名称：

（2）总部地址：

传真/电话号码：＿＿＿＿＿＿＿＿＿＿＿＿ 邮政编码：＿＿＿＿＿＿

（3）成立和/或注册日期：

（4）法定代表人姓名：

2.（1）关于生产（制造）投标货物的设施及有关情况：

工厂名称地址　　　　生产的项目　　　　年生产能力　　　　职工人数

（2）本生产（制造）商不生产，而需从其他生产（制造）商购买的主要零部件：

生产（制造）商名称和地址　　　　　　　主要零部件名称

3. 其他情况：<u>组织机构、技术力量等。</u>

兹证明上述声明是真实、正确的，并提供了全部能提供的资料和数据，我们同意遵照贵方要求出示有关证明文件。

生产（制造）商名称＿＿＿＿＿（盖单位章）＿＿＿＿＿

签字人姓名和职务

签字人签字

签字日期

传真

电话

电子邮箱

附件二　代理商资格声明[①]

1. 名称及概况：

（1）代理商名称：

（2）总部地址：

传真/电话号码：＿＿＿＿＿＿＿＿＿＿邮政编码：＿＿＿＿＿＿

（3）成立和/或注册日期：＿＿＿＿＿＿＿＿＿＿＿＿＿＿＿

（4）法定代表人姓名：＿＿＿＿＿＿＿＿＿＿

2. 近 3 年该货物主要销售给国内、外主要客户的名称地址：

（1）出口销售

<u>（名称和地址）　　　　　　　</u>　　　<u>（销售项目名称）　　　　　</u>

<u>（名称和地址）　　　　　　　</u>　　　<u>（销售项目名称）　　　　　</u>

（2）国内销售

<u>（名称和地址）　　　　　　　</u>　　　<u>（销售项目名称）　　　　　</u>

<u>（名称和地址）　　　　　　　</u>　　　<u>（销售项目名称）　　　　　</u>

3. 由其他生产（制造）商提供和生产（制造）的货物部件，如有的话：

生产（制造）商名称和地址　　　　　　生产（制造）的部件名称

4. 开立基本账户银行的名称和地址：

5. 其他情况：<u>组织机构、技术力量等</u>

兹证明上述声明是真实、正确的，并提供了全部能提供的资料和数据，我们同意遵照贵方要求出示有关证明文件。

代理商名称：＿＿＿＿＿＿＿＿＿＿<u>（盖单位章）</u>

代理商全权代表：＿＿＿＿＿＿＿＿<u>（签字）</u>

签字日期：

传真：

电话：

电子邮箱：

---

① 若为制造商投标，则不需要提供此声明。

（二）近年财务状况表

投标人须提交近_____年（_____年～_____年）的财务报表，并填写下表。

序号	项目	_____年	_____年	_____年
1	固定资产			
2	流动资产			
	其中：存货			
3	总资产			
4	长期负债			
5	流动负债			
6	净资产			
7	利润总额			
8	资产负债率			
9	流动比率			
10	速动比率			
11	销售利润率			

（三）近_____年完成的类似项目情况表

项目名称	
项目所在地	
采购人名称	
采购人地址	
采购人电话	
合同价格	
供货时间	
货物描述	
备注	

注：应附中标通知书（如有）和合同协议书以及货物验收证表（货物验收证明文件）等的彩色扫描件（复印件），具体年份时间要求见投标人须知前附表。每张表格只填写一个项目，并标明序号。

（四）正在进行的和新承接的项目情况表

项目名称	
项目所在地	
采购人名称	
采购人地址	
采购人电话	
合同价格	
供货时间	
货物描述	
备注	

注：应附中标通知书（如有）和合同协议书等的彩色扫描件（复印件），具体年份时间要求见投标人须知前附表。每张表格只填写一个项目，并标明序号。

（五）近年发生的诉讼及仲裁情况

序号	案由	双方当事人名称	处理结果或进度情况
...	...	...	...

注：（1）本表为调查表。不得因投标人发生过诉讼及仲裁事项作为否决其投标、作为量化因素或评分因素，除非其中的内容涉及其他规定的评标标准，或导致中标后合同不能履行。

（2）诉讼及仲裁情况是指投标人在招投标和中标合同履行过程中发生的诉讼及仲裁事项，以及投标人认为对其生产经营活动产生重大影响的其他诉讼及仲裁事项。投标人仅需提供与本次招标项目类型相同的诉讼及仲裁情况。

（3）诉讼包括民事诉讼和行政诉讼；仲裁是指争议双方的当事人自愿将他们之间的纠纷提交仲裁机构，由仲裁机构以第三者的身份进行裁决。

（4）"案由"是事情的原由、名称、由来，当事人争议法律关系的类别，或诉讼仲裁情况的内容提要。如"工程款结算纠纷"。

（5）"双方当事人名称"是指投标人在诉讼、仲裁中原告（申请人）、被告（被申请人）或第三者的单位名称。

（6）诉讼、仲裁的起算时间为：提起诉讼、仲裁被受理的时间，或收到法院、仲裁机构诉讼、仲裁文书的时间。

（7）诉讼、仲裁已有处理结果的，应附材料见第二章"投标人须知"3.5.3；还没有处理结果，应说明进展情况，如某某人民法院于某年某月某日已经受理。

（8）如招标文件第二章"投标人须知"3.5.3条规定的期限内没有发生的诉讼及仲裁情况，投标人在编制投标文件时，需在上表"案由"空白处声明："经本投标人认真核查，在招标文件第二章"投标人须知"3.5.3条规定的期限内本投标人没有发生诉讼及仲裁纠纷，如不实，构成虚假，自愿承担由此引起的法律责任。特此声明。

（六）其他资格审查资料

（投标人名称）＿＿＿＿＿＿＿＿＿＿

（委托代理人签名）＿＿＿＿＿＿＿＿

（印刷体姓名）＿＿＿＿＿＿＿＿＿＿

（职务）＿＿＿＿＿＿＿＿＿＿＿＿

十、构成投标文件的其他材料

1. 初步评审需要的材料

投标人应根据招标文件具体要求，提供初步评审需要的材料，包括但不限于下列内容，请将所需材料在投标文件中的对应页码填入表格中。

序号	名称	网上电子投标文件	纸质投标文件正本	备注
1	营业执照			
2	生产许可证（如果有）			根据项目实际情况填写
3	业绩证明文件			
4	……			
5	经审计的财务报表			＿＿—＿＿年
6	投标函签字盖章			电子版为扫描件
7	授权委托书签字盖章			电子版为扫描件
8	投标保证金凭证或投保保函			电子版为扫描件
9	…			

注：（1）所提供的资质证书等应为有效期内的文件，其他材料应满足招标文件具体要求；
（2）投标保证金采用银行保函时应提供原件，单独密封提交。

2. 招标文件规定的其他材料；

3. 投标人认为需要提供的其他材料。

水电站励磁系统及其附属设备
采购招标文件范本

QZ/CTG 02. 04. V2—2017

_____电站励磁系统及其
附属设备采购

招标文件

招标编号：_____

招标人：

招标代理机构：

20____年____月____日

使用说明

一、本《采购招标文件范本》适用于中国长江三峡集团有限公司水利水电招标项目中水轮发电机组励磁系统及其附属设备的采购招标。

二、本《采购招标文件范本》的章、节、条、款、项、目，供招标人和投标人选择使用；如有的条款不适用于招标项目，可在使用过程中注明"不适用"；以空格标示的由招标人填写的内容，招标人应根据招标项目具体特点和实际需要具体化，确实没有需要填写的，可在空格中用"/"标示。

三、招标人应按照《采购招标文件范本》第一章的格式发布招标公告，并将实际发布的招标公告编入出售的招标文件中，作为投标邀请。其中，招标公告应同时注明发布所在的所有媒介名称。

四、招标人应全文引用《采购招标文件范本》第二章"投标人须知"的正文内容，需要明确和细化的内容在"投标人须知前附表"中修改。

五、《采购招标文件范本》第三章"评标办法"规定采用综合评估法作为评标方法，各评审因素的评审标准、分值和权重等，原则上应不做修改地加以引用。

六、《采购招标文件范本》第四章"合同条款及格式"中的内容可根据项目实际情况进行完善和修改。

七、《采购招标文件范本》第五章"采购清单"由招标人根据招标项目具体特点和实际需要进行细化和完善，并与"投标人须知"、"合同条款及格式"、"技术标准和要求"、"图纸"相衔接。本章所附表格可根据有关规定作相应的调整和补充。

八、《采购招标文件范本》第六章"技术标准和要求"由招标人根据招标项目具体特点和实际需要编制。"技术标准和要求"中的各项技术标准应符合国家强制性标准，不得要求或标明某一特定的专利、商标、名称、设计、原产地或生产供应者，不得含有倾向或者排斥潜在投标人的其他内容。如果必须引用某一生产供应者的技术标准才能准确或清楚地说明拟招标项目的技术标准时，则应当在参照后面加上"或相当于"字样。

九、《采购招标文件范本》第八章"图纸"由招标人根据招标项目具体特点和实际需要调整，并与"投标人须知"、"合同条款及格式"、"技术标准和要求"相衔接。

十、本《采购招标文件范本》为试行版，将根据实际执行过程中出现的问题及时进行修改。各使用单位或个人对《采购招标文件范本》的修改意见和建议，可向编制工作小组反映。

联系方式：ctg _ zbfb@ctg. com. cn。

第一章　招标公告

＿＿＿＿＿＿＿＿＿（项目名称）招标公告

1　招标条件

本招标项目＿＿＿（项目名称）＿＿＿已获批准采购，采购资金来自（资金来源），招标人为＿＿＿＿＿＿＿＿，招标代理机构为三峡国际招标有限责任公司。项目已具备招标条件，现对该项目进行公开招标。

2　项目概况与招标范围

2.1　项目概况

＿＿＿＿＿＿＿＿（说明本次招标项目的建设地点、规模等）。

2.2　招标范围

＿＿＿＿＿＿＿＿（说明本次招标项目的招标范围、标段划分〈如果有〉、计划工期等）。

3　投标人资格要求

3.1　本次招标要求投标人须具备以下条件：

　　1）资质条件：＿＿＿＿＿＿＿＿；

　　2）业绩要求：＿＿＿＿＿＿＿＿；

　　3）信誉要求：＿＿＿＿＿＿＿＿；

　　4）财务要求：＿＿＿＿＿＿＿＿；

　　5）其他要求：＿＿＿＿＿＿＿＿。

3.2　本次招标＿＿＿＿＿（接受或不接受）联合体投标。联合体投标的，应满足下列要求：＿＿＿＿＿＿。

3.3　投标人不能作为其他投标人的分包人同时参加投标；单位负责人为同一人或者存在控股、管理关系的不同单位，不得参加同一标段投标或者未划分标段的同一招标项目投标；本次招标＿＿＿＿＿（接受或不接受）代理商的投标（如投标人为代理商，需获得_____授权)。

3.4 各投标人均可就本招标项目的____(具体数量)个标段投标。[①]

4 招标文件的获取

4.1 招标文件发售时间为北京时间____年____月____日____时整至____年____月____日____时整(北京时间,下同)。

4.2 招标文件每标段售价____元,售后不退。

4.3 有意向的投标人须登录中国长江三峡集团有限公司电子采购平台(网址:http://epp.ctg.com.cn/,以下简称"电子采购平台",服务热线电话:010－57081008)进行免费注册成为注册供应商,在招标文件规定的发售时间内通过电子采购平台点击"报名"提交申请,并在"支付管理"模块勾选对应条目完成支付操作。潜在投标人可以选择在线支付或线下支付(银行汇款)完成标书款缴纳:

1)在线支付(单位或个人均可)时请先选择支付银行,然后根据页面提示进行支付,支付完成后电子采购平台会根据银行扣款结果自动开放招标文件下载权限;

2)线下支付(单位或个人均可)时须通过银行汇款将标书款汇至三峡国际招标有限责任公司的开户行:工商银行北京中环广场支行(账号:0200209519200005317)。线下支付成功后,潜在投标人须再次登录电子采购平台,依次填写支付信息、上传汇款底单并保存提交,招标代理机构工作人员核对标书款到账情况后开放下载权限。

4.4 若超过招标文件发售截止时间则不能在电子采购平台相应标段点击"报名",将不能获取未报名标段的招标文件,也不能参与相应标段的投标,未及时按照规定在电子采购平台报名的后果,由投标人自行承担。

4.5 若超过招标文件发售截止时间则不能在电子采购平台相应标段点击"报名",将不能获取未报名标段的招标文件,也不能参与相应标段的投标,未及时按照规定在电子采购平台报名的后果,由投标人自行承担。

5 电子身份认证

本项目投标文件的网上提交部分需要使用电子钥匙(CA)加密后上传至本电子采购平台(标书购买阶段不需使用CA电子钥匙)。本电子采购平台的相关电子钥匙(CA)须在北京天威诚信电子商务服务有限公司指定网站办理(网址:http://sanxia.szzsfw.com/,服务热线电话:010－64134583),请潜在投标人及时办理,以免影响投标,由于未及时办理CA影响投标的后果,由投标人自行承担。

[①] 分标段时适用,根据项目情况修改。

6 投标文件的递交

6.1 投标文件递交的截止时间（投标截止时间，下同）为＿＿年＿＿月＿＿日＿＿时整。本次投标文件的递交分现场递交和网上提交，现场递交的地点为＿＿＿＿＿＿；网上提交的投标文件应在投标截止时间前上传至电子采购平台。

6.2 在投标截止时间前，现场递交的投标文件未送达到指定地点或者网上提交的投标文件未成功上传至电子采购平台，招标人不予受理。

7 发布公告的媒介

本次招标公告同时在中国招标投标公共服务平台（http：//www. cebpubservice. com）、中国长江三峡集团有限公司电子采购平台（http：//epp. ctg. com. cn）、三峡国际招标有限责任公司网站（www. tgtiis. com）上发布。

8 联系方式

招 标 人：＿＿＿＿＿＿＿＿＿＿＿　　　招标代理机构：＿＿＿＿＿＿＿＿＿＿＿

地　　址：＿＿＿＿＿＿＿＿＿＿＿　　　地　　　址：＿＿＿＿＿＿＿＿＿＿＿

邮　　编：＿＿＿＿＿＿＿＿＿＿＿　　　邮　　　编：＿＿＿＿＿＿＿＿＿＿＿

联 系 人：＿＿＿＿＿＿＿＿＿＿＿　　　联 系 人：＿＿＿＿＿＿＿＿＿＿＿

电　　话：＿＿＿＿＿＿＿＿＿＿＿　　　电　　　话：＿＿＿＿＿＿＿＿＿＿＿

传　　真：＿＿＿＿＿＿＿＿＿＿＿　　　传　　　真：＿＿＿＿＿＿＿＿＿＿＿

电子邮箱：＿＿＿＿＿＿＿＿＿＿＿　　　电子邮箱：＿＿＿＿＿＿＿＿＿＿＿

招标采购监督：＿＿＿＿＿＿＿＿＿＿＿

联 系 人：＿＿＿＿＿＿＿＿＿＿＿

电　　话：＿＿＿＿＿＿＿＿＿＿＿

传　　真：＿＿＿＿＿＿＿＿＿＿＿

＿＿＿＿年＿＿＿＿月＿＿＿＿日

第二章　投标人须知

投标人须知前附表

条款号	条款名称	编列内容
1.1.2	招标人	名称： 地址： 联系人： 电话： 电子邮箱：
1.1.3	招标代理机构	名称：三峡国际招标有限责任公司 地址： 联系人： 电话： 电子邮箱：
1.1.4	项目名称	
1.1.5	项目概况	
1.2.1	资金来源	
1.2.2	出资比例	
1.2.3	资金落实情况	
1.3.1	招标范围	本项目招标范围如下：
1.3.2	交货要求	交货批次和进度： 交货地点： 交货条件：
1.3.3	质量要求	
1.4.1	投标人资质条件、能力和信誉	资质条件： 业绩要求： 信誉要求： 财务要求： 其他要求：
1.4.2	是否接受联合体投标	□不接受 □接受，应满足下列要求：
1.4.5	是否接受代理商投标	□不接受。 □接受，应满足下列要求：
1.5	费用承担	其中中标服务费用： □由中标人向招标代理机构支付，适用于本须知1.5款类招标收费标准。 □其他方式：

续表

条款号	条款名称	编列内容
1.9.1	踏勘现场	□不组织 □组织，踏勘时间： 　踏勘集中地点：
1.10.1	投标预备会	□不召开 □召开，召开时间： 　召开地点：
1.10.2	投标人提出问题的 截止时间	投标预备会＿＿＿天前
1.10.3	招标人书面澄清的时间	投标截止日期＿＿＿天前
1.12.2	实质性偏差的内容	招标文件中规定的标有星号（＊）的技术性能要求、支付、质量保证、索赔、约定违约金、税费、适用法律、争议的解决、保函①
2.2.1	投标人要求澄清 招标文件的截止时间	投标截止日期前＿＿＿天
2.2.2	投标截止时间	＿＿＿年＿＿＿月＿＿＿日＿＿＿时整
2.2.3	投标人确认收到 招标文件澄清的时间	收到通知后 24 小时内
2.3.2	投标人确认收到 招标文件修改的时间	收到通知后 24 小时内
3.1.1	构成投标文件的其他材料	
3.3.1	投标有效期	自投标截止之日起＿＿＿天
3.4.1	投标保证金	□不要求递交投标保证金 ☑要求递交投标保证金 投标文件应附上一份符合招标文件规定的投标保证金，金额为人民币＿＿＿＿＿万元/标段。 **1　递交形式** 通过在线支付或线下支付递交的投标保证金或由国内银行的省、地市级分行出具的银行保函，不接受汇票、支票或现钞等其他方式。 **2　递交办法** **2.1　使用在线支付或线下缴纳投标保证金** 潜在投标人须登录电子采购平台，于投标截止时间前在"投标管理－投标"菜单中选择项目并点击"支付保证金"，并在"支付管理"模块勾选对应条目完成支付操作。潜在投标人可以选择在线支付或线下支付进行缴纳： 1）在线支付（通过"B2B"即企业银行对公支付）保证金时，请根据页面提示选择支付银行进行支付； 2）线下支付投标保证金时，潜在投标人须通过银行汇款至招标代理机构，汇款成功后，再次登录电子采购平台，依次填写支付信息、上传汇款底单并保存提交

---

① 根据项目具体情况调整偏差内容。

条款号	条款名称	编列内容
		2.2　银行保函 潜在投标人须开具有效的银行保函，登录电子采购平台，在线下支付付款方式中选"保函"，并上传银行保函彩色扫描件。 **3　递交时间** 潜在投标人选择在线支付方式缴纳投标保证金时，须确保在投标截止时间前投标保证金被扣款成功，否则其投标文件将被否决；选择线下支付缴纳投标保证金时，在投标截止时间前，投标保证金须成功汇至到招标代理银行账户上，否则其投标文件将被否决；选择银行保函作为投标保证金时，在投标截止时间前，银行保函原件必须随纸质投标文件一起递交招标代理机构，否则其投标将被否决。 **4　退还信息** 《投标保证金退还信息及中标服务费交纳承诺书》原件应单独密封，并在封面注明"投标保证金退还信息"，随投标文件一同递交。 **5　投标保证金收款信息：** 开户银行：工商银行北京中环广场支行 账号：0200209519200005317 行号：20956 开户名称：三峡国际招标有限责任公司 汇款用途：BZJ
3.4.3	投标保证金的退还	**1　使用在线支付或线下支付投标保证金方式：** 未中标投标人的投标保证金，将在中标人和招标人签订书面合同后 5 日内予以退还，并同时退还投标保证金利息；中标人的投标保证金将在其与招标人签订书面合同并提供履约担保（如招标文件有要求）、由招标代理机构扣除中标服务费用后 5 日内将余额退还（如不足，需在接到招标代理机构通知后 5 个工作日内补足差额）。 投标保证金利息按收取保证金之日的中国人民银行同期活期存款利率计息，遇利率调整不分段计息。存款利息计算时，本金以"元"为起息点，利息的金额算至元位，元位以下四舍五入。按投标保证金存放期间计算利息，存放期间一律算头不算尾，即从开标日起算至退还之日前一天止；全年按 360 天，每月均按 30 天计算。 **2　使用银行保函方式：** 未中标投标人的银行保函原件，将在中标人和招标人签订书面合同后 5 日内退还；中标人的保函将在在中标人和招标人签订书面合同、提供履约担保（如招标文件有要求）且支付中标服务费后 5 日内无息退还
3.5.3	近年财务状况	___年至___年
	近年完成的类似项目	___年___月___日至___年___月___日
	近年发生的重大诉讼及仲裁情况	___年___月___日至___年___月___日
	…	

条款号	条款名称	编列内容
3.6	是否允许递交备选投标方案	□不允许 □允许
3.7.2	现场递交投标文件份数	现场递交纸质投标文件正本1份、副本____份和电子版____份（U盘）
3.7.3	纸质投标文件签字或盖章要求	按招标文件第八章"投标文件格式"要求，签字或盖章
3.7.4	纸质投标文件装订要求	纸质投标文件应按以下要求装订：装订应牢固、不易拆散和换页，不得采用活页装订
3.7.5	现场递交的投标文件电子版（U盘）格式	投标报价应使用.xlsx进行编制，其他部分的电子版文件可用.docx、.xlsx或PDF等格式进行编制
3.7.6	网上提交的电子投标文件中格式	第八章"投标文件格式"中的投标函和授权委托书采用签字盖章后的彩色扫描件；其他部分的电子版文件应采用.docx、.xlsx或PDF格式进行编制
4.1.2	封套上写明	项目名称： 招标编号： 在____年____月____日____时____分（投标文件截止时间）前不得开启 投标人名称：
4.2	投标文件的递交	本条款补充内容如下： **投标文件分为网上提交和现场递交两部分。** **1）网上提交** 应按照中国长江三峡集团有限公司电子采购平台（以下简称"电子采购平台"）的要求将编制好的文件加密后上传至电子采购平台（具体操作方法详见＜http：//epp.ctg.com.cn＞网站中"使用指南"）。 **2）现场递交** 投标人应将纸质投标文件的正本、副本、电子版、投标保证金退还信息和银行保函原件（如有）分别密封递交。纸质版、电子版应包含投标文件的全部内容
4.2.2	投标文件网上提交	网上提交：中国长江三峡集团有限公司电子采购平台（http：//epp.ctg.com.cn/） 1）电子采购平台提供了投标文件各部分内容的上传通道，其中："投标保证金支付凭证"应上传投标保证金汇款凭证、"投标保证金退还信息及中标服务费交纳承诺书"以及银行保函（如有）彩色扫描件； "评标因素应答对比表"本项目不适用。 2）电子采购平台中的"商务文件"（2个通道）、"技术文件"（2个通道）、"投标报价文件"（1个通道）和"其他文件"（1个通道），每个通道最大上传文件容量为100M。商务文件、技术文件超过最大上传容量时，投标人可将资格审查资料、图纸文件从"其他文件"通道进行上传；若容量仍不能满足，则将未上传的部分在投标文件格式文件十中进行说明，并将未上传部分包含在现场提交的电子文件中

续表

条款号	条款名称	编列内容
4.2.3	投标文件现场递交地点	现场递交至：
4.2.4	是否退还投标文件	□否 □是
4.5.1	是否提交投标样品	□否 □是，具体要求：
5.1	开标时间和地点	开标时间：同投标截止时间 开标地点：同递交投标文件地点
7.2	中标候选人公示	招标人在中国招标投标公共服务平台（http：//www. cebpub-service. com）、中国长江三峡集团有限公司电子采购平台（http：//epp. ctg. com. cn/）网站上公示中标候选人，公示期3个工作日
7.4.1	履约担保	履约担保的形式：银行保函或保证金 履约担保的金额：签约合同价的　　％ 开具履约担保的银行：须招标人认可，否则视为投标人未按招标文件规定提交履约担保，投标保证金将不予退还。 （备注：300万元及以上的合同，签订前必须提供履约担保；300万元以下的合同，可按项目实际情况明确是否需要履约担保）
10		需要补充的其他内容
10.1	知识产权	构成本招标文件各个组成部分的文件，未经招标人书面同意，投标人不得擅自复印和用于非本招标项目所需的其他目的。招标人全部或者部分使用未中标人投标文件中的技术成果或技术方案时，需征得其书面同意，并不得擅自复印或提供给第三人
10.2	电子注册	投标人必须登录中国长江三峡集团有限公司电子采购平台（http：//epp. ctg. com. cn）进行免费注册。 未进行注册的投标人，将无法参加投标报名并获取进一步的信息。 本项目投标文件的网上提交部分需要使用电子身份认证（CA）加密后上传至本电子采购平台（标书购买阶段不需使用电子钥匙），本电子采购平台的相关电子身份认证（CA）须在指定网站办理（网址：http：//sanxia. szzsfw. com/），请潜在投标人及时办理，并在投标截止时间至少3日前确认电子钥匙的使用可靠性，因此导致的影响投标或投标文件被拒收的后果，由投标人自行承担。 具体办理方法：一、请登录电子采购平台（http：//epp. ctg. com. cn/）在右侧点击"使用指南"，之后点击"CA电子钥匙办理指南V1.1"，下载PDF文件后查看办理方法；二、请直接登录指定网站（网址：http：//sanxia. szzsfw. com/），点击右上角用户注册，注册用户名及密码，之后点击"立即开始数字证书申请"，按照引导流程完成办理。（温馨提示：电子钥匙办理完成网上流程后需快递资料，办理周期从快递到件计算5个工作日完成。已办理电子钥匙的请核对有效期，必要时及时办理延期！）

续表

条款号	条款名称	编列内容
10.3	投标人须遵守的国家法律法规和规章，及中国长江三峡集团有限公司相关管理制度和标准	
10.3.1	国家法律法规和规章	投标人在投标活动中须遵守包括但不限于以下法律法规和规章： 1)《中华人民共和国合同法》 2)《中华人民共和国民法通则》 3)《中华人民共和国招标投标法》 4)《中华人民共和国招标投标法实施条例》 5)《工程建设项目货物招标投标办法》（国家计委令第27号） 6)《工程建设项目招标投标活动投诉处理办法》（国家发展改革委等7部门令第11号） 7)《关于废止和修改部分招标投标规章和规范性文件的决定》（国家发展改革委等9部门令第23号）
10.3.2	中国长江三峡集团有限公司相关管理制度	投标人在投标活动中须遵守以下中国长江三峡集团有限公司相关管理制度： 1)《中国长江三峡集团有限公司供应商信用评价管理办法》 2)中国长江三峡集团有限公司供应商信用评价结果的有关通知（登录中国长江三峡集团有限公司电子采购平台（http：//epp.ctg.com.cn）后点击"通知通告"）
10.3.3	中国长江三峡集团有限公司相关企业标准	三峡企业标准：＿＿＿＿＿＿＿＿ 查阅网址：
10.4	投标人和其他利害关系人认为本次招标活动中涉及个人违反廉洁自律规定的，可通过招标公告中的招标采购监督电话等方式举报	

1 总则

1.1 项目概况

1.1.1 根据《中华人民共和国招标投标法》等有关法律、法规和规章的规定，本招标项目已具备招标条件，现对本项目进行招标。

1.1.2 本招标项目招标人：见投标人须知前附表。

1.1.3 本招标项目招标代理机构：见投标人须知前附表。

1.1.4 本招标项目名称：见投标人须知前附表。

1.1.5 本招标项目概况：见投标人须知前附表。

1.2 资金来源和落实情况

1.2.1 本招标项目的资金来源：见投标人须知前附表。

1.2.2 本招标项目的出资比例：见投标人须知前附表。

1.2.3 本招标项目的资金落实情况：见投标人须知前附表。

1.3 招标范围、交货要求、质量要求

1.3.1 本次招标范围：见投标人须知前附表。

1.3.2 本招标项目的交货要求：见投标人须知前附表。

1.3.3 本招标项目的质量要求：见投标人须知前附表。

1.4 投标人资格要求

1.4.1 投标人应具备承担本招标项目的资质条件、能力和信誉。相关资质要求如下：

1）资质条件：见投标人须知前附表；

2）业绩要求：见投标人须知前附表；

3）信誉要求：见投标人须知前附表；

4）财务要求：见投标人须知前附表；

5）其他要求：见投标人须知前附表。

1.4.2 投标人须知前附表规定接受联合体投标的，除应符合本章第1.4.1项和投标人须知前附表的要求外，还应遵守以下规定：

1）联合体各方应按招标文件提供的格式签订联合体协议书，明确联合体牵头人和各成员方权利义务；

2）由同一专业的单位组成的联合体，按照资质等级较低的单位确定联合体的资质等级；

3）联合体各方不得再以自己名义单独或参加其他联合体在同一标段中投标。

1.4.3 投标人不得存在下列情形之一：

1）为招标人不具有独立法人资格的附属机构（单位）；

2）被责令停业的；

3）被暂停或取消投标资格的；

4）财产被接管或冻结的；

5）在最近三年内有骗取中标或严重违约或投标设备存在重大质量问题的；

6）投标人处于中国长江三峡集团有限公司限制投标的专业范围及期限内。

1.4.4 投标人不能作为其他投标人的分包人同时参加投标；单位负责人为同一人或者存在控股、管理关系的不同单位，不得参加同一标段投标或者未划分标段的同一招标项目投标。

1.4.5 投标人须知前附表规定接受代理商投标的，应符合本章第1.4.1项和投标人须知前附表的要求。

1.5 费用承担

投标人在本次投标过程中所发生的一切费用，不论中标与否，均由投标人自行承担，招标人和招标代理机构在任何情况下均无义务和责任承担这些费用。本项目招标工作由三峡国际招标有限责任公司作为招标代理机构负责组织，中标服务费用由中标人向招标代理机构支付，具体金额按照下表（中标服务费收费标准）计算执行。投标人投标费用中应包含拟支付给招标代理机构的中标服务费，该费用在投标报价表中不单独出项。收费类型见投标人须知前附表。

中标服务费用在合同签订后5日内，由招标代理机构直接从中标人的投标保证金中扣付。投标保证金不足支付中标服务费用时，中标人应补足差额。招标代理机构收取中标服务费用后，向中标人开具相应金额的服务费发票。

表2-1 中标服务费收费标准

中标金额（万元）	工程类招标费率	货物类招标费率	服务类招标费率
100以下	1.00%	1.50%	1.50%
100－500	0.70%	1.10%	0.80%
500－1000	0.55%	0.80%	0.45%
1000－5000	0.35%	0.50%	0.25%
5000－10000	0.20%	0.25%	0.10%
10000－50000	0.05%	0.05%	0.05%
50000－100000	0.035%	0.035%	0.035%
100000－500000	0.008%	0.008%	0.008%
500000－1000000	0.006%	0.006%	0.006%
1000000以上	0.004%	0.004%	0.004%

注：中标服务费按差额定率累进法计算。例如：某货物类招标代理业务中标金额为900万元，计算中标服务费如下：

100×1.5%＝1.5万元

（500－100）×1.1%＝4.4万元

（900－500）×0.80%＝3.2万元

合计收费＝1.5+4.4+3.2＝9.1万元

1.6 保密

参与招标投标活动的各方应对招标文件和投标文件中的商业和技术等秘密保密，违者应对由此造成的后果承担法律责任。

1.7 语言文字

1.7.1 招标投标文件使用的语言文字为中文。专用术语使用外文的，应附有中文注释。

1.7.2 投标人与招标人之间就投标交换的所有文件和来往函件，均应用中文书写。

1.7.3 如果投标人提供的任何印刷文献和证明文件使用其他语言文字，则应将有关段落译成中文一并附上，如有差异，以中文为准。投标人应对译文的正确性负责。

1.8 计量单位

所有计量均采用中华人民共和国法定计量单位。

1.9 踏勘现场

1.9.1 投标人须知前附表规定组织踏勘现场的,招标人按投标人须知前附表规定的时间、地点组织投标人踏勘项目现场。

1.9.2 投标人踏勘现场发生的费用自理。

1.9.3 除招标人的原因外,投标人自行负责在踏勘现场中所发生的人员伤亡和财产损失。

1.9.4 招标人在踏勘现场中介绍的工程场地和相关的周边环境情况,供投标人在编制投标文件时参考,招标人不对投标人据此作出的判断和决策负责。

1.10 投标预备会

1.10.1 投标人须知前附表规定召开投标预备会的,招标人按投标人须知前附表规定的时间和地点召开投标预备会,澄清投标人提出的问题。

1.10.2 投标人应在投标人须知前附表规定的时间前,在电子采购平台上以电子文件的形式将提出的问题送达招标人,以便招标人在会议期间澄清。

1.10.3 投标预备会后,招标人在投标人须知前附表规定的时间内,将对投标人所提问题的澄清,在电子采购平台上以电子文件的形式通知所有购买招标文件的投标人。该澄清内容为招标文件的组成部分。

1.10.4 招标人在会议期间澄清仅供投标人在编制投标文件时参考,招标人不对投标人据此作出的判断和决策负责。

1.11 外购与分包制造

1.11.1 投标人选择的原材料供应商、部件制造的分包商应具有相应的制造经验,具有提供本招标项目所需质量、进度要求的合格产品的能力。

1.11.2 投标人需按照投标文件格式的要求,提供有关原材料供应商和部件分包商的完整的资质文件。

1.11.3 投标人应提交与其选定的分包商草签的分包意向书。分包意向书中应明确拟分包项目内容、报价、制造厂名称等主要内容。

1.12 提交偏差表

1.12.1 投标人应对招标文件的要求做出实质性的响应。如有偏差应逐条提出,并按投标文件的格式要求提出商务、技术偏差。

1.12.2 投标人对招标文件前附表中规定的内容提出负偏差将被认为是对招标文件的非实质性响应,其投标文件将被否决。

1.12.3 按投标文件格式提出偏差仅仅是为了招标人评标方便。但未在其投标文件中提出偏差的条款或部分,应视为投标人完全接受招标文件的规定。

2 招标文件

2.1 招标文件的组成

2.1.1 本招标文件包括：

第一章 招标公告/投标邀请书；

第二章 投标人须知；

第三章 评标办法；

第四章 合同条款及格式；

第五章 采购清单；

第六章 图纸；

第七章 技术标准和要求；

第八章 投标文件格式。

2.1.2 根据本章第 1.10 款、第 2.2 款和第 2.3 款对招标文件所作的澄清、修改，构成招标文件的组成部分。

2.2 招标文件的澄清

2.2.1 投标人应仔细阅读和检查招标文件的全部内容。如发现缺页或附件不全，应及时向招标人提出，以便补齐。如有疑问，应在投标人须知前附表规定的时间前在电子采购平台上以电子文件形式，要求招标人对招标文件予以澄清。

2.2.2 招标文件的澄清将在投标人须知前附表规定的投标截止时间 15 天前在电子采购平台上以电子文件形式发给所有购买招标文件的投标人，但不指明澄清问题的来源。如果澄清发出的时间距投标截止时间不足 15 天，并且澄清内容影响投标文件编制的，招标人相应延长投标截止时间。

2.2.3 投标人在收到澄清后，应在投标人须知前附表规定的时间内以书面形式通知招标人，确认已收到该澄清。未及时确认的，将根据电子采购平台下载记录默认潜在投标人已收到该澄清文件。

2.3 招标文件的修改

2.3.1 在投标截止时间 15 天前，招标人在电子采购平台上以电子文件形式修改招标文件，并通知所有已购买招标文件的投标人。如果修改招标文件的时间距投标截止时间不足 15 天，并且修改内容影响投标文件编制的，招标人相应延长投标截止时间。

2.3.2 投标人收到修改内容后，应在投标人须知前附表规定的时间内以书面形式通知招标人，确认已收到该修改。未及时确认的，将根据电子采购平台下载记录默认潜在投标人已收到该修改文件。

3　投标文件

3.1　投标文件的组成

3.1.1　投标文件应包括下列内容：

1）投标函；

2）授权委托书、法定代表人身份证明；

3）联合体协议书（如果有）；

4）投标保证金；

5）投标报价表；

6）技术方案；

7）偏差表；

8）拟分包项目情况表；

9）资格审查资料；

10）构成投标文件的其他材料。

3.1.2　投标人须知前附表规定不接受联合体投标的，或投标人没有组成联合体的，投标文件不包括本章第 3.1.1　3）目所指的联合体协议书。

3.2　投标报价

3.2.1　投标人应按第五章"采购清单"的要求填写相应表格。

3.2.2　投标人在投标截止时间前修改投标函中的投标总报价，应同时修改第五章"采购清单"中的相应报价，投标报价总额为各分项金额之和。此修改须符合本章第 4.3 款的有关要求。

3.2.3　投标人应在投标文件中的投标报价上标明本合同拟提供的合同设备及服务的单价和总价。每种投标设备只允许有一个报价，采用可选择报价提交的投标将被视为非响应性投标而予以否决。

3.2.4　报价中必须包括设计、制造和装配投标设备所使用的材料、部件，试验、运输、保险、技术文件和技术服务费等及合同设备本身已支付或将支付的相关税费。

3.2.5　对于投标人为实现投标设备的性能和为保证投标设备的完整性和成套性所必需却没有单独列项和投标的费用，以及为完成本合同责任与义务所需的所有费用等，均应视为已包含在投标设备的报价中。

3.2.6　投标报价应为固定价格，投标人在投标时应已充分考虑了合同执行期间的所有风险，按可调整价格报价的投标文件将被否决。

3.3　投标有效期

3.3.1　在投标人须知前附表规定的投标有效期内，投标人不得要求撤销或修改其投标文件。

3.3.2 出现特殊情况需要延长投标有效期的，招标人在电子采购平台上以电子文件形式通知所有投标人延长投标有效期。投标人同意延长的，应相应延长其投标保证金的有效期，但不得要求或被允许修改或撤销其投标文件；投标人拒绝延长的，其投标失效，但投标人有权收回其投标保证金。

3.4 投标保证金

3.4.1 投标人在递交投标文件的同时，应按投标人须知前附表规定的金额、担保形式和第八章"投标文件格式"规定的投标保证金格式递交投标保证金，并作为其投标文件的组成部分。联合体投标的，其投标保证金由牵头人递交，并应符合投标人须知前附表的规定。

3.4.2 投标人不按本章第3.4.1项要求提交投标保证金的，其投标将被否决。

3.4.3 招标代理机构按投标人须知前附表的规定退还投标保证金。

3.4.4 有下列情形之一的，投标保证金将不予退还：

1）投标人在规定的投标有效期内撤销或修改其投标文件；

2）中标人在收到中标通知书后，无正当理由拒签合同协议书或未按招标文件规定提交履约担保。

3.5 资格审查资料

3.5.1 证明投标人合格和资格的文件：

1）投标人应提交证明其有资格参加投标，且中标后有能力履行合同的文件，并作为其投标文件的一部分。

2）投标人提交的投标合格性的证明文件应使招标人满意。

3）投标人提交的中标后履行合同的资格证明文件应使招标人满意，包括但不限于，投标人已具备履行合同所需的财务、技术、设计、开发和生产能力。

3.5.2 证明投标设备的合格性和符合招标文件规定的文件：

1）投标人应提交根据合同要求提供的所有合同货物及其服务的合格性以及符合招标文件规定的证明文件，并作为其投标文件的一部分。

2）合同货物和服务的合格性的证明文件应包括投标表中对合同货物和服务来源地的声明。

3）证明投标设备和服务与招标文件的要求相一致的文件可以是文字资料、图纸和数据，投标人应提供：

A）投标设备主要技术指标和产品性能的详细说明；

B）逐条对招标人要求的技术规格进行评议，指出自己提供的投标设备和服务是否已做出实质性响应。同时应注意：投标人在投标中可以选用替代标准、牌号或分类号，但这些替代要实质上优于或相当于技术规格的要求。

3.5.3　投标人为了具有被授予合同的资格，应提供投标文件格式要求的资料，用以证明投标人的合法地位和具有足够的能力及充分的财务能力来有效地履行合同。为此，投标人应按投标人须知前附表中规定的时间区间提交相关资格审查资料，供评标委员会审查。

3.6　备选投标方案

除投标人须知前附表另有规定外，投标人不得递交备选投标方案。允许投标人递交备选投标方案的，只有中标人所递交的备选投标方案方可予以考虑。评标委员会认为中标人的备选投标方案优于其按照招标文件要求编制的投标方案的，招标人可以接受该备选投标方案。

3.7　投标文件的编制

3.7.1　投标文件应按第八章"投标文件格式"进行编写，如有必要，可以增加附页，作为投标文件的组成部分。其中，投标函在满足招标文件实质性要求的基础上，可以提出比招标文件要求更有利于招标人的承诺。

3.7.2　投标文件包括网上提交的电子文件、纸质文件和现场递交的投标文件电子版（U盘），具体数量要求见投标人须知前附表。

3.7.3　纸质投标文件应用不褪色的材料书写或打印，并由投标人的法定代表人或其委托代理人签字或盖单位章。委托代理人签字的，投标文件应附法定代表人签署的授权委托书。投标文件应尽量避免涂改、行间插字或删除。如果出现上述情况，改动之处应加盖单位章或由投标人的法定代表人或其授权的代理人签字确认。所有投标文件均需使用阿拉伯数字从前至后逐页编码。签字或盖章的具体要求见投标人须知前附表。

3.7.4　现场递交的纸质投标文件的正本与副本应分别装订成册，具体装订要求见投标人须知前附表规定。

3.7.5　现场递交的投标文件电子版（U盘）应为未加密的电子文件，并应按照投标人须知前附表规定的格式进行编制。

3.7.6　网上提交的电子投标文件应按照投标人须知前附表规定格式进行编制。

4　投标

4.1　投标文件的密封和标记

4.1.1　投标文件现场递交部分应进行密封包装，并在封套的封口处加盖投标人单位章；网上提交的电子投标文件应加密后递交。

4.1.2　投标文件现场递交部分的封套上应写明的内容见投标人须知前附表。

4.1.3 未按本章第4.1.1项或第4.1.2项要求密封和加写标记的投标文件，招标人不予受理。

4.2 投标文件的递交

4.2.1 投标人应在投标人须知前附表规定的投标截止时间前分别在网上提交和现场递交投标文件。

4.2.2 投标文件网上提交：投标人应按照前附表要求将编制好的投标文件加密后上传至电子采购平台（具体操作方法详见＜http：//epp.ctg.com.cn＞网站中"使用指南"）。

4.2.3 投标人现场递交投标文件（包括纸质版和电子版）的地点：见投标人须知前附表。

4.2.4 除投标人须知前附表另有规定外，投标人所递交的投标文件不予退还。

4.2.5 在投标截止时间前，现场递交的投标文件未送达到指定地点或者网上提交的投标文件未成功上传至电子采购平台，招标人不予受理。

4.3 投标文件的修改与撤回

4.3.1 在本章第2.2.2项规定的投标截止时间前，投标人可以修改或撤回已递交的投标文件，但应以书面形式通知招标人。

4.3.2 投标人如要修改投标文件，必须在修改后再重新上传电子文件；现场递交的投标文件相应修改。投标人修改或撤回已递交投标文件的书面通知应按照本章第3.7.3项的要求签字或盖章。招标人收到书面通知后，向投标人出具签收凭证。

4.3.3 修改的内容为投标文件的组成部分。修改的投标文件应按照本章第3条、第4条规定进行编制、密封、标记和递交，并标明"修改"字样。

4.3.4 投标人撤回投标文件的，招标人自收到投标人书面撤回通知之日起5日内退还已收取的投标保证金。

4.4 投标文件的有效性

4.4.1 当网上提交和现场递交的投标文件内容不一致时，以网上提交的投标文件为准。

4.4.2 当现场递交的投标文件文件电子版与投标文件纸质版正本内容不一致时，以投标文件纸质版正本为准。

4.4.3 当电子采购平台上传的投标文件全部或部分解密失败或发生第5.3项紧急情形时，经监督人或公证人确认后，以投标文件纸质版正本为准。

4.5 投标样品

4.5.1 除投标人须知前附表另有规定外，投标人应提交能反映货物材质或关键部分的样品，同时应提交《样品清单》。

4.5.2　为方便评标，投标人在提供样品时，应使用透明的外包装或尽量少用外包装，但必须在所提供的样品表面显著位置标注投标人的名称、包号、样品名称、招标文件规定的货物编号。

4.5.3　样品作为投标文件的一部分，除非另有说明，中标单位的样品不再退还，未中标单位须在中标公告发布后五个工作日内，前往招标机构领取投标样品，逾期不领，招标机构将不承担样品的保管责任，由此引发的样品丢失、毁损，招标机构不予负责。

5　开标

5.1　开标时间和地点

招标人在本章第 2.2.2 项规定的投标截止时间（开标时间）和投标人须知前附表规定的地点公开开标，并邀请所有投标人的法定代表人或其委托代理人准时参加。

5.2　开标程序（适用于电子开标）

招标人在规定的时间内，通过电子采购平台开评标系统，按下列程序进行开标：

1）宣布开标程序及纪律；

2）公布在投标截止时间前递交投标文件的投标人名称，并点名确认投标人是否派人到场；

3）宣布开标人、记录人、监督或公证等人员姓名；

4）监督或公证人检查投标文件的递交及密封情况；

5）根据检查情况，对未按招标文件要求递交投标文件的投标人，或已递交了一封可接受的撤回通知函的投标人，将在电子采购平台中进行不开标设置；

6）设有标底的，公布标底；

7）宣布进行电子开标，显示投标总价解密情况，如发生投标总价解密失败，将对解密失败的按投标文件纸质版正本进行补录；

8）显示开标记录表；（如果投标人电子开标总报价明显存在单位错误或数量级差别，在投标人当场提出异议后，按其纸质投标文件正本进行开标，评标时评标委员会根据其网上提交的电子投标文件进行总报价复核。）

9）公证人员宣读公证词（如有）；

10）宣布评标期间注意事项；

11）投标人代表等有关人员在开标记录上签字确认（有公证时，不适用）；

12）开标结束。

5.3　开标程序（适用于纸质投标文件开标）

主持人按下列程序进行开标：

1）宣布开标纪律；

2）公布在投标截止时间前递交投标文件的投标人名称，并点名确认投标人是否派人到场；

3）宣布开标人、唱标人、记录人、监督或公证等有关人员姓名；

4）监督或公证人检查投标文件的递交及密封情况；

5）确定并宣布投标文件开标顺序；

6）设有标底的，公布标底；

7）按照宣布的开标顺序当众开标，公布投标人名称、项目及标段名称、投标报价及其他内容，并记录在案；

8）公证人员宣读公证词（如有）；

9）宣布评标期间注意事项；

10）投标人代表等有关人员在开标记录上签字确认（有公证时，不适用）；

11）开标结束。

5.4　电子招投标的应急措施

5.4.1　开标前出现以下情况，导致投标人不能完成网上提交电子投标文件的紧急情形，招标代理机构在开标截止时间前收到电子钥匙办理单位书面证明材料时，采用纸质投标文件正本进行报价补录。

1）电子钥匙非人为故意损坏；

2）因电子钥匙办理单位原因导致电子钥匙办理来不及补办。

5.4.2　当电子采购平台出现下列紧急情形时，采用纸质投标文件正本进行开标：

1）系统服务器发生故障，无法访问或无法使用系统；

2）系统的软件或数据库出现错误，不能进行正常操作；

3）系统发现有安全漏洞，有潜在的泄密危险；

4）病毒发作或受到外来病毒的攻击；

5）投标文件解密失败；

6）其它无法进行正常电子开标的情形。

5.5　开标异议

如投标人对开标过程有异议的，应在开标会议现场当场提出，招标人现场进行答复，由开标工作人员进行记录。

5.6　开标监督与结果

5.6.1　开标过程中，各投标人应在开标现场见证开标过程和开标内容，开标结束后，将在电子采购平台上公布开标记录表，投标人可在开标当日登录电子采购平台查看相关开标结果。

5.6.2　无公证情况时，不参加现场开标仪式或开标结束后拒绝在开标记录表上签字确认的投标人，视为默认开标结果。

5.6.3　未在开标时开封和宣读的投标文件，不论情况如何均不能进入进一步的评审。

6　评标

6.1　评标委员会

6.1.1　评标由招标人依法组建的评标委员会负责。评标委员会由招标人或其委托的招标代理机构熟悉相关业务的代表，以及有关技术、经济等方面的专家组成。

6.1.2　评标委员会成员有下列情形之一的，应当回避：

　　　1）投标人或投标人的主要负责人的近亲属；

　　　2）项目行政主管部门或者行政监督部门的人员；

　　　3）与投标人有经济利益关系，可能影响对投标公正评审的；

　　　4）曾因在招标、评标以及其他与招标投标有关活动中从事违法行为而受过行政处罚或刑事处罚的；

　　　5）与投标人有其他利害关系。

6.2　评标原则

评标活动遵循公平、公正、科学和择优的原则。

6.3　评标

评标委员会按照第三章"评标办法"规定的方法、评审因素、标准和程序对投标文件进行评审。第三章"评标办法"没有规定的方法、评审因素和标准，不作为评标依据。

7　合同授予

7.1　定标方式

招标人依据评标委员会推荐的中标候选人确定中标人。

7.2　中标候选人公示

招标人在投标人须知前附表规定的媒介公示中标候选人。

7.3　中标通知

在本章第 3.3 款规定的投标有效期内，招标人以书面形式向中标人发出中标通知书，同时将中标结果通知未中标的投标人。

7.4　履约担保

7.4.1　中标人应按投标人须知前附表规定的金额、担保形式和招标文件第四章"合同条款及格式"规定的履约担保格式及时间要求向招标人提交履约担保。联合体中标的，其履约担保由牵头人递交，并应符合投标人须知前附表规定的金额、担保形式和招标文件第四章"合同条款及格式"规定的履约担保格式要求。

7.4.2 中标人不能按本章第7.4.1项要求提交履约担保的，视为放弃中标，其投标保证金不予退还，给招标人造成的损失超过投标保证金数额的，中标人还应当对超过部分予以赔偿。

7.5 签订合同

7.5.1 招标人和中标人应当自中标通知书发出之日起30天内，根据招标文件和中标人的投标文件订立书面合同。中标人无正当理由拒签合同的，招标人取消其中标资格，其投标保证金不予退还；给招标人造成的损失超过投标保证金数额的，中标人还应当对超过部分予以赔偿。

7.5.2 发出中标通知书后，招标人无正当理由拒签合同的，招标人向中标人退还投标保证金；给中标人造成损失的，还应当赔偿损失。

8 重新招标和不再招标

8.1 重新招标

有下列情形之一的依法必须招标的项目，招标人将重新招标：

1）投标截止时间止，投标人少于3名的；

2）经评标委员会评审后否决所有投标的；

3）国家相关法律法规规定的其他重新招标情形。

8.2 不再招标

重新招标后投标人仍少于3名或者所有投标被否决的，不再进行招标。

9 纪律和监督

9.1 对招标人的纪律要求

招标人不得泄漏招标投标活动中应当保密的情况和资料，不得与投标人串通损害国家利益、社会公共利益或者他人合法权益。

9.2 对投标人的纪律要求

9.2.1 投标人不得相互串通投标或者与招标人串通投标，不得向招标人或者评标委员会成员行贿谋取中标，不得以他人名义投标或者以其他方式弄虚作假骗取中标；投标人不得以任何方式干扰、影响评标工作，或以不正当手段获取招标人评标的有关信息，一经查实，招标人将否决其投标。

9.2.2 如果投标人存在失信行为，招标人除报告国家有关部门由其进行处罚外，招标人还将根据《中国长江三峡集团有限公司供应商信用评价管理办法》中的相关规定对其进行处理。

9.3　对评标委员会成员的纪律要求

评标委员会成员不得收受他人的财物或者其他好处，不得向他人透漏对投标文件的评审和比较、中标候选人的推荐情况以及评标有关的其他情况。在评标活动中，评标委员会成员不得擅离职守，影响评标程序正常进行，不得使用第三章"评标办法"没有规定的评审因素和标准进行评标。

9.4　对与评标活动有关的工作人员的纪律要求

与评标活动有关的工作人员不得收受他人的财物或者其他好处，不得向他人透漏对投标文件的评审和比较、中标候选人的推荐情况以及评标有关的其他情况。在评标活动中，与评标活动有关的工作人员不得擅离职守，影响评标程序正常进行。

9.5　异议处理

9.5.1　异议必须由投标人或者其他利害关系人以实名提出，在下述异议提出有效期间内以书面形式按照招标文件规定的联系方式提交给招标人。为保证正常的招标秩序，异议人须按本章第 9.5.2 项要求的内容提交异议。

1）对资格预审文件有异议的，应在提交资格预审申请文件截止时间 2 日前提出；对招标文件及其修改和补充文件有异议的，应在投标截止时间 10 日前提出；

2）对开标有异议的，应在开标现场提出；

3）对中标结果有异议的，应在中标候选人公示期间提出。

9.5.2　异议书应当以书面形式提交（如为传真或者电邮，需将异议书原件同时以特快专递或者派人送达招标人），异议书应当至少包括下列内容：

1）异议人的名称、地址及有效联系方式；

2）异议事项的基本事实（异议事项必须具体）；

3）相关请求及主张（主张必须明确，诉求清楚）；

4）有效线索和相关证明材料（线索必须有效且能够查证，证明材料必须真实有效，且能够支持异议人的主张或者诉求）。

9.5.3　异议人是投标人的，异议书应由其法定代表人或授权代理人签定并盖章。异议人若是其他利害关系人，属于法人的，异议书必须由其法定代表人或授权代理人签字并盖章；属于其他组织或个人的，异议书必须由其主要负责人或异议人本人签字，并附有效身份证明复印件。

9.5.4　招标人只对投标人或者其他利害关系人提交了合格异议书的异议事项进行处理，并于收到异议书 3 日内做出答复。异议书不是投标人或者其他利害关系人的提出的，异议书内容或者形式不符合第 9.5.2 项要求的，招标人可不受理。

9.5.5　招标人对异议事项做出处理后，异议人若无新的证据或者线索，不得就所提异议事项再提出异议。除开标外，异议人自收到异议答复之日起 3 日内应进行确认并反馈意见，若超过此时限，则视同异议人同意答复意见，招标及采购活动可继续进行。

9.5.6　经招标人查实，若异议人以提出异议为名进行虚假、恶意异议的，阻碍或者干扰了招标投标活动的正常进行，招标人将对异议人作出如下处理：

1）如果异议人为投标人，将异议人的行为作为不良信誉记录在案。如果情节严重，给招标人带来重大损失的，招标人有权追究其法律责任，并要求其赔偿相应的损失，自异议处理结束之日起 3 年内禁止其参加招标人组织的招标活动。

2）对其他利害关系人招标人将保留追究其法律责任的权利，并记录在案。

9.6　投诉

投标人和其他利害关系人认为本次招标活动违反法律、法规和规章规定的，有权向有关行政监督部门投诉。

10　需要补充的其他内容

需要补充的其他内容：见投标人须知前附表。

附件一　开标记录表

_____（项目名称）
开标一览表

招标编号：　　　　　　　　标段名称：
开标时间：　　　　　　　　开标地点：

序号	投标人名称	投标报价（元）	备　注
1			
2			
3			
4			
5			
6			
7			
8			
9			
……			

备注：
记录人：　　　　　　监督人：　　　　　　公证人：

附件二　问题澄清通知

_____项目问题澄清通知

编号：_____

_____（投标人名称）：

现将本项目评标委员会在审查贵单位投标文件后所提出的澄清问题以传真（邮件）的形式发给贵方，请贵方在收到该问题清单后逐一作出相应的书面答复，澄清答复文件的签署要求与投标文件相同，并请于____年____月____日____时前将澄清答复文件传真至三峡国际招标有限责任公司。此外该澄清答复文件电子版还应以电子邮件的形式传给我方，邮箱地址：_____@ctgpc.com.cn。未按时送交澄清答复文件的投标人将不能进入下一步评审。

附：澄清问题清单

1.

2.

……

_____招标评标委员会

_____年____月____日

附件三　问题的澄清

_____（项目名称）问题的澄清

编号：_____

_____（项目名称）招标评标委员会：

问题澄清通知（编号：_____）已收悉，现澄清如下：

1.

2.

……

投标人：_____（盖单位章）

法定代表人或其委托代理人：_____（签字）

_____年____月____日

附件四　中标候选人公示和中标结果公示

（项目及标段名称）中标候选人公示
（招标编号：）

招标人		招标代理机构	三峡国际招标有限责任公司	
公示开始时间		公示结束时间		
内容		第一中标候选人	第二中标候选人	第三中标候选人
1. 中标候选人名称				
2. 投标报价				
3. 质量				
4. 工期（交货期）				
5. 评标情况				
6. 资格能力条件				
7. 项目负责人情况	姓名			
	证书名称			
	证书编号			
8. 提出异议的渠道和方式（投标人或其他利害关系人如对中标候选人有异议，请在中标候选人公示期间以书面形式实名提出，并应由异议人的法定代表人或其授权代理人签字并盖章。对于无异议人名称和地址及有效联系方式、无具体异议事项、主张不明确、诉求不清楚、无有效线索和相关证明材料的异议将不予受理）	电话			
	传真			
	Email			

（项目及标段名称）中标结果公示

（招标人名称）根据本项目评标委员会的评定和推荐，并经过中标候选人公示，确定本项目中标人如下：

招标编号	项目名称	标段名称	中标人名称

招标人：

招标代理机构：三峡国际招标有限责任公司

日期：

附件五　中标通知书

中标通知书

_____（中标人名称）：

在_____（招标编号：_____）招标中，根据《中华人民共和国招标投标法》等相关法律法规和此次招标文件的规定，经评定，贵公司中标。请在接到本通知后的_____日内与_____联系合同签订事宜。

请在收到本传真后立即向我公司回函确认。谢谢！

合同谈判联系人：

联系电话：

三峡国际招标有限责任公司

_____年___月___日

附件六　确认通知

确认通知

_____（招标人名称）：

我方已接到你方____年____月___日发出的_____（项目名称）招标关于_____的通知，我方已于___年___月___日收到。

特此确认。

投标人：_____（盖单位章）

_____年___月___日

第三章　评标办法（综合评估法）

评标办法前附表

条款号		评审因素	评审标准
2.1.1	形式评审标准	投标人名称	与营业执照、相关证书一致
		投标函签字盖章	有法定代表人或其委托代理人签字或加盖单位章
		投标文件格式	符合第八章"投标文件格式"的要求
		联合体投标人（如有）	提交联合体协议书，并明确联合体牵头人
		报价唯一	只能有一个有效报价
2.1.2	资格评审标准	营业执照	具备有效的营业执照
		资质条件	符合第二章"投标人须知"第1.4.1项规定
		财务要求	符合第二章"投标人须知"第1.4.1项规定
		业绩要求	符合第二章"投标人须知"第1.4.1项规定
		信誉要求	符合第二章"投标人须知"第1.4.1项规定
		其他要求	符合第二章"投标人须知"第1.4.1项规定
2.1.3	响应性评审标准	投标内容	符合第二章"投标人须知"第1.3.1项规定
		交货进度	符合第二章"投标人须知"第1.3.2项规定
		投标有效期	符合第二章"投标人须知"第3.3.1项规定
		投标保证金	符合第二章"投标人须知"第3.4.1项规定
		权利义务	符合第四章"合同条款及格式"规定
		投标报价表	符合第五章"采购清单"中给出的范围及数量
		技术标准和要求	符合第七章"技术标准和要求"的规定，偏差在合理范围内

条款号	条款内容	编列内容
2.2.1	评分权重构成（100%）	商务部分：20% 技术部分：50% 报价部分：30%
2.2.2	评标价基准值计算方法	以所有进入详细评审的投标人评标价算术平均值×0.97①作为本次评审的评标价基准值B。并应满足计算规则：

---

①　评标价基准值计算系数原则上不做调整。若招标人根据项目规模、难度以及市场竞争性等情况需要调整该系数，请在0.92—0.97之间进行选择，并记录在案。

条款号		条款内容	编列内容	
			1）当进入详细评审的投标人超过 5 家时去掉一个最高价和一个最低价； 2）当同一企业集团多家所属企业（单位）参与本项目投标时，取其中最低评标价参与评标价基准值计算，无论该价格是否在步骤 1）中被筛选掉； 3）依据 1）、2）规则计算 B 值后，如参与计算的投标人不少于 3 名，去掉评标价高于 B 值×130%（含）的评标价，重新计算 B 值。（备注：本条根据具体情况，在编制招标文件时选择是否使用） 评标价为经修正后的投标报价	
2.2.3		偏差率计算公式	偏差率 Di＝100%×（投标人评标价 － 评标价基准值）/评标价基准值	

条款号		评分因素	评分标准	权重
2.2.4　1)	商务部分评分标准（20%）	投标文件的符合性	检查投标文件在内容与项目上的完整性，针对投标人提出的非实质性商务偏差，评价其是否合理，是否会损害招标人的利益和未来的合同执行	5%
		信用评价	根据中国长江三峡集团有限公司最新发布的年度供应商信用评价结果进行统一评分，A、B、C 三个等级信用得分分别为 100、85、70 分。如投标人初次进入中国长江三峡集团有限公司投标或报价，由评标委员会根据其以往业绩及在其他单位的合同履约情况合理确定本次评审信用等级	5%
		财务状况	评价投标人财务状况	2%
		工作及交货进度	根据投标人提交的交货进度表审查投标人对交货进度的响应情况；核查投标人是否提交符合招标文件要求的工作进度计划，评价工作进度计划是否合理、可行；现有合同项目对本项目的制造进度的影响	3%
		报价的合理性	对主要报价进行合理性评审	5%
2.2.4　2)	技术部分评审标准（50%）	投标人业绩	审查投标人的以往业绩情况，以及用户的证明材料	6%
		技术能力	设计、制造加工能力、检测设施和手段及技术力量；工艺质量保证措施	5%
		技术方案	主要技术方案及技术符合性评审。根据投标人提供的外购部件、材料供应商或分包厂商资质、业绩等材料进行评价。分析评价励磁变压器的材料、参数、性能指标。分析评价励磁功率柜、灭磁及过电压保护系统的参数、功能、可靠性、合理性、可维护性、工艺结构水平、冷却方式、产地、保护及检测。分析评价励磁调节器的性能参数、功能配置、控制操作、产地、系统结构、硬件及软件的可靠性、先进性和开放性	25%
		性能保证	励磁系统额定参数、进相能力、电压调节精度、阶跃响应时间、PSS 性能等	10%
		技术服务	设备售后服务体系及现场安装指导与测试的配合	4%

续表

条款号		评分因素	评分标准	权重
2.2.4　3)	报价部分评审标准（30%）	投标报价得分	当 0＜Di≤3% 时，每高 1% 扣 2 分； 当 3%＜Di≤6% 时，每高 1% 扣 4 分； 当 6%＜Di，每高 1% 扣 6 分； 当 −3%＜Di≤0 时，不扣分； 当 −6%＜Di≤−3% 时，每低 1% 扣 1 分； 当 −9%＜Di≤−6% 时，每低 1% 扣 2 分； 当 Di≤−9% 时，每低 1% 扣 3 分； 满分为 100 分，最低得 60 分。 上述计分按分段累进计算，当入围投标人评标价与评标价基准值 B 比例值处于分段计算区间内时，分段计算按内插法等比例计扣分	
3.1.1	初步评审	初步评审短名单的确定	按照投标人的报价由低到高排序，当投标人少于 10 名时，选取排序前 5 名进入短名单；当投标人为 10 名及以上时，选取排序前 6 名进入短名单。若进入短名单的投标人未能通过初步评审，或进入短名单投标人有算术错误，经修正后的报价高于其他未进入短名单的投标人报价，则依序递补。如果数量不足 5 名时，按照实际数量选取	
3.2.1	详细评审名单的确定	详细评审名单的确定标准	通过初步评审的投标人全部进入详细评审	
3.2.2	详细评审	投标报价的处理规则	不适用	

1　评标方法

本次评标采用综合评估法。评标委员会对满足招标文件实质性要求的投标文件，按照本章第 2.2 款规定的评分标准进行打分，并按综合得分由高到低顺序推荐＿＿＿名中标候选人，或根据招标人授权直接确定中标人，但投标报价低于其成本的除外。综合评分相等时，投标报价低的优先；投标报价也相等的，技术得分高的优先；当技术得分也相等的，由招标人自行确定。

2　评审标准

2.1　初步评审标准

2.1.1　形式评审标准：见评标办法前附表。

2.1.2　资格评审标准：见评标办法前附表。

2.1.3　响应性评审标准：见评标办法前附表。

2.2　分值构成与评分标准

2.2.1　分值构成

1）商务部分：见评标办法前附表；

2）技术部分：见评标办法前附表；

3）报价部分：见评标办法前附表。

2.2.2 评标价基准值计算

评标价基准值计算方法：见评标办法前附表。

2.2.3 偏差率计算

偏差率计算公式：见评标办法前附表。

2.2.4 评分标准

1）商务部分评分标准：见评标办法前附表；

2）技术部分评分标准：见评标办法前附表；

3）报价部分评分标准：见评标办法前附表。

3 评标程序

3.1 初步评审

3.1.1 初步评审短名单的确定：见评标办法前附表。

3.1.2 评标委员会依据本章第2.1款规定的标准对投标文件进行初步评审。有一项不符合评审标准的，其投标将被否决。

3.1.3 投标人有以下情形之一的，其投标将被否决：

1）第二章"投标人须知"第1.4.3项规定的任何一种情形的；

2）串通投标或弄虚作假或有其他违法行为的；

3）不按评标委员会要求澄清、说明或补正的。

3.1.4 技术评议时，存在下列情况之一的，评标委员会应当否决其投标：

1）投标文件不满足招标文件技术规格中加注星号（"＊"）的主要参数要求或加注星号（"＊"）的主要参数无技术资料支持；

2）投标文件技术规格中一般参数超出允许偏离的最大范围；

3）投标文件技术规格中的响应与事实不符或虚假投标；

4）投标文件中存在的按照招标文件中有关规定构成否决投标的其他技术偏差情况。

3.1.5 投标报价有算术错误的，评标委员会按以下原则对投标报价进行修正，修正的价格经投标人书面确认后具有约束力。投标人不接受修正价格的，其投标将被否决。

1）投标文件中的大写金额与小写金额不一致的，以大写金额为准；

2）总价金额与依据单价计算出的结果不一致的，以单价金额为准修正总价，但单价金额小数点有明显错误的除外。

3.1.6 经初步评审后合格投标人不足 3 名的，评标委员会应对其是否具有竞争性进行评审，因有效投标不足 3 个使得投标明显缺乏竞争的，评标委员会可以否决全部投标。

3.2 详细评审

3.2.1 详细评审短名单确定：见评标办法前附表。

3.2.2 投标报价的处理规则：见评标办法前附表。

3.2.3 评分按照如下规则进行。

1）评分由评标委员会以记名方式进行，参加评分的评标委员会成员应单独打分。凡未记名、涂改后无相应签名的评分票均作为废票处理。

2）评分因素按照 A～D 四个档次评分的，A 档对应的分数为 100—90（含 90），B 档 90—80（含 80），C 档 80—70（含 70），D 档 70—60（含 60）。评标委员会讨论进入详细评审投标人在各个评审因素的档次，评标委员会成员宜在讨论后决定的评分档次范围内打分。评标委员会成员宜在评分档次范围内打分，如评标委员会成员对评分结果有不同看法，也可超档次范围打分，但应在意见表中陈述理由。

3）评标委员会成员打分汇总方法，参与打分的评标委员会成员超过 5 名（含 5 名）以上时，汇总时去掉单项评价因素的一个最高分和一个最低分，以剩余样本的算术平均值作为投标人的得分。

4）评分分值的中间计算过程保留小数点后三位，小数点后第四位"四舍五入"；评分分值计算结果保留小数点后两位，小数点后第三位"四舍五入"。

3.2.4 评标委员会按本章第 2.2 款规定的量化因素和分值进行打分，并计算出综合评估得分。

1）按本章第 2.2.4 1）目规定的评审因素和分值对商务部分计算出得分 A；

2）按本章第 2.2.4 2）目规定的评审因素和分值对技术部分计算出得分 B；

3）按本章第 2.2.4 3）目规定的评审因素和分值对投标报价计算出得分 C；

4）投标人综合得分＝A＋B＋C。

3.2.5 评标委员会发现投标人的报价明显低于其他投标人的报价，或者在设有标底时明显低于标底，使得其投标报价可能低于其成本的，应当要求该投标人作出书面说明并提供相应的证明材料。投标人不能合理说明或者不能提供相应证明材料的，由评标委员会认定该投标人以低于成本报价竞标，否决其投标。

3.3 投标文件的澄清和补正

3.3.1 在评标过程中，评标委员会可以书面形式要求投标人对所提交的投标文件中不明确的内容进行书面澄清或说明，或者对细微偏差进行补正。评标委员会不接受投标人主动提出的澄清、说明或补正。

3.3.2　澄清、说明和补正不得改变投标文件的实质性内容（算术性错误修正的除外）。投标人的书面澄清、说明和补正属于投标文件的组成部分。

3.3.3　评标委员会对投标人提交的澄清、说明或补正有疑问的，可以要求投标人进一步澄清、说明或补正，直至满足评标委员会的要求。

3.4　评标结果

3.4.1　除第二章"投标人须知"前附表授权直接确定中标人外，评标委员会按照综合得分由高到低的顺序推荐_____名中标候选人。

3.4.2　评标委员会完成评标后，应当向招标人提交书面评标报告。

3.4.3　中标候选人在信用中国网站（http：//www.creditchina.gov.cn/）被查询存在与本次招标项目相关的严重失信行为，评标委员会认为可能影响其履约能力的，有权取消其中标候选人资格。

第四章　合同条款及格式

1　合同格式

合同号：

日期：

签订地点：

_____（以下简称"买方"）为一方和_____

公司（以下简称"卖方"）为另一方同意按下述条款签署本合同（以下简称"合同"）：

1) 合同文件

下述文件组成本合同不可分割的部分，与合同条款具有同等效力。

第一部分　合同及合同条款

第二部分　技术条款

第三部分　合同附件

附件一　价格表

附件二　设备特性和性能保证值

附件三　合同设备描述概要表

附件四　交货进度表

附件五　卖方提供的现场技术服务

附件六　卖方提供的技术培训

附件七　履约保函

附件八　预付款保函

附件九　质量保函

附件十　物流信息化管理相关规定

附件十一　廉洁协议

第四部分　中标通知书

第五部分　双方授权代表签字并指明的书面文件

所有招标文件、投标文件及经双方确认的与本合同相关的其他书面文件均为本合同之有效组成部分。其中涉及修改和新增的部分，以双方最终确认的文件为准。

（注：附件均以买方的招标文件和中标人的投标文件中的相关内容为基础，双方谈判后形成最终文本。）

2）合同范围和条件

本合同范围和条件应与上述规定的合同文件一致。

3）合同设备和数量

本合同项下所供合同设备和数量详见合同附件一。

4）合同金额

合同总金额为人民币：＿＿＿＿元（大写：人民币＿＿＿＿＿＿＿＿＿）。其分项价格详见附件一。

5）合同设备的支付条件、交货时间和交货地点以及合同生效等详见合同文件。

6）本合同用中文书写，正本两份，买方、卖方各执正本一份。

7）本合同附均为为本合同不可分割的组成部分，与合同正文具有同等效力。

8）双方任何一方未取得另一方书面同意前，不得将本合同项下的任何权利和义务转让给第三方。

买方   卖方

公司名称：＿＿＿＿＿＿＿＿   公司名称：＿＿＿＿＿＿＿＿

授权代表签字：＿＿＿＿＿＿   授权代表签字：＿＿＿＿＿＿

印刷体姓名：＿＿＿＿＿＿   印刷体姓名：＿＿＿＿＿＿

职务：＿＿＿＿＿＿＿＿＿   职务：＿＿＿＿＿＿＿＿＿

2 合同条款

2.1 定义

2.1.1 下列术语在合同中使用时具有如下含义：

1）合同——是指买方和卖方（下称"合同双方"）之间经双方签字的书面协议，包括所有组成合同的文件、附件和其它经双方授权代表签字并指明的其他书面文件。

2）合同总价——是指卖方按照合同全面而正确地履行合同规定的义务，买方应支付给卖方的总金额。

3）买方——是指＿＿＿＿＿＿＿＿或其代理或其财产继承人，为＿＿＿＿＿水电工程的业主和本合同项下合同设备的最终用户。

4）卖方——是指按本合同规定提供合同设备和服务的＿＿＿＿＿＿公司或其代理或其财产继承人。

5）合同设备——指卖方按照合同规定的义务应当提供的下列项目：①所有励磁系统设备；②备品备件，专用工具、维修工具和测试仪器；③其他设备。

6）服务——是指根据合同规定卖方承担与供货有关的辅助服务，包括但不限于运输以及其他的伴随服务，比如设计联络会、安装技术指导、调试、提供技术服务、技术培训和合同中规定卖方应承担的其他义务。

7）技术文件——指卖方按照合同规定的义务应当提供的与合同设备的设计、制造、检验、安装、调试、试运行、验收试验、商业运行、操作和维护保养相关的所有的数据、图纸、各种正式的文字资料、电子文件及其载体以及生产过程的照片和录像等。

8）技术指导及技术服务——是指就合同设备的安装、调试、系统调试、试运行、验收试验、投入商业运行卖方应提供的监督、指导及服务，以及合同规定的卖方应提供的其他监督、指导及服务。

9）技术培训——是指就合同设备的设计、制造、检验、安装、调试、试运行和验收试验、操作、运行、维护保养等以及其他合同中所规定的卖方向买方提供的讲座、演示、操作和指导等并提供培训场所。

10）技术规范——指合同规定的技术规范，以及合同执行过程中经过买卖双方确认的技术文件、图纸、资料等。

11）工程设计者——指＿＿＿＿＿＿＿＿＿＿，受＿＿＿＿＿＿＿＿＿委托，负责＿＿＿＿＿＿＿＿＿＿工程的设计。

12）监造——是指在合同设备设计与制造过程中买方派出人员到卖方制造厂或指

定地点，或卖方派出人员到部件制造厂或分包厂或指定地点，对原材料、部件采购与检验、制造工序和工艺、产品质量、检测与检验、组装试验、包装和发运等过程按合同规定的条件实施监督和/或要求的过程或行为。

13）工地——指合同设备安装和运行所属＿＿＿＿＿＿＿＿＿所在地。

14）项目——指位于＿＿＿＿＿＿＿＿＿水轮发电机组励磁系统及其附属设备采购。

15）日、周、月、年和日期——指公历的日、周、月、年和日期。

16）安装完成——指合同规定的合同设备安装完毕，并完成了现场试验工作，双方签署了安装工作完毕证书。

17）交货时间——指卖方或其委托单位将合同设备运抵指定交货地点交给买方的时间。

18）调试——指根据有关调试规程的规定对合同设备进行检查、测试、调整、试验。

19）初步验收——指买卖双方按照合同要求对合同设备进行的 72 小时持续运行试验并且双方签署了初步验收证书。

20）最终验收——指从初步验收证书签发之日起合同设备按合同要求通过了质量保证期。

21）潜在缺陷——是指由于卖方在设计、制造和安装技术指导上的疏忽而造成的合同设备在合同规定的各种工况下不能正常运行和操作或被迫停运检修处理的质量缺陷，此种缺陷在试验、初步验收试验和最终验收期内由于缺乏考核工况而难于发现。

2.2   适用性
2.2.1   所有各条款的标题只是为了查阅，不具有解释或理解本合同的意义。

2.3   技术规格及计量单位
2.3.1   交付的合同设备的技术规格应与合同文件规定的技术规格相一致。

2.3.2   除技术规格另有规定外，计量单位应使用国际公制单位制（SI）。

2.4   来源地
2.4.1   本合同项下提供的合同设备及服务均应来自符合合同规定的合格来源地。

2.4.2   本合同"来源地"系指货物的生产或提供辅助服务的来自国家、地区和制造厂。所述货物是指制造、加工或使用重要的和主要的部件装配而成的货物，其基本特征、性能或功能与部件有着实质性区别。

2.4.3   合同设备、服务的来源地可以有别于卖方的国籍。

2.5   合同标的
2.5.1   合同设备

1）买方同意从卖方购买，卖方同意向买方出售本合同规定的合同设备。卖方应提供的合同设备的供货范围列在合同技术条款、合同附件，其技术经济指标和有关技术条件的内容列在合同技术条款中。其交货批次和进度列在合同附件中。

2）卖方应按合同文件的规定对合同设备提供质量保证。卖方所提供的所有合同设备的技术性能和卖方对合同设备的技术保证详见本合同附件。

2.5.2 技术文件、工作进度和报告

卖方应根据合同文件的规定向买方提供技术文件、工作进度和报告。

2.5.3 服务

1）卖方应负责合同设备交货以前的运输和保险，使合同设备的交货批次和进度符合合同文件的要求。

2）卖方应派遣数量足够的、有经验的、健康的和称职的并且具有相关技术专业工作经验的技术人员到工地提供技术服务。

3）卖方应对在其指导、监督下的合同设备安装、调试、验收试验和试运行的设备质量负责，使其符合技术要求和有关标准的要求。

2.5.4 在本合同有效期内，卖方有义务向买方免费提供与本合同设备有关的最新运行经验及技术和安全方面的改进资料，提供这些资料不构成任何专利转让和技术转让。

2.5.5 接口

1）卖方应负责协调所提供的合同设备与其他相关设备制造厂商和分包商的接口，包括供货、工程设计、性能参数匹配和项目管理等。

2）卖方负责对合同设备范围内有关系统和部件接口的设计、安装、调试、试运行中的协调。

2.6 合同总价

2.6.1 基于本合同第2.5条规定的合同标的以及卖方全面履行本合同项下的义务，其合同总价为：

人民币（大写）_____元（￥_____）；其中：不含税价为人民币（大写）_____元（￥_____），增值税税额为人民币（大写）_____元（￥_____）。

2.6.2 上述合同总价的分项价格如下，其分项价格清单详见合同附件一。

2.6.2.1 合同设备价格：

人民币元；_____（大写；_____）；

上述合同设备总价格分为以下两个部分：

1）设备价格：

人民币元：_____（大写；_____）；

2）备品备件、专用工具和维修试验设备的价格：

人民币元：_____（大写；_____）；

2.6.2.2　技术服务费用：

　　人民币元：_____（大写；_____）；

2.6.3　以上所示的合同价格及附件一所列价格为固定价格。卖方已充分考虑了合同执行期间的所有风险。买方将不因原材料、外购部件价格波动等因素对合同价格进行调整。合同价格为工地交货价。

2.6.4　本合同价格包括了卖方提供合同规定的设备和服务需要的所有费用，凡是未列明的与本合同履约相关的项目和工作，其费用应被认为包括在合同分项价格之中。

2.7　支付

2.7.1　本合同以人民币支付。

2.7.2　本合同项下的支付全部采用电汇方式。

2.7.3　本合同第2.6.2.1）款规定的合同设备价格，即_____的支付，按以下办法和比例支付：

　　1）预付款：合同第2.6.2.1　1）款规定的设备价格的15%，计：人民币_____元（大写：人民币_____），在合同生效后，当买方收到卖方提交的下列单据，并经买方审核无误后不迟于45天支付给卖方；

　　①一份正本一份副本由卖方银行开立的，以买方为受益人，金额为合同设备价格15%的不可撤销的银行保函（预付款保函，格式见合同附件）；

　　②金额为设备价格15%的增值税专用发票；

　　2）交货付款：合同第2.6.2.1　1）款规定的设备价格的70%，计：人民币_____元（大写：人民币_____），当买方收到卖方提交的下列单据，并经买方审核无误后不迟于45天按每批交货价值的70%支付给卖方：

　　①　金额为交货价值70%的增值税专用发票；

　　②　一份正本二份副本由卖方或制造商签发的质量证书；

　　③　一份正本二份副本开箱检验报告；

　　④　一份正本二份副本投保金额为交货价值110%的投保一切险的保险单。

　　3）初步验收付款：合同第2.6.2.1　1）款规定的设备价格的15%，计：人民币_____元（大写：人民币_____），在每批设备初步验收后，按附件一价格表列明的该次验收的设备价格的15%，当买方收到卖方提交的下列单据，并经买方审核无误后不迟于45天支付给卖方：

　　①　金额为该次验收设备价格15%的增值税专用发票；

　　②　一份正本两份副本按照合同2.21款由双方代表签署的该次验收设备的初步验收证书；

　　③　一份正本一份副本由卖方银行开立的，以买方为受益人的，金额为该次验收设

备价格的 10％的不可撤销的银行保函（质量保函，格式见合同附件）。

4）备品备件、专用工具和维修试验设备的交货付款：本合同第 2.6.2.1 和 2.6.2.2 款规定的备品备件、专用工具、试验仪器仪表的价格，计：人民币_____元（大写：人民币_____），在卖方按合同第 2.12 条交货后，当买方收到卖方提交的下列单据，并经买方审核无误后不迟于 45 天按每批交货价值的 100％支付给卖方：

① 金额为交货价值 100％的增值税发票；

② 一份正本二份副本由卖方或制造商签发的质量证书；

③ 一份正本二份副本开箱检验报告（包括装箱清单）；

④ 一份正本二份副本投保金额为交货价值 110％的投保一切险的保险单。

2.7.4 本合同第 2.6.2.2 款规定的技术服务费，计：人民币_____元（大写：人民币_____），在全部合同设备通过初步验收后支付，当买方收到卖方提交的下列单据，并经买方审核无误后不迟于 45 天支付给卖方：

① 金额为技术服务费用 100％的商业发票；

② 买方签发的技术服务已经完成的确认证书。

2.7.5 买卖双方因履行本合同而发生的银行费用，买方发生的由买方负担，卖方发生的由卖方负担。

2.7.6 本条中买方对单据的审核应在收到有关单据后 15 天内完成，如单据有误，应在 15 天内向卖方发出改正通知，卖方应重新提交修改后的单据。

2.7.7 纳税人信息：

单位名称：_____；

纳税人识别号：_____；

地   址：_____；

电   话：_____；

开户行名称：_____；

账   户：_____。

2.7.8 卖方应按照结算款项金额向买方提供符合税务规定的增值税专用发票，买方在收到卖方提供的合格增值税专用发票后支付款项。

卖方应确保增值税专用发票真实、规范、合法，如卖方虚开或提供不合格的增值税专用发票，造成买方经济损失的，卖方承担全部赔偿责任，并重新向买方开具符合规定的增值税专用发票。

合同变更如涉及增值税专用发票记载项目发生变化的，应当约定作废、重开、补开、红字开具增值税专用发票。如果收票方取得增值税专用发票尚未认证抵扣，收票方应在开票之日起 180 天内退回原发票，则可以由开票方作废原发票，重新开具增值税专用发票；如果原增值税专用发票已经认证抵扣，则由开票方就合同增加的金额补开增值税专用发票，就减少的金额依据收票方提供的红字发票信息表开具红字增值税专用发票。

2.8 交货、装运条件与通知

2.8.1 交货批次和交货时间的规定

2.8.1.1 卖方应根据合同文件规定的装运批次和交货时间及如下条款交付合同设备。本合同项下的交货批次及相应的付款应限制在＿＿＿＿＿＿次以内。卖方在此限定的交货总批次内，每批交货中最后一次的实际交货至买方指定的地点的时间不晚于合同文件中规定的该批次交货时间。

2.8.1.2 所有合同设备的交货应以合同分项价格表编号下的分项部件（包括附件）一起成套提供。所有合同设备的交货应协调一致，相同设备号的设备、仪器、材料、安装专用工具应与相关的设备一道装运。

2.8.1.3 对要求整批到货的合同设备和按合同要求成套提供合同设备，未经买方书面许可，卖方不得分批装运发货，否则将视其最后一次到货时间为整批设备到货时间。如晚于合同规定到货时间，买方则将按本合同规定向卖方收取迟交货违约金，或视买方方便从后续到货批次的应付款项中扣除相应的迟交货违约金。

2.8.2 对交货文件的要求

每批交货卖方应编制并向买方提供装箱清单，清单应分为装箱总清单和详细装箱清单，并提供电子文档。装箱总清单应描述该批交货设备名称和总体情况，内容应包括该批次交货设备或部件的名称、编号、重量、体积、箱件数和每个箱件的编号、体积、重量等。详细装箱清单应描述每个箱件里的设备零部件信息，内容包括零部件名称、规格型号、图号、对应的部件号、计量单位、数量、重量、保管要求及所属部件名称（或编号）。

买方可要求卖方按照认可或规定的装箱单标准格式进行填写。

2.8.3 合同设备运输、装卸、存贮和运输方案说明书的提交

2.8.3.1 卖方应在合同生效后＿＿＿＿＿＿天内，将所有合同规定的合同设备的运输方案通知买方，买方如有异议应在 30 天内通知卖方。卖方所提交的运输方案至少应包括以下内容：

1）保证合同设备运输安全及满足合同设备运输特殊要求的措施；

2）由合同设备出厂直至运抵交货地点的整个过程中的装运、转运、装卸、搬运、起吊和安装就位等各个环节的主要措施、所使用的运输工具和专用工器具、对起吊设

备的要求等方面的描述；

　　3）运输的日程安排和运输路线；

　　4）准备委托的运输公司的有关资料。

2.8.3.2　对重量超过 20 吨，外形尺寸大于 9 米长、3 米宽、3 米高的大件或特殊外形的运件，卖方应在合同设备装运前 15 天将注明合同设备重心、吊点等的包装草图一式六份航空邮寄买方。

2.8.3.3　如果合同设备中有易燃品和危险品，卖方应在装运前 15 天将标有合同设备名称、保管措施和事故处理方法的说明书一式六份提交买方。

2.8.3.4　合同设备在运输和仓储时，如对温度、湿度及震动等方面有特殊要求，卖方应在装运前 15 天将标有合同设备名称和注意事项的说明书一式六份提交买方。该说明书及布置图将作为买方安排运输及保管的基础。

2.8.4　合同设备装运通知

2.8.4.1　卖方应在承运合同设备的运输工具预计自装运港/启运地出发以前 10 天，用传真通知买方如下内容；

　　1）合同号

　　2）合同设备名称和编号

　　3）数量

　　4）包装数量

　　5）总毛重

　　6）总体积

　　7）装运港名称/启运地

　　8）准备从装运港/启运地出发的日期

　　9）预计到达买方指点地点的日期

　　10）水运船只的名称或铁路运输车次

　　11）卖方名称

　　同时，卖方应将装运的合同设备的详细装箱清单和说明资料传真给买方，说明资料上面应载明合同号、合同设备描述、规格、数量、箱件或每包件毛重、总毛重、每包的总体积和尺寸（长×宽×高）、包装数量、装运合同设备总价值、装运港/启运地、准备离港/启运日期、预计离港/启运日期以及其他在运输和仓储中的特殊要求和必要的注意事项。买方如有异议应尽快给予答复。

2.8.5　卖方应在合同设备装载完毕后的 48 小时内，用传真将合同号、提单/运输单据号、合同设备简介、数量、毛重、体积、发票金额、载运船只的名称/ 车次和启运日期通知买方。

2.8.6　卖方必须按照上述条款的规定给予买方全部、及时和有效的通知。如果由于卖方的原因而未能给予买方以上通知，则买方因此而遭受的一切损失由卖方承担。

2.8.7　卖方应在合同设备装运后 2 天内将买方在目的地办理有关手续所需的全部运输单证航空邮寄给买方。如果由于卖方的责任而未能将上述单证及文件按本条的要求用航空邮寄按时寄送，则买方因此而遭受的一切损失包括延期费及/或罚款等由卖方承担。

2.8.8　卖方在工地自用的工具仪器及其他办公和生活用品，由卖方自行负责发运和收货。

2.8.9　本合同设备交货方式：买方指定的地点车板交货。

2.9　保险

2.9.1　卖方应为合同设备投保一切险，投保金额为合同设备出厂价的 110%。保险覆盖范围包括从卖方启运站/港口仓库起，到买方指定的工地卸货仓库或工地安装现场为止。

2.9.2　卖方必须为其在工地参加合同设备安装指导、试运行和技术服务的人员按中华人民共和国有关规定投保人身意外险、雇主责任险。

2.10　包装和装运标志

2.10.1　卖方应根据合同设备的不同形状和特点，采用防潮、防雨、防锈、防震、防腐的坚固包装。该包装应适应多次搬运、内陆运输，以保证合同设备安全无损地抵达安装地点。对于为保证精确装配而需具备明亮洁净加工面的合同设备，其加工面应采用优良、耐久的保护层（不得用油漆）以防止在安装前发生锈蚀。

2.10.2　卖方应对包装箱中附属设备散件挂上标记，表明其合同号、主设备编号、附属设备名称和编号及其在配备图中的位置号。备品备件、维修试验设备、试验仪器仪表和专用工具除按上述要求标记外，还应相应标上"备品备件"、"维修试验设备"、"试验仪器仪表"或"专用工具"字样。除备品备件外，不同安装单元的励磁系统设备、工具和消耗品应分别包装。

2.10.3　卖方应在每个包装箱的四侧用不褪色油漆以醒目的字符刷上以下标记：

　　合同号：

　　唛头标记：

CTG-
CASE-1/50

　　唛头标记中的"CASE－1/50"意指本批次交货共有 50 箱，此为第 1 箱。具体数字根据发运情况由卖方自行填写。

除此之外，还应附上一方型的指示性图案。此标示符包括设备编号和该设备所属的部件号，背景为蓝色。例如：卖方提供的 4 号励磁系统中的 7 号部件，其附加唛头标记如下：

4B—7

- 目的地：＿＿＿＿＿＿
- 收货人：＿＿＿＿＿＿
- 合同设备名称、编号、包装箱号和货物编码：
- 毛重/净重（千克）：
- 体积（长 ×宽×高 cm）：
- 发货港/站：
- 仓储等级：

对裸装合同设备应以金属标签注明上述内容，裸装合同设备的装箱单应分别集中包装，随合同设备发运。

卖方应在重量大于或等于 2 吨的每个包装箱的相邻四侧用运输常用的标记标明重量、重心和吊点的位置以便于装卸和搬运。根据合同设备的特点和在运输中的不同要求，卖方应在包装箱上醒目地标明"小心轻放"、"勿倒置"、"保持干燥"等字样以及相应的通用的标记图案。

每件包装箱内，应附有详细装箱单、质量合格证、有关设备的技术文件、需要组装的设备部件的详细装配图各一式二份。在装箱单中应注明技术文件和装配图所处箱件。

合同设备的货物编码将由买卖双方在设计联络会上商定一致。

2.10.4 经买卖双方同意的装在甲板上的大件合同设备，应带有足够的支架或包装垫木。

2.10.5 卖方应按照本条款的规定对其提供的包装不善而引起的合同设备的锈蚀、变形、短缺、损坏和丢失负责修理、更换或赔偿。

2.11 技术文件、工作进度及报告的交付

2.11.1 文件的交付

1）卖方应按合同技术规范的规定提交技术文件，并确保其提交的技术文件正确、完整、清晰，能够满足合同设备的设计、检验、出厂试验、运输、仓储、安装、现场试验、调试、试运行、运行和维护的要求。

2）不合格的提交

不合格的提交包括提交不合格文件和迟交两种情况。

（1）不合格文件：卖方所提交技术文件的质量不符合合同文件要求的即被视为不合格文件。

① 买方对于卖方提交的不合格的技术文件将不作正式审查和处理，也不退还卖方。买方将把任何被认为是不合格的文件及时通知卖方。

② 卖方应在收到买方关于不合格文件通知后的 20 天内进行必要的修正，并且向买方重新提交符合合同文件要求的技术文件。

卖方应向买方补偿由于不合格文件的提交而引起的增加的工程费用和施工费用。

（2）迟交：无论初次提交或再次提交，卖方提交合格文件的时间晚于合同第二部分技术条款"卖方技术文件"款规定的交付进度即构成迟交；迟交情况下卖方应按合同文件规定支付约定违约金。

3）卖方可以在合同文件规定的进度表之前提交技术文件。

4）技术文件送达买方签收的时间为技术文件的交付时间，此时有关技术文件的交付风险由卖方转移给买方。

2.11.2 在合同生效后 21 天内，卖方须向买方递交工作进度计划。如实施工作中进度计划发生调整，卖方应将调整的进度计划一式 6 份提交买方。

进度计划应有横道图或箭头指示图表，按"关键路径法"（CPM）编制，显示合同设备的每个部件或组件的设计、采购、制造、试验、交货开始和完成的进度。

2.11.3 在不改变交货、安装、调试和验收进度的前提下，在合同执行过程中买方保留对工作进度进行调整的权利。

2.11.4 技术文件、工作进度及报告的费用已包括在合同设备价格中，不再单独支付。

2.12 买方人员在卖方所在地的工作

2.12.1 为保证合同有效及顺利实施。买方将在卖方所在地或双方协商的其他地方进行工作。具体的工作内容包括但不限于设计联络会、技术培训、工厂监造、工厂检验等。

2.12.2 卖方负责提供买方人员在卖方所在地工作期间的当地交通、办公条件、安全用品、工作服、技术文件和工具仪表，并给予买方工作人员在工作和生活上最大限度的帮助。由此发生的费用都已包含在合同总价中，并在合同文件中列明，具体的支付办法已在合同文件中规定。

2.12.3 买方在派遣人员出发前 5 天，将派出人员名单、职务、职责和授权情况，拟讨论的议程和预计出发日期，以及在卖方所在地停留时间以传真形式通知卖方。买方在启程前应将派出人员名单、确切出发日期、旅行路线、航班号及到达日期用传真通知卖方。卖方应帮助安排买方人员在卖方所在地或双方协商的其他地点居留期间的食宿。

2.12.4 买方人员在卖方所在地或双方按合同规定协商的其他地点进行工作时，卖方应安排买方人员方便地进入制造厂、试验室以及和工作相关的其他场所。为便于买方技术人员更好地理解与合同设备的设计和运行有关的各种技术问题，卖方可安排买方人员参观电站和类似工程项目。

2.12.5 如果买方人员在卖方工作期间发生意外事故，卖方应及时采取所有必要措施最大限度地维护买方人员的利益。若意外事故是由卖方原因造成的，卖方应负担相关费用。

2.12.6 买方委托或派遣的监造人员在卖方所在地或相关工厂工作时，应视同为买方人员。卖方应提供同等的待遇和工作条件，由此发生的费用已包含在合同设备价中，不再单独支付。

2.12.7 由于卖方的过失造成的买方人员在卖方所在地或双方协商的其他地点进行工作，卖方应承担买方人员的全部费用，包括但不限于往返机票、食宿（费用标准为500元人民币/人日）、当地交通、医疗服务和意外伤害保险、办公条件、技术文件和工具仪表等费用，并且由此产生的合同设备延误交货的责任由卖方承担。

2.13 工厂监造、标准和检验

2.13.1 卖方对合同设备的制造、检测与试验等工艺质量控制应符合 ISO9000 认证标准。卖方应有完善的质量保证体系和质量控制措施来确保合同设备满足本合同文件的规定。

2.13.2 买方在合同设备制造过程中可以派出代表和监造人员到卖方的制造厂对原材料与采购部件、制造工序和工艺、产品质量、检测检验、组装试验等制造过程进行监督。在监造期间，买方监造人员有权索取及查看工艺、材料、试验和质量检查记录等资料，或对制造过程提出技术和制造工艺问题，卖方应无偿给予圆满的解决。卖方应向监造人员提供详细的生产计划表和主要部件的技术标准、设计图纸及监造所必须的其它资料。卖方应友好地接受上述买方人员的建议和指示，解决存在的任何问题和缺陷，改正制造质量。如果卖方对制造质量问题和缺陷未按要求改正，买方就有充分理由根据买方代表或监造人员的意见和对该部分的影响进行估价相应从合同价款中处以罚金。

买方代表或监造人员的监造和所有的指示、意见等并不意味着减轻和免除卖方质量控制和制造质量及交货进度等的任何合同责任义务或增加合同价格。

买方派驻的代表或监造人员的有关情况将在监造开始前的适当时间以书面方式通知卖方，卖方应负责他们到达工厂所在地的食宿、交通安排等并提供方便。

2.13.3 买方对卖方的监造要求详见本合同技术规范。卖方应负责对自己分包商的制造监督，并承担其质量责任；并对所采购的用于本合同设备的原材料、分项设备和部件等的质量负责。

2.13.4 卖方应在合同生效后 30 天内将有关合同设备设计、制造和检验的标准提交给买方，此标准详见本合同技术规范和附件的规定。如卖方在规定的时间内未将上述的标准提交给买方，或卖方提交的标准不完全，则买方有权使用买方认为适当的标准对合同设备做出检验。

2.13.5 卖方在合同设备产品出厂前，须对合同设备的质量、规格、性能、数量和重量进行全面精确的检验，并应出具质量证明以证明合同设备符合合同规定。由制造厂出具并由卖方签字的质量证明书应作为交货时的质量依据，但不能作为设备质量、规格、数量和重量的最终依据。制造厂对设备进行的特殊试验和试验结果应写入试验报告，并与质量检验证书一起提交给买方。

2.13.6 卖方应在合同设备开始组装、试验和检验一个月将其组装、试验和检验的初步计划通知买方。买方将根据合同的规定派遣技术人员赴卖方制造厂和/或分包商的制造厂或装运港，了解合同设备的组装、检验、试验、包装和装箱情况。卖方应向买方检验人员提供必要的设备及帮助以及用于质量控制的生产数据程序资料，应允许买方检验人员自由接近用于制造合同设备的车间及设施。如果发现合同设备的质量不符合合同的标准、或包装不善，买方检验人员有权提出意见，卖方应给与充分考虑，并应采取必要措施以保证设备质量。设备检验的程序应由买方派出人员与卖方代表经友好协商共同决定。

2.13.7 参加交货前检验的买方人员不予会签任何质量检验证书。买方人员参加质量检验既不解除卖方应承担的质量保证的责任，也不能代替合同设备到达工地后的到货检验及现场试验。

2.13.8 买方收到卖方组装、试验和检验计划后 15 天内，应将其派遣的技术人员姓名及详细情况通知卖方。卖方应为买方的监造及检验人员提供食宿及交通方便，但买方人员的差旅费用自理。

2.13.9 合同设备的交货检验

2.13.9.1 合同设备到达交货地点后，由买方和卖方根据合同文件规定卖方发给买方的传真和有关单据对合同设备的装运数量（件数）、包装外观进行检验并做出初步检验报告，由双方代表在此报告上签字认可。对安装三维空间冲撞记录仪的合同设备到达工地交货时，买方和卖方对该设备仪器进行检查记录，并做出初步检验报告。

2.13.9.2 合同设备到达安装现场后，双方应组织开箱检验，检查合同设备的包装、外观、数量、规格和质量。卖方应按时自费派遣人员参加开箱检验。买方应在开箱检验前 3 天将预计的开箱检验的日期通知卖方。

2.13.9.3　双方在开箱检验时，若在检验时发现由于卖方原因，合同设备在外观、质量、数量和规格不符合合同规定而造成的任何损坏和/或缺陷和/或短缺和/或差异，应作开箱记录，并应由双方代表签字，一式二份，双方各执一份，该开箱检验记录应作为买方向卖方进行索赔的依据。

2.13.9.4　如双方代表对开箱检验记录不能达成协议，则应委托商检局进行检验，并应由商检局为双方出具检验证书。如商检局确定卖方应对设备的损坏、短缺等负责，该证书将作为买方向卖方进行索赔的依据，同时卖方应承担相关的商检费用。

2.13.9.5　如卖方未能派遣代表参加开箱检验，若在开箱检验时发现由于卖方的原因造成设备损坏、有缺陷、短缺和/或与合同规定的数量或规格不一致，买方凭开箱检验报告向卖方索赔。

2.13.9.6　买方提出开箱检验索赔不能迟于合同设备开箱检验之日起八个月。

2.13.9.7　卖方应在收到买方索赔通知后 14 天内提出意见，并有权在收到索赔通知后四星期内派出代表与买方代表进行协商。如卖方未能在收到索赔通知后两星期内作出答复，则上述索赔视为已被卖方接受。

2.14　设计联络会

2.14.1　为保证合同有效及顺利的实施，买卖双方将召开设计联络会，有关设计联络会的内容和时间规定，见合同第二部分技术规范相关规定。

2.14.2　设计联络会需签订会议纪要，会议纪要将成为合同的组成部分，但对涉及合同修改的内容，应按合同文件规定进行。

2.14.3　会议的准备、组织及有关费用由会议组织方承担，参加会议人员的差旅费由各方自行负责。负责召集会议的一方应免费提供必要的技术文件和绘图工具。

2.15　技术服务

2.15.1　技术服务费用

1）卖方提供的技术服务的内容及相关责任详见技术规范。本合同附件一中所列的技术服务费已覆盖了卖方为履行本合同项下的全部技术服务责任买方应支付的所有费用，也包括了卖方技术指导人员往返工地（包括行李和基本的可携式工具的运输）费用和保险费。在合同执行过程中，将依据买方对卖方技术指导人员在工地实际参加工作小时数考勤结果及服务情况来确定技术服务完成证书的签发，以便用于技术服务费的支付。

2）卖方技术指导人员在现场的技术服务人时数超过合同文件中规定的人时总数，买方不再承担额外费用。

3）卖方派驻安装现场的工地总代表、到工地交货人员和属于合同设备设计制造的业务人员等均应视为卖方的管理人员，其费用已包含在合同设备价格中，买方不再另行向卖方支付其在工地的一切费用。

4）由于下列原因，买方将不支付卖方技术指导人员在此期间工作的技术服务费，并且买方还将追究卖方因此而造成的其他一切损失和责任：

a）由于卖方技术指导人员指导不正确和错误而导致的返工处理；

b）由卖方造成的设备缺陷处理和指导处理工作；

c）其它因卖方原因造成的技术指导人员在现场的额外工作。

5）如果发生意外事故，买方应采取必要措施，最大可能地照顾卖方人员，费用由卖方承担。若意外事故责任在买方，费用由买方承担。

2.15.2　休假

1）卖方技术指导人员在工地连续工作超过 6 个月者，可享受 15 天无技术服务费的休假。

2）卖方技术指导人员在休假期间的全部费用由卖方承担。

3）休假的具体时间应以工地工作不受影响或不拖期为前提。由双方总代表商量决定。

4）卖方技术指导人员的 15 天休假应从他离开工地之日开始计算，到他回到地之日为止。

5）卖方同意在卖方技术指导人员休假期间，不减轻其对合同设备承担的任何义务。

2.16　安装、调试、现场试验及试运行

2.16.1　买方将根据卖方技术人员的指导及卖方提交的技术文件组织其他承包商对合同设备进行现场安装和现场试验，卖方应对安装、调试、试运行和初步验收的设备质量负责，使其符合技术要求和有关标准的要求。双方应通力合作，采取必要的措施使合同设备尽快投入商业运行。

2.16.2　除另有规定外，所有由卖方提供的合同设备应为完整的合同设备、组件或部件。不需再在工地进行加工、制造和修整，否则所有费用应由卖方承担。

卖方不应将有缺陷的设备、组件、部件或材料等运到工地，如果在安装调试过程中发现由于卖方设备缺陷，包括设计、材质、制造工艺、质量、结构尺寸、误差等缺陷或错误，或由于卖方技术指导人员不正确指导造成损坏或损失，买方有充分的理由退货或要求卖方调换或要求卖方采取措施修理，由此引起的责任和费用由卖方承担。如果由于设计制造原因致使合同设备，包括组件和部件需要在工地进行加工、制作或修整时，所有费用应由卖方承担。

在合同执行过程中，对由卖方责任需要进行的检验、试验、再试验、修理或调换，在卖方提出请求时买方应安排好进行上述工作的有关设备，卖方应负担由此而引起的

一切修理或调换的费用。

卖方委托买方施工人员进行加工或修理、调换设备的费用和/或由于卖方设计图纸错误或卖方技术指导人员错误，或合同设备缺陷处理等所造成的返工费用和施工工期损失，卖方应按以下公式向买方支付费用：

$C = W \times \sum T + \sum M_i + \sum Q_j \times E_j + R \times \sum D$

C＝返工总费用

W＝每小时人工费＝400 元人民币/人·时

$\sum T$ ＝工时总数（人×时），包括作业工人、管理人员、技术人员和其他配合人员等人员发生的工时

$\sum M_i$＝返工或缺陷处理中使用的各类买方的备品备件、消耗品、零部件、材料等费用合计（按市场价计算）

E_j＝使用第 j 种设备的台时费

Q_j＝第 j 设备的台时数

R＝施工工期损失的费率，按 12 万元人民币/天计取

D＝某个部件引起的施工工期损失的天数

2.16.3　初步验收试验目的是检测合同设备是否满足合同规定的所有技术性能及保证值。当下列条件全部满足时，初步验收试验即被认为是成功的：

1）所有现场试验全部完成；

2）所有合同规定的技术性能及保证值均能满足；

3）合同设备按照技术规范的要求接入电网中连续试运行 72 小时以后检查，合同设备正常；

4）卖方向买方提交了以下技术资料和文件一式三份：

①设计变更部分（如果有）的实际施工图和设计变更的证明文件；

②制造厂提供的产品说明书、运行维护手册、工厂试验记录、合格证书及安装图纸等技术资料；

③安装技术记录等；

④现场调试试验记录和试验报告；

如果初步验收是成功的，买卖双方应在 7 天内签署初步验收证书正本一式二份，买卖双方各执一份。

2.16.4　如果初步验收试验由于卖方提供的合同设备的故障和/或其它原因而中断，初步验收试验须重新进行。因卖方责任致使验收试验失败，则从验收试验开始至再次验收试验开始之间的时间间隔应被视同为安装工期的延迟，卖方应按合同规定的计算方式向买方支付相应的约定违约金。

2.16.5 在合同执行过程中，对由卖方责任需要进行的检验、试验、修理或调换，在卖方提出请求时买方应安排好进行上述工作所需的有关设备及人员，卖方应负担一切相关费用。

2.16.6 在合同规定的质量保证期结束后，买方将对合同设备作一次全面检查，如果按照合同规定认为是满意的，买方将为每批合同设备签发最终验收证书。

2.16.7 发明和/或革新

卖方的技术人员在进行服务期间提出的发明和/或革新，其所有权应属于买方。

2.16.8 出版限制

1）卖方在出版与其技术服务工作有关的报告、插图、会谈纪要或服务的细节情况之前，必须获得买方的同意。

2）在任何情况下，甚至在完成技术服务以后，卖方的人员都不得向第三方透露买方的业务活动和商务方面的情况，不管这些情况是否与服务有关。

2.16.9 其他

1）卖方在征得买方同意后，可以自费召回或调换其技术人员，但不得影响工地的工作。其间至少应有一周交接时间，以便技术人员向其接替人交接工作。卖方技术指导人员在工地交接工作期间，买方仅支付一人的技术服务费。

2）卖方技术指导人员连续生病超过 15 天时，卖方应自费另派一同等技术水平的人替换他。

3）无须买方任何说明，买方有权要求卖方更换卖方技术指导人员，有关更换的全部费用应由卖方承担。

4）在质量保证期后，卖方应继续售后服务，帮助合同设备的完善和技术更新；以优惠的价格提供买方所需的元件、材料；参加由买方组织的合同设备重要技术问题的处理。

2.17 质量保证

2.17.1 卖方应保证所供合同设备是全新的、未使用过的，用一流的工艺生产的，并完全符合合同规定的质量、规格和性能的要求。卖方应保证其合同设备在正确安装、正常使用和保养条件下，在其使用寿命期内应具有满意的性能。在合同设备初步验收后的 60 个月的质量保证期内，卖方应对由于设计、工艺或材料的缺陷而产生的故障负责。

2.17.2 除非另有规定，合同设备的质量保证期从每批设备签发初步验收证书后带负荷运行 60 个月，但若由于买方的原因影响了验收试验，则不迟于该批合同设备最后一批交货后 72 个月。

2.17.3 根据国家质量监督检验检疫总局（以下简称"质量检验检疫局"）的当地机构

或有关部门检验结果或者在质量保证期内，如果合同设备的数量、质量或规格与合同不符，或证实合同设备是有缺陷的，包括潜在的缺陷或使用不符合要求的材料等，买方应尽快以书面形式向卖方提出本保证下的索赔。

2.17.4 在保证期内，如果由于维修、更换有缺陷或损坏的合同设备而造成整个调速系统停运，且卖方对此负有责任，则该批调速系统的质量保证期将延长，其延长时间等于停运时间，并承担由此引起的相关费用。修复或更换后的合同设备的保证期为重新投入运行后 60 个月。

2.17.5 卖方在收到通知后 30 天内应免费维修或更换有缺陷的合同设备或部件。如果卖方在收到通知后 30 天内没有弥补缺陷，买方可采取必要的补救措施，但由此引起的风险和费用由卖方承担，买方根据合同规定对卖方行使的其他权力不受影响。

2.18 索赔

2.18.1 买方有权根据质量检验检疫局的当地机构或有关部门出具的检验证书向卖方提出索赔。

2.18.2 在合同文件规定的初步验收试验合格前和质量保证期内，如果卖方提供的合同设备及服务不符合合同规定，并且买方在合同规定的期限内提出了索赔，卖方应按照买方要求的下列一种或多种方式解决索赔事宜。

1）卖方同意退货并将货款退还给买方，并承担由此发生的一切损失和费用，包括利息、银行手续费、运费、保险费、检验费、仓储费、装卸费以及为保护退回合同设备所需的其它必要费用。

2）根据合同设备低劣程度、损坏程度以及买方所遭受损失的金额，经买卖双方商定降低合同设备的价格。

3）用符合合同规定的规格、质量和性能要求的新零件、部件和/或设备来更换有缺陷的部分和/或修补缺陷部分，卖方应承担一切费用和风险并负担买方蒙受的全部直接损失费用。同时，卖方应按合同文件规定，相应延长修补和/或更换件的质量保证期。

2.18.3 如果在买方发出索赔通知后 30 天内，卖方未作答复，上述索赔应视为已被卖方接受。如卖方未能在买方发出索赔通知后 30 天内或买方同意的延长期限内，按照本合同第 2.17.2 条规定的任何一种方法解决索赔事宜并征得买方同意，买方将从支付款项或从卖方开具的履约保函中扣回索赔金额。

2.18.4 买方提出的开箱检验索赔不得迟于合同设备到达工地后 6 个月。

2.18.5 在合同设备发生事故时，在必要情况下，双方可组织有关方面进行事故调查。

2.19* 约定违约金

2.19.1 如果由于卖方的原因未能按合同附件规定的交货期交货时，买方有权按下列比例向卖方收取违约金：

迟交 1—4 周内，每周违约金数额为迟交设备合同价的 0.5%；

迟交 5—8 周内，每周违约金数额为迟交设备合同价的 1%；

迟交 8 周及以上，每周违约金数额为迟交设备合同价的 1.5%；

不满一周按一周计算。如果由于卖方原因使合同设备安装及试运行进度延迟，本条款中的违约金计算基数应为受影响合同设备合同价。卖方支付迟交货违约金并不解除卖方继续交货的义务。

2.19.2 如果由于卖方原因技术文件未能按合同第二部分技术规范"卖方技术文件"款规定的时间提交，则每个图号或每种手册每拖期一天卖方应付给买方 1000 元的违约金。卖方支付迟交违约金并不解除其继续交付技术文件的义务。

2.19.3 如果由于卖方责任所造成的设备修理或换货而使合同设备的试运行及商业运行时间延误，则卖方虽已承担了修理或换货的义务，但还应按合同文件的规定支付设备迟交违约金，时间从买方发现缺陷之日起至该合同设备消除缺陷之日为止。

2.19.4 在卖方提供安装技术指导服务的情况下，如果由于卖方原因使合同规定的合同设备安装进度延迟，买方均有权按以下比例向卖方收取约定违约金：

延迟 1—4 周内，每周违约金数额为该设备合同价的 0.5%；

延迟 5—8 周内，每周违约金数额为该设备合同价的 1%；

延迟 8 周及以上，每周违约金数额为该设备合同价的 1.5%；

不满一周按一周计算。卖方支付约定违约金并不解除卖方继续完成安装技术指导服务的义务。

2.19.5 本 2.18 条规定的约定违约金的总金额不超过合同总价的 15%。

2.19.6 应理解本条所指的违约金是确定的、经双方一致同意的，买方有权得到此约定违约金而不提供所遭受的实际损失的证明。买方可根据自己的方便从应支付给卖方的合同款项中或从履约保证金中扣减该约定违约金。

2.19.7 约定违约金的支付不妨害买方行使合同项下的其他救济权利。

2.20 知识产权

卖方应保证买方不因使用了卖方提供的合同设备的设计、工艺、方案、技术资料、商标、专利等而产生侵权，若有任何侵权行为，卖方必须承担由此产生的一切索赔和责任。

2.21 变更指令

2.21.1 买方可在任何时候按合同规定以书面方式通知卖方在合同范围内变更下列各项中的一项或多项：

1）合同设备的图纸、设计或技术规范；

2）运输或包装的办法；

3）交货地点及交货进度；

4）卖方提供的服务。

2.21.2 如果由于上述变更引起卖方执行合同中的任何部分义务的费用或所需时间的增减，应对合同价格和/或供货进度作合理的调整，并相应修改合同。针对本合同项下买方提出的变更，卖方如有任何调整要求，须在卖方接到买方的变更指令以后 30 天内提出。否则，买方的指令和规定将是最终的。如果在买方接到卖方的调整要求后 30 天以内买卖双方不能达成协议，卖方将按照买方的变更指令进行工作。

2.21.3 如果卖方对于因 2.20.1 所产生的变更有任何合同价格的调整要求时，在用书面方式向买方提出这种要求的同时，还应同时提交如下详细的完整资料：

1）买方所发出的要求变更的正式书面通知或指令；

2）列明了变更项目所包含的所有细项的详细报价清单，说明各个变更细项的数量、种类或规格、单价、合价等；

3）所列出的变更细项逐一说明其报价依据；

4）为实施变更项目所完成的相关技术资料，包括但不限于设计图纸、计算书、试验或检验报告等；

5）实施变更项目实际已发生费用的证明资料（如果有），如所投入人力和物力的真实有效记载、为变更项目采购原材料或其他物资、器件的原始发票复印件或税票等。

如果卖方没有按上述要求及时提交完整真实的资料，买方就有充分的理由拒绝卖方对变更的价格调整要求，所产生的后果由卖方承担责任，并且卖方应按买方的要求在规定的时限内完成买方所要求的变更。

2.21.4 对于需在设计联络会才能最终确定是否采购的部件和设备，当买方最终决定对相关采购数量和种类进行调整时，卖方不得因此提出追加其他费用或调整设备单价的要求。

2.22 合同修改

除 2.20 条的规定之外，对合同条款做出任何改动或偏离，均须买卖双方授权代表签署书面的合同修改文件后生效。

2.23 转让和分包

2.23.1 卖方未经买方事先的书面同意，不得将合同规定的应履行的责任全部或部分进行转让。

2.23.2 卖方应将本合同项下的主要的分包合同签订情况以书面形式通知买方，分包不免除卖方在本合同项下的任何责任或义务，卖方还应对任何分包商、代理商、雇员或其他工作人员的行为和疏忽而造成对买方的损失向买方负全部责任。

2.23.3 卖方应自费协调所有分包商的工作，并且要确保由不同分包商供货的设备之间的配合和接口顺利、有效和可靠。卖方应负责保证合同设备的完整性和整体性。

2.23.4 不允许分包商再分包。

2.24 主导语言和计量单位

2.24.1 合同书以及买卖双方来往的与合同有关的信函/传真和其他文件均应以中文书写。

2.24.2 除技术规范中另有规定外，所有计量单位均采用国际度量制 SI 公制单位。

2.25 不可抗力

2.25.1 签约双方中的任何一方由于战争及严重的火灾、水灾、台风、地震等不可抗力事件而影响合同的执行时，可相应延迟合同受影响部分的履行期限，延迟的时间相当于事件影响的时间。不可抗力事件系指买卖双方在缔结合同时所不能预见的，并且它的发生及其后果是无法克服和无法避免的。

2.25.2 受事件影响的一方应在 7 天以内将所发生的不可抗力事件的情况以传真通知另一方，并在 14 天内以航空挂号信件将有关当局出具的证明文件提交给另一方审阅确认。

2.25.3 对于本合同中未受不可抗力直接影响的其它义务，义务方必须继续履行。

2.25.4 如不可抗力事件延续到 50 天以上时，双方应通过友好协商解决合同继续履行的问题。

2.25.5 发生事件的一方应采取一切合理的措施以减少由于不可抗力所导致的拖期。

2.25.6 当不可抗力事件终止或事件消除后，受事件影响的一方应尽快以传真通知另一方，并以航空挂号信证实。

2.26 税费

2.26.1 根据现行税法对买方课征有关执行本合同的一切税费应由买方支付。

2.26.2 根据现行税法对卖方及卖方人员课征有关执行本合同的一切税费应由卖方支付。卖方及卖方人员应主动向中国税务机构申报和缴纳执行本合同项下的有关税费。

2.27 适用法律

本合同依照中华人民共和国的相关法律进行解释。

2.28 争议的解决

2.28.1 合同双方在履行合同中发生争议的，友好协商解决。协商不成的，诉讼解决。

2.29 履约保函、预付款保函和质量保函

2.29.1 卖方应在合同签字后30天内用合同货币按照合同文件规定的格式，向买方提供由国内银行的省、地市级分行出具的履约保函。履约保函总金额为合同总价的10%，随每次初步验收结束递减。

2.29.2 卖方应用合同货币按照合同文件规定的格式向买方提供由2.28.1中所述银行出具的预付款保函。

2.29.3 卖方应在每次励磁系统设备初步验收证书签发前用合同货币按照合同文件规定的格式，向买方提供满足合同文件规定银行出具的质量保函，保函金额为该次验收励磁系统设备价格的10%。质量保函有效期至该次验收励磁系统设备的质量保证期结束。

2.29.4 合同中规定的各项保函将在不晚于卖方按合同的规定完成了全部的责任，包括任何保证义务后的30天内，由买方无息退还给卖方。

2.30 终止合同

2.30.1 因卖方违约终止合同

2.30.1.1 发生下列情形时，买方可在不影响对违反合同所作的任何其他补救措施的条件下，用书面形式通知卖方，终止全部或部分合同：

1）卖方未能在合同规定的时间内，或未能在买方同意的延长期内提交任何或全部合同设备或提供服务；

2）卖方未能履行按合同规定的任何其他责任；

在上述任一情况下，卖方在收到买方的违约通知后30天（或买方书面同意的更长的时间里），未能纠正其违约。

2.30.1.2 在买方根据本条终止全部或部分合同的情况下，买方可按其认为合适的条件和方式采购与未提交合同设备类似的合同设备，卖方应有责任承担买方为购买上述类似合同设备时多付出的任何费用，且卖方仍应履行合同中未终止的部分。

2.30.2 因卖方破产终止合同

2.30.2.1 如果卖方破产或无清偿能力时，买方可在任何时候用书面通知卖方终止合

同而不对卖方进行任何补偿。但上述合同的终止并不损害或影响买方采取或将采取行动或补救措施的任何权力。

2.30.3　为买方便利而终止合同

2.30.3.1　买方可在其认为方便的任何时候用书面通知卖方终止合同。通知中应说明是为了买方的方便而终止合同，说明按合同所实施工作终止的范围及上述终止生效的日期。

2.30.3.2　卖方接到终止合同通知后 30 天内完成和准备发运的合同设备，买方应按合同规定的条件和价格买下，其余部分买方可进行选择：

1) 选择任一部分并按合同条件和价格执行和交货；

2) 放弃其余合同设备，并为卖方已部分完成的合同设备和原先已采购的材料及部件向卖方支付一笔经协商同意的金额。

2.30.4　终止合同的处理

2.30.4.1　在以上各种终止合同的情况下，卖方均应把一切与合同有关的并已付款应交的文件、资料（成品或半成品）交付给买方，在买方未取走之前，卖方应负责存放并办理保险，费用由买方负责。

2.30.4.2　买方不承担任何由于终止合同而由第三方向卖方提出的各项索赔，不论直接的或间接的。

2.30.4.3　如只是合同的一部分被终止，其他部分仍应继续执行。

2.30.5　本合同终止时双方未了的债权和债务不受合同终止的影响，债务人应对债权人继续偿还未了债务。

2.31　通知

2.31.1　任何一方根据合同对另一方进行通知，以及收到通知一方的确认均应采用书面形式（信函或传真等），并按合同规定的地址递交。

2.31.2　通知以到达之日或通知生效之日起生效，以较迟之日期为准。

2.32　备品备件

2.32.1　卖方应提供买方要求的有关合同项下由卖方制造的备品备件的材料和信息。

2.32.2　备品备件应按要求进行包装，以防损坏，并与设备分开独立包装。包装箱上应清楚注明标记。

2.32.3　所有备品备件在提供给买方之前应系上标签，标签上应注明上述有关备品备件的说明。

2.32.4　在全部合同设备最终验收后 5 年内，买方将选择附件一中一定数量和品种的备品备件，采购价格应不高于按附件一价格表中所列加上自＿＿＿＿年每年增加 1.5％的费用。如在此期间卖方欲停止制造某些备品备件，卖方应提前六个月通知买方，以便买方有足够时间可以最后选购一些备品备件。卖方还应将停止生产的备品备件的全套制造技术图纸免费提交给买方。

2.33 代用品

2.33.1 对于在任何方面不同于合同规定的材料和设备，卖方应提交 1 份完整的清单给买方和业主审查。该清单应包括卖方推荐用于本合同产品的所有材料及元件，也包括技术规范中没有明确提出的材料及元件。

当卖方按下述规定提出的代用申请才被考虑，否则，决不允许有任何与合同图纸和技术规范的偏差。

1）提交全部的技术资料，包括图纸，全部性能规范；提交试验数据和完成买方可能要求的试验；

2）提交所推荐的代用品的材料、设备或系统的比较资料；

3）如果卖方关于代用品的申请或建议涉及到费用问题，当所建议的代用品被接受，则买方将从合同价款中扣减因采用代用品使成本相应降低的金额，同时买方将不支付因使用代用品而增加的任何费用；

4）申请信中应包括 1 份由卖方签字的证明书，证明所推荐的代用品完全符合招标文件的要求；

5）所有的代用申请，随同要求的资料和证明一起提交给买方一式三份；

6）对于代用申请，在申请信的信头或标题中，至少应包括下述内容：

● 合同名称和代号；

● 标题（合同设备的部件和部分）；

● 参考图纸和技术规范：图号和详图，技术规范的条款。

分析某一建议的代用品是否符合技术规范、图纸和工程的设计条件，需考虑推荐代用品的所有元件的供应服务，运行和维护经验。为此买方可以要求尽快告知不少于 3 个在过去 5 年内用过所推荐代用品的工程，该工程应是易于去了解和进行比较的。

出于对买方保护的考虑，买方可以要求卖方提供书面保证，担保所推荐的代用品应能可靠运行。

如果推荐的代用品要求在有关的工作中有改变，而且买方认为这种改变造成了与合同要求或设计方面的偏差，则可予以拒绝。

卖方应承担由于代用品引起的、卖方自身工作的其他部分的任何变化、或分包商及其他承包商的工作的任何变化的责任，且买方不承担增加的费用。

直到买方满意并书面表示接受了代用品，卖方才可代用。这种接受并不减轻卖方应符合图纸和技术规范要求的义务。

任何提交给买方的代用申请，如不符合上述要求，将退回给卖方，买方不予审查。

2.34　合同文件或资料的使用

2.34.1　卖方未经买方事先书面同意，不得把合同、合同条款或由买方或以买方的名义提供的任何规范、规划、图纸、样品或资料向卖方为履行合同而雇佣人员以外的其他任何人泄露，即使是对上述雇佣人员也应在对外保密的前提下提供，并且也只限于为履行合同所需的范围。

2.34.2　除为履行合同的目的以外，卖方未经买方事先书面同意不得利用 2.33.1 中所列举的文件或资料。

2.34.3　在 2.34.1 中所列举的任何文件，除合同文件本身外，均属于买方的财产，当买方提出要求时，卖方应在合同履约完成后将上述文件（包括所有副本）退还给买方。

2.35　合同生效及其他

2.35.1　合同的生效日期以下列事件最晚发生者为准：

　　1）双方授权代表在合同文件上签字、盖章；

　　2）买方收到卖方按合同规定提供的履约保函；

双方将以传真通知对方合同生效日期并用挂号信确认。

2.35.2　本合同有效期至双方均已完成合同项下各自的义务。

2.36　法定地址

买方：＿＿＿＿＿＿＿　　卖方：＿＿＿＿＿＿＿

地址：＿＿＿＿＿＿＿　　地址：＿＿＿＿＿＿＿

传真：＿＿＿＿＿＿＿　　传真：＿＿＿＿＿＿＿

电话：＿＿＿＿＿＿＿　　电话：＿＿＿＿＿＿＿

附件一　合同设备交货批次及进度表

1　交货说明

　　合同采购清单交付至买方指定的地点时间应不迟于交货批次清单表中规定的时间。为了使交货便于工地的储存保管，除非经过买方批准，所有交货不得比规定交货日期提前 30 天。

2　交货批次及时间

序号	合同采购清单	型号及规格	单位	数量	交货时间
一	第一批				
二	第二批				
…	…				

附件二　履约保函

出具日期：

致：

第＿＿＿＿＿＿＿号合同的履约保函

此保函是为＿＿＿＿＿＿＿＿＿＿（以下称卖方）根据＿＿＿＿年＿＿＿＿月＿＿＿＿日第＿＿＿＿＿号合同为＿＿＿＿＿＿项目（以下称项目）向贵方提供的履约保函。

我行，＿＿＿＿＿＿＿＿银行（以下称银行）及其继承人和受让人在此无条件地，不可撤销地保证无追索地支付相当于合同价格 10％的金额＿＿＿＿＿＿人民币，并就此立约保证同意：

（A）贵方认为卖方没有忠实地履行任何的合同文件和在其后达成的同意修改，补充，增加和变更，包括替换和/或修复有缺陷的货物的协议（以后称违约），而不管卖方反对，银行应按贵方书面报告说明卖方违约的通知及所提要求，立即按贵方所提的不超过上述累计总额的金额，以上述通知中规定的方式支付贵方。

（B）这里所说的任何支付均免于扣除当时和以后的任何税费、关税、费用，无论什么性质的和无论何人强加的扣除和扣缴。

（C）本保函的各项条款构成本行无条件的，不可撤销的直接义务，合同条款的任何更改，经贵方允许的时间上的任何变动及其它宽容或让步，或者贵方发生的可能免除本行责任的任何疏忽或其他行为，均不能解除本行的责任。

（D）本保函的总金额随每批设备的初步验收结束递减，有效期直至最后一批合同设备通过初步验收。

＿＿＿＿＿＿＿＿＿＿（出具行名称）

＿＿＿＿＿＿＿＿＿＿（出具行公章）

＿＿＿＿＿＿＿＿＿＿（出具行授权代表签名）

＿＿＿＿＿＿＿＿＿＿（授权代表印刷体姓名及职务）

＿＿＿＿＿＿＿＿＿＿（出具行地址）

＿＿＿＿＿＿＿＿＿＿（出具行电话）

＿＿＿＿＿＿＿＿＿＿（出具行传真）

附件三　预付款保函

合同号_____关于第_____号我们的不可撤销的保函

受益人：

根据受益人和_____（卖方名称）（以下称"卖方"）于_____日期签订的关于以总额_____（用文字和数字表示的合同价款）提供_____的合同号为_____的合同（以下称"合同"），应卖方的要求，我们特此开出不可撤销的保函，编号_____，收款人为上述受益人。

我们作如下保证；

1. 在本保函，我们的责任应限制为_____（用文字和数字表示的预付款的货币名称及其金额），每年加上年利率为5％的单利利息，利息的计算从卖方收到预付款之日起到本保函有效期满之日止。

2. 如果你们宣称卖方没有根据合同提供任一合同设备和服务，我们应在收到你们的第一次书面要求后7天内，无条件地偿付给你们总额不超过_____（用文字和数字表示的预付款的货币名称及其金额），加上年利率为5％的单利利息的任何一笔款额，利息计算从卖方收到预付款之日起到本保函有效期满之日止，且按以下第3点，保函仍有效。

3. 卖方一收到预付款，本保函立即生效，且应自动减去每次装运合同设备发票值的_____，而不须银行或受益人的任何确认。

本保函在最后的一批合同设备发货日后30天，即在_____（日期）期满，若受益人同意合同设备交货延期，并通知我行，本保函有效期将根据新的交货期自行顺延而无须任何手续。延期必须在本保函期满之前通知我们。

_____（出具行名称）

_____（出具行公章）

_____（出具行授权代表签名）

_____（授权代表印刷体姓名及职务）

_____（银行许可证号）

_____（出具行地址）

_____（出具行电话）

_____（出具行传真）

附件四　质量保函

致：

第_____号合同的_____的质量保函

此保函是为_____（以下称卖方）根据_____年_____月_____日第_____号合同为_____项目（以下称项目）向贵方提供_____（货物和服务的描述）的质量保函。

_____银行（以下称银行）及其继承人和受让人在此无条件地，不可撤销地保证无追索地支付相当于合同设备价10％金额_____人民币，大写_____，并就此立约保证同意：

（A）贵方认为卖方没有忠实地履行所有的合同文件和在其后达成的同意修改，补充，增加和变更，包括替换和/或修复有缺陷的货物的协议（以后称违约），而不管卖方反对，银行应按贵方书面报告说明卖方违约的通知及所提要求，立即按贵方所提的不超过上述累计总额的金额，以上述通知中规定的方式支付贵方。

（B）这里所说的任何支付均免于扣除当时和以后的任何税费、关税、费用，无论什么性质的和无论何人强加的扣除和扣缴。

（C）本保函的各项条款构成本行无条件的，不可撤销的直接义务，合同条款的任何更改，经贵方允许的时间上的任何变动及其它宽容或让步，或者贵方发生的可能免除本行责任的任何疏忽或其他行为，均不能解除本行的责任。

（D）本保函的有效期直至设备最终验收结束后30天。

_____（出具行名称）

_____（出具行公章）

_____（出具行授权代表签名）

_____（授权代表印刷体姓名及职务）

_____（出具行地址）

_____（出具行电话）

_____（出具行传真）

附件五　物流信息化管理相关规定

1　为提高设备物流工作效率，保证设备到货的预见性、及时性和准确性，买方利用其项目管理信息系统对机电物流信息进行管理。要求卖方以规范的合同设备交货总清单、装箱单、装运通知的形式提交有关信息，以利于买方对货物的发运、到货、验收等全过程进行跟踪管理。

2　合同设备交货总清单

2.1　"合同设备交货总清单"是卖方合同设备交货明细表的汇总，它的形成是逐个部套设计完成之后的分层次的逐步细化或完善的过程，"合同设备交货总清单"的变更应受版本控制，并在最近一次提交的版本上做增加、修改等，不得重新定义"合同设备交货总清单"。

2.2　"合同设备交货总清单"的格式见 7.1。

2.3　外协、外购设备（含外购直发件）也应列入"合同设备交货总清单"，即要求外协、外购设备（含外购直发件）按实际交货设备细项明细列入"合同设备交货总清单"。

2.4　卖方应在合同签订后 120 天内向买方提交"合同设备交货总清单"初稿供审查，并在合同设备首次交货前 10 天向买方提交"合同设备交货总清单"第一版，该版本将作为初始数据进入买方的管理系统。卖方应及时补充完善"合同设备交货总清单"，提交更新版本时间应在变化项所属部套首次发货前 10 天。提交给买方的最新版本的"合同设备交货总清单"，将作为卖方的交货基准和发货依据。

2.5　如果在合同执行过程中随着卖方设计的逐步完成或实际情况的变化导致交货总清单发生改变，则卖方应及时对交货总清单进行更新和维护，并及时提交给买方。

2.6　每次设计联络会期间双方对交货总清单进行审核、更新和维护，使其与以后的实际交货保持一致。

2.7　卖方在更新"合同设备交货总清单"时，应保持与上一版本的延续性。如原有设备项不需要交货时，只需将其数量改为"0"即可，不得将已定义的设备项删除。相对于上一版本的所有更新均应用红色予以标识并在备注栏中做出说明。

2.8　"合同设备交货总清单"以电子邮件方式提交，在每次提交"合同设备交货总清单"的同时，卖方应填写"交货总清单提交通知"并以传真方式通知买方，"交货总清单提交通知"格式见 7.2。

3　装箱单

3.1　每批交货设备的装箱单由装箱总清单和详细装箱清单组成，卖方应分别按规定的格式进行填写。"装箱总清单"格式见 7.3，"详细装箱清单"格式见 7.4。

3.2　卖方在填写"详细装箱清单"时，"详细装箱清单"中的设备项必须是已提交给买方的"合同设备交货总清单"的设备项，如果发现发货内容与"合同设备交货总清单"不相符，则应先对"合同设备交货总清单"进行更新、提交并通知买方，然后填写"详细装箱清单"。

3.3 卖方在按照合同规定以纸质文件形式向买方提交装箱单时，应同时以电子邮件方式提交装箱单的电子文件。

4 装运通知

4.1 卖方在按照合同规定以纸质文件形式向买方提交装运通知时，应同时以电子邮件方式提交装运通知的电子文件。

4.2 "装运通知"格式见 7.5。

5 卖方协作单位的规定

5.1 合同中所有涉及卖方协作单位的合同设备交货总清单、装箱单、装运通知等，均应由卖方按上述要求统一提交。

6 其他约定

6.1 买方邮件地址：mat_eq@ctgpc.com.cn 。

7 格式样表

7.1 合同设备交货总清单

合同设备交货总清单
合同编号：（16）　　　　版本：（17）　　　最后修改日期：（18）　年　月　日

备注：
1. 项（5）、（6）、（7）、（8）、（9）、（12）、（13）、（16）、（17）、（18）是必填项。
2. 供应商货物编码（7）：按卖方编码规则填写，卖方应向买方提供其编码规则的详细而系统的说明书。
3. 报价单项代码（12）：填写内容为合同"报价表"中合同设备交付项所属的合同对应的最底层报价单项代码。
4. 报价单细项代码（13）：填写内容为合同设备交付项在所属的合同设备对应的最底层报价单项中的序号。该序号由卖方给出，格式为从"0001"开始的由四位数字组成的顺序号。该序号在同一最底层报价单项（12）下不得重复。

7.2 交货总清单提交通知

交货总清单提交通知	
合同编号	
版本	
最后修改日期	
主要修改内容	
提交文件名	
发送邮件地址	
提交日期	
联系人	
联系电话	
卖方名称及盖章	
传真发送日期	

7.3 装箱总清单

装箱总清单							
卖方							
目的地							
收货人							
合同号				发运地			
装运号				总件数			
联系人				总净重			
传真				总毛重			
电话				总体积			
箱件号	包装类型	存储类型	危险品	长×宽×高（厘米）	净重（Kg）	毛重（Kg）	体积（立方）

箱件号	包装类型	存储类型	危险品	长×宽×高（厘米）	净重（Kg）	毛重（Kg）	体积（立方）

7.4　详细装箱清单

详细装箱清单												
卖方公司名称			买方									
			买方地址									
合同号			设备名称				设备描述					
箱号			运输标记									
序号	报价单项代码	报价单细项代码	供应商货物编码	装配名称	装配图号	子装配名称	子装配图号	货物图号	货物名称	数量	计量单位	重量
1												
2												
3												
4												
5												
6												
7												
8												
9												
10												
11												

7.5 装运通知

装运通知			
1）卖方			
2）发运地			
3）交货地点			
4）合同号			
5）装运号			
6）合同设备描述（合同设备名称、机组编号和部件号）			
7）箱号			
8）收货人		16）发货人	
9）收货联系人		17）发货联系人	
10）收货人传真		18）发货人传真	
11）收货人电话		19）发货人电话	
12）是否采用滚装运输		20）总件数	
13）是否有大件		21）总净重	
14）装运合同设备总价值		22）总毛重	
15）预计到达工地日期		23）总体积	
大件运输信息			
运输工具的名称（汽车/火车/船只/飞机）			
汽车牌号或铁路运输的车次或水运船只的名称或空运航线的名称和航班号			
运输公司联系人及联系方式			
中转方式及时间			
出发地/车站/港口			
预计从出发地/车站/港口出发的日期			
实际从出发地/车站/港口出发的日期			
目的地/车站/港口			
预计到达目的地/车站/港口的日期			
运输和仓储中的特殊要求和必要的注意事项			
其他说明			

备注：标有数字的项为必填项。

附件六 廉洁协议

甲方（发包人）： _____

乙方（承包人）：_____

为了防范和控制_____合同（合同编号：_____）商订及履行过程中的廉洁风险，维护正常的市场秩序和双方的合法权益，根据反腐倡廉相关规定，经双方商议，特签订本协议。

一、甲乙双方责任

1. 严格遵守国家的法律法规和廉洁从业有关规定。

2. 坚持公开、公正、诚信、透明的原则（国家秘密、商业秘密和合同文件另有规定的除外），不得损害国家、集体和双方的正当利益。

3. 定期开展党风廉政宣传教育活动，提高从业人员的廉洁意识。

4. 规范招标及采购管理，加强廉洁风险防范。

5. 开展多种形式的监督检查。

6. 发生涉及本项目的不廉洁问题，及时按规定向双方纪检监察部门或司法机关举报或通报，并积极配合查处。

二、甲方人员义务

1. 不得索取或接受乙方提供的利益和方便。

1）不得索取或接受乙方的礼品、礼金、有价证券、支付凭证和商业预付卡等（以下简称礼品礼金）；

2）不得参加乙方安排的宴请和娱乐活动；不得接受乙方提供的通讯工具、交通工具及其他服务；

3）不得在个人住房装修、婚丧嫁娶、配偶、子女和其他亲属就业、旅游等事宜中索取或接受乙方提供的利益和便利；不得在乙方报销任何应由甲方负担或支付的费用；

2. 不得利用职权从事各种有偿中介活动，不得营私舞弊。

3. 甲方人员的配偶、子女、近亲属不得从事与甲方项目有关的物资供应、工程分包、劳务等经济活动。

4. 不得违反规定向乙方推荐分包商或供应商。

5. 不得有其他不廉洁行为。

三、乙方人员义务

1. 不得以任何形式向甲方及相关人员输送利益和方便。

1）不得向甲方及相关人员行贿或馈赠礼品礼金；

2）不得向甲方及相关人员提供宴请和娱乐活动；不得为其购置或提供通讯工具、

交通工具及其他服务；

3）不得为甲方及相关人员在住房装修、婚丧嫁娶、配偶、子女和其他亲属就业、旅游等事宜中提供利益和便利；不得以任何名义报销应由甲方及相关人员负担或支付的费用。

2. 不得有其他不廉洁行为。

3. 积极支持配合甲方调查问题，不得隐瞒、袒护甲方及相关人员的不廉洁问题。

四、责任追究

1. 按照国家、上级机关和甲乙双方的有关制度和规定，以甲方为主、乙方配合，追究涉及本项目的不廉洁问题。

2. 建立廉洁违约罚金制度。廉洁违约罚金的额度为合同总额的 1％（不超过 50 万元）。如违反本协议，根据情节、损失和后果按以下规定在合同支付款中进行扣减。

1）造成直接损失或不良后果，情节较轻的，扣除 10％－40％廉洁违约罚金；

2）情节较重的，扣除 50％廉洁违约罚金；

3）情节严重的，扣除 100％廉洁违约罚金。

3. 廉洁违约罚金的扣减：由合同管理单位根据纪检监察部门的处罚意见，与合同进度款的结算同步进行。

4. 对积极配合甲方调查，并确有立功表现或从轻、减轻违纪违规情节的，可根据相关规定履行审批手续后酌情减免处罚。

5. 上述处罚的同时，甲方可按照三峡集团公司有关规定另行给予乙方暂停合同履行、降低信用评级、禁止参加甲方其他项目等处理。

6. 甲方违反本协议，影响乙方履行合同并造成损失的，甲方应承担赔偿责任。

五、监督执行

1. 本协议作为项目合同的附件，由甲乙双方纪检监察部门联合监督执行。

2. 甲方举报电话：＿＿＿＿＿＿＿；乙方举报电话：＿＿＿＿＿＿＿＿。

六、其他

1. 因执行本协议所发生的有关争议，适用主合同争议解决条款。

2. 本协议作为＿＿＿＿＿＿＿合同的附件，一式肆份，双方各执贰份。

3. 双方法定代表人或授权代表在此签字并加盖公章，签字并盖章之日起本协议生效。

甲方：（盖章）　　　　　　　　乙方：（盖章）

法定代表人（或授权代表）：　　　法定代表人（或授权代表）：

第五章　采购清单

1　采购清单说明

采购清单包括投标人应提供的设备及配套服务。

2　投标报价说明

本项目适用一般计税方法，增值税税率为 16％；投标人应按照国家有关法律、法规和"营改增"政策的相关规定计取、缴纳税费，应缴纳的税费均包括在报价中；含增值税价格作为投标人评标价。

投标人应按本招标文件规定和本清单的内容及格式要求，结合本招标文件所有条款及条件的要求，完整填写报价表中各项目的出厂单价、出厂合价、运杂费、保险费、合价、小计、合计等所有要求填写的内容。凡未填写单价和合价的项目，则认为完成该项目所需一切费用（包括全部成本、合理利润、税费及风险等）均已包含在报价表的有关项目单价、合价及总报价中。

按本招标文件的规定，投标人的总报价应包括投标人中标后为提供所有合同设备、技术文件和服务及全面履行合同规定的责任和义务所需发生的全部费用，包括设计、制造及所需材料和部件的采购、成套、工厂检验、包装、保管、运输及保险、交货、工地开箱检验、技术文件、设计联络会、工厂见证、出厂验收、工厂培训、质量保证、技术服务、协调、配合项目主管部门主持的工程专项验收、竣工验收等费用，并包括除合同另有规定以外的应由卖方承担的一切风险（包括物价和汇率等的变化）所需全部费用。

报价表中的出厂价中均已包含其相应设备的制造及所需材料和部件的采购、成套、工厂检验、包装、技术文件等全部成本、合理利润和税费，以及合同规定应由卖方承担的其他义务、责任和风险（包括物价和汇率等的变化风险）等所需全部费用。

报价表中的运杂费中均已包括合同设备自卖方制造工厂至合同规定的现场交货地点的运输费、各种杂费、设备运输过程中所需采取的一切安全保护措施等全部成本、合理利润和税费，以及合同规定应由卖方承担的其他义务、责任和风险（包括物价和汇率等的变化风险）等所需全部费用。

报价表中的保险费中均已包括合同设备自卖方制造工厂至合同规定的现场交货地点所需全部保险费用。保险费的填报应考虑由卖方应承担的责任和风险。

投标人应将所有报价表文字说明附在报价表中一并提交。

对于报价表中单位为"套"的设备、专用工器具、备品备件或部件等，应对每套中所包含的所有组成部分分项列出，并报出各分项所对应的价格。

3 清单

表5-1 励磁系统及其附属设备投标报价汇总表

表5-2 励磁系统及其附属设备分项报价表

表5-3 规定的备品备件分项报价表

表5-4 规定的专用工具和维修试验设备分项报价表

表5-5 卖方提供的技术服务费及其它费用分项报价表

表5-6 买方人员在卖方所在地工作项目明细表

表5-7 推荐的备品备件分项报价表

表5-8 推荐的专用工具和维修试验设备分项报价表

表5-1 调速系统及其附属设备投标报价汇总表　　　　　单位：人民币元

1	2	3	4	5	6＝3＋4＋5	7
编号	项目	出厂价	运杂费	保险费	工地交货价	备注
1	励磁系统					
1.1	1号机组励磁系统					
	……					
2	规定的备品备件					
3	规定的专用工具和维修试验设备					
	合同设备总价（1—3项之和）					
4	技术服务费及其他费用					
	投标总价（1—4项之和）					

注：1. 投标人按提供电站全部励磁系统及其配套设备及有关服务填报此表。

　　2. 本表根据表5-2—表5-5的合计栏填报。如果分项报价表5-2—表5-5与本投标总报价表不一致，以分项报价表为准修正投标总报价表。

表 5-2　调速系统及其附属设备分项报价表　　　　单位：人民币元

1	2	3	4	5	6	7	8	9=7×8		10	11	12=9+10+11	13
编号	项目	原产地	生产厂家	发运地	单位	数量	出厂价			运杂费	保险费	工地交货总价	备注
							单价	合价					
1	励磁变压器及附件（包括高、低压侧电流互感器、测温元件、端子箱等）												
1.1	…												
…	…												
2	晶闸管整流柜												
2.1	…												
…	…												
3	直流灭磁及转子过电压保护柜												
3.1	…												
…	…												
4	交流侧断路器及过电压保护柜												
4.1	…												
…	…												
5	励磁调节柜												
5.1	…												
…	…												
6	辅助柜（如果有）												
6.1	…												
7	电气制动用励磁设备（包括电气制动变压器、电气制动切换断路器及附件）												
7.1													
8	电缆、铜母线及附件												
8.1	励磁变压器低压侧至交流断路器的电缆、铜母线及附件												
8.2	交流断路器至励磁柜的主回路电缆及附件												
8.3	其它的动力、控制和信号电缆												
9	其他												
	合计												

注：1. 本表的合计金额应与表 5-1《投标报价汇总表》中第 1 项的金额一致。

　　2. 本表中所列全部分项设备和部件均符合招标文件的要求，且为完整的成套合同设备。

　　3. 应按照主接线图和设备配置分项进行报价。

　　4. 本表中"其他"项，投标人必须根据招标文件的规定详细填报投标人认为是合同设备成套必需的，而在本表中未列出的设备部件、配套件等。若未列齐全，买方在评标期间可要求投标人补齐，投标人不得追加费用。凡属于完整的合同设备成套所需的、虽在本表中未列项或数量缺漏的任何设备、部件及材料等，其所需全部费用均视为已包含在本表中的"其他"项的单价和合价中。

　　5. 电缆、光缆应在相应相下列出所采用的型号，投标人应根据招标文件要求对各种型号电缆、光缆的数量作充分估算，以满足工程的需要，合同执行期间价格不作调整。

　　6. 本表中部分未列数量的设备，其数量由投标人在投标时填写，应满足设备布置和结构要求。

表 5-3　规定的备品备件分项报价表　　　　　　　　　单位：人民币元

1	2	3	4	5	6	7	8＝6×7	9	10	11＝8＋9＋10
编号	项目	原产地	生产厂家	单位	数量	出厂价		运杂费	保险费	工地交货合价
						单价	合价			
1	规定的备品备件									
(1)										
(2)										
(3)										
……										
	合计									

注：1. 本表的合计金额应与表 5-1《投标报价汇总表》中第 2 项的金额一致。

表 5-4　规定的专用工具和维修试验设备分项报价表　　　　　单位：人民币元

1	2	3	4	5	6	7	8	9＝7×8	10	11	12＝9＋10＋11	13
编号	项目	原产地	生产厂家	发运地	单位	数量	出厂价		运杂费	保险费	工地交货合价	备注
							单价	合价				
1	规定的专用工器具											
(1)												
(2)												
(3)												
……												
	合　计											

注：1. 本表的小计金额应与表 5-1《投标报价汇总表》中第 3 项的金额一致。
　　2. 投标人应充分考虑现场起吊条件，配齐全部吊具。

表 5-5　卖方提供的技术服务费及其他费用分项报价表　　　　单位：人民币元

1	2	3	4	5	6
编号	服务项目	工作人日数	单价（每人日）	合价	备注
1	技术服务及其他费用				
1.1	安装调试指导				
1.2	配合试验（包括机组联调试验、PSS 试验及与电力系统相关的其他试验等）				
1.3	系统调试指导				
1.4	其他服务				
	合计				

注：1. 本表的合计金额应与表 5-1《投标报价汇总表》中第 4 项的金额一致。
　　2. 卖方为完成合同规定的对合同设备安装、调试、试运行、验收试验以及操作维护等进行的技术指导、监督服务和技术培训应包括在上述项目中。总的人日数为卖方完成技术指导和监督服务所需要的人日数。其他服务包括对买方人员在工地的培训。
　　3. 本表中的技术服务费是指卖方按本合同的规定为提供本合同规定的全部技术服务所需发生的全部费用（包括税费），所报单价为综合单价，也考虑加班因素，技术服务费总价包干。
　　4. 卖方技术服务人员的交通费用由卖方自理，其费用含在合同总价中。
　　5. 本表中的"其他费用"是指投标人认为在本表中未列明，而在合同履行过程中必须发生且按招标文件规定应由卖方承担的有关全部费用（包括税费）。凡对于本表中未列项目或数量缺漏的，但的确是工程所必需任何的技术服务或其他工作等所需全部费用（包括税费）均已视为包含在"其他费用"中。

表 5-6　买方人员在卖方所在地工作项目明细表

1	2	3	4	5
序号	项目	每次天数	每次人数（买方人员）	次数
1	设计联络会			
2	技术培训			
3	工厂检验及见证			

注：1. 本表列明了买方人员在卖方所在地工作时的项目、天数、人数情况，供投标人报价时参考；
　　2. 买方人员在卖方所在地工作时，买方人员的往返交通费、住宿费由卖方承担；
　　3. 买方人员在卖方工作时，卖方提供当地交通等配合工作，该配合费用已包含在合同设备价中，不单独进行报价和支付。
　　4. 第三次设计联络会会务由买方负责，卖方人员参加会议的相关费用包括在合同总价中。

表 5-7　推荐的备品备件分项报价表　　　　　　　　　　　　　　单位：人民币元

1	2	3	4	5	6	7	8	9＝7×8	10	11	12＝9+10+11	13
项目编号	项目名称	原产地	生产厂家	发运地	单位	数量	出厂价		运杂费	保险费	工地交货合价	备注
							单价	合价				
	小计											

注：1. 除表 5-3 已规定的备品备件外，卖方应推荐合同设备从交货之日起至投运 5 年内运行、检修及维护所需要增加的备品备件，并填报本报价表供买方选择。
　　2. 为完成现场试验所需的，与合同设备密切相关的接口和部件，若卖方认为需要，也应提出并填入此表。
　　3. 卖方推荐的备品备件应分项列出价格，不计入总投标报价内。经买方选定后，即为卖方的供货范围。

表 5-8　推荐的专用工具和维修试验设备分项报价表　　　　　　单位：人民币元

1	2	3	4	5	6	7	8	9＝7×8	10	11	12＝9+10+11	13
项目编号	项目名称	原产地	生产厂家	发运地	单位	数量	出厂价		运杂费	保险费	工地交货合价	备注
							单价	合价				
	合计											

注：1. 除表 5-4 已规定的专用工器具外，卖方应推荐合同设备从交货之日起至投运 5 年内安装、试验、运行、检修及维护所需要增加的专用工器具，并填报本报价表供买方选择。投标人应对其推荐设备的用途作出详细说明。
　　2. 卖方推荐专用工器具应分项列出价格，不计入总投标报价内。其中 1—4 项为必报项。经买方选定后，即为卖方的供货范围。

第六章　图纸

1　概述

图纸并非用来确定提供的设备的设计，仅用于示意合同设备的总体布置。

招标图纸中有"*"标记为土建不允许修改尺寸，卖方提供的设计应满足其要求。其余为参考尺寸，卖方可根据合同设备的结构特点，考虑安装维护的方便，进行优化。

2　买方图纸目录

第七章　技术标准和要求

（一）一般技术条款

1　合同设备和工作范围

1.1　总则

卖方应提供本招标文件规定的数量、符合本招标文件规定运行功能和性能的励磁系统及其附属设备、备品备件和专用工具等，并保证其设备质量与使用寿命。

卖方应全面负责合同设备的设计、制造、工厂试验、包装、保管、运输、保险、交货；参加现场开箱检验等；提供全套技术文件；培训买方技术人员；指导设备的安装、调试、现场试验；参加试运行、验收。

合同设备应采用成熟的、经过实践验证的可靠技术进行设计和制造。产品的设计应通过计算和/或试验验证，制造工艺应经实践证实先进合理。卖方应保证励磁系统及其附属设备作为一个完整系统安全、可靠地运行。

1.2　供货范围

卖方应提供全新的、完整的、成套的设备及附件。

卖方供货范围为＿＿＿＿套励磁系统及其附属设备，每套励磁系统包括下列部分（但不限于）：

1）励磁变压器及附件（包括高、低压侧电流互感器、测温元件、端子箱等）

2）晶闸管整流装置

3）灭磁及转子过电压保护装置

4）励磁调节装置

5）交流侧断路器及过电压保护装置

6）起励装置

7）励磁系统控制、检测、保护、测量和显示设备等

8）包括制动变压器在内的电气制动用励磁设备。

9）合同设备内所有设备之间的连接电缆及附件（包括连接件及紧固件）

10）规定的备品备件

11）规定的专用工器具

12）卖方推荐的备品备件和专用工具器具应按买方选择供货

13）消耗材料和易损件

14）卖方应提供全新的、完整的、成套的设备及附件。任何元件和装置，如果在本规范中没有提到，但对于合同设备的满意运行是必需的，也应包括在内，其费用包括在总价中。

1.3 供货界面

本合同设备供货界面为：

1）离相封闭母线侧：卖方提供励磁变压器与离相封闭母线外壳法兰连接处的升高座法兰、变压器高压套管接线端子，与封闭母线导体连接的其余连接结构包括软连接、连接紧固件、螺栓、绝缘件和密封件均由 IPB 卖方提供。

2）发电机侧：发电机供货商提供励磁系统至发电机转子电刷的电缆，双方的分界点在励磁灭磁柜内。

1.4 协调

1.4.1 概述

1）卖方应与其他设备的卖方（包括安装承包人）就连接部位的结构、形式、性能、参数及必需的资料进行协调，以保证励磁系统及其他设备或部件的设计、制造、试验、吊运、安装、试验、调试、验收等工作的顺利进行。

2）除非在合同文件中另有规定，对于为了使卖方所提供的设备适应其他卖方所提供的设备而要求的较小修改，不得要求额外的补偿。所有卖方之间的有关上述调整对买方均不增加任何附加费用。这些费用应包括在每个项目的报价中。卖方应向买方提供与其他卖方接口部位经协调达成一致意见的所有图纸、规范和资料。卖方应向买方提供2份（买方1套，电站设计单位1套）与其他卖方进行交换的所有图纸、规范和资料的副本。

3）若卖方对其他卖方的设计、技术规范或供货不满意或有疑问时，应立即向买方作书面说明。

1.4.2 卖方的责任

1）卖方应对其供货的全部部件、设备进行相应的设计协调和完善，并承担全部责任。卖方供货的设备应安全可靠运行，并具有最好的性能。卖方应按买方的要求提供全部接口部位的设计技术文件（图纸、资料等）以及用于设计中的标准。

2）卖方应对提供本合同设备的外购（外协）人的产品质量和供货进度负责，并应负责协调履行本合同工作的外购（外协）人与其他卖方的关系。

3）卖方应服从和配合买方及电站设计单位的相关工作协调。

1.4.3　与发电机卖方的协调

卖方应与发电机卖方就以下内容进行协调，但不限于此：

1）与发电机卖方关于励磁设计参数的协调；

2）与发电机卖方关于励磁盘柜与发电机设备接口的协调。

1.4.4　与电站计算机监控系统卖方的协调

卖方应与计算机监控系统卖方对下列内容进行协调，但不限于此：

1）向计算机监控系统卖方提供励磁系统 I/O 量的详细资料；

2）向计算机监控系统卖方提供招标文件中规定的仪表的输出点的详细资料

3）与计算机监控系统卖方协调励磁调节器与计算机监控系统通讯接口、规约及时钟同步问题；

4）其他要求的项目。

1.4.5　与分支离相封闭母线卖方的协调

卖方与分支离相封闭母线卖方关于励磁变压器（包括高压侧电流互感器）接口的协调。

1.4.6　与土建承包人和安装承包人的协调

卖方与土建承包人以及安装承包人的协调由买方负责，卖方应配合买方的协调工作。

1.4.7　卖方与继电保护及故障录波系统卖方的协调

卖方与继电保护及故障录波系统卖方对下列内容进行协调，但不限于此：

1）与继电保护及故障录波系统卖方就保护所需的励磁系统提供的保护输入信息技术要求进行协调；

2）就上述系统要求装于励磁设备内所有设备的布置安装设计及要求进行协调

3）其他要求的项目。

1.4.8　励磁系统卖方与安装承包商的协调

励磁系统卖方应负责与安装承包商对预埋件、设备安装及技术服务等进行协调。

1.5　服务

卖方应提供下列服务（不限于）：

1）为买方监造、检查和见证、验收的人员提供服务。

2）在工地为合同设备的安装、现场调试、现场试验和交接验收提供技术服务。

3）为参加在卖方所在地召开的设计联络会、工厂目睹见证、出厂验收的买方参会人员提供服务。

4）为买方人员的技术培训提供服务。

5) 为完成本合同规定的全部协调工作和责任提供服务。

6) 为买方提供完善的售后服务。

1.6 试验

1) 完成材料试验；

2) 完成工厂试验（型式试验和出厂试验）；

3) 合同设备安装完毕后，除必要的测试等工作外，现场试验由安装承包人进行，卖方应提供试验方案。卖方技术人员还应参与合同设备的现场试验及调试，并提供协助、技术监督和指导。

1.7 进度表及资料

1) 卖方应提供本合同设备的制造进度表及经修改的生产计划和报告。

2) 卖方应提供用于设备制造和安装、维护和检修，以及用于电站设计的工厂图纸、标准、技术资料及技术分析报告、计算书以及合同设备包装、运输、保管、安装、调试、测试、试验、运行、维修、维护的说明书或手册。

3) 卖方应提出设备的安装进度表。该表应注明对励磁系统环境条件的要求、基础调整时间、励磁系统及励磁变压器本体安装和调整时间、现场试验时间等要求。

2 工程概况

2.1 概述

（电站地理位置、电站建筑物组成、装机台数等）

2.2 电站接入系统方式及电气主接线

2.2.1 接入系统方式

（接入系统方式描述）

2.2.2 电气主接线

（电气主接线描述）

电气主接线详见招标附图。

2.3 电站交通和运输条件

2.3.1 对外交通运输

电站对外交通运输示意图见招标附图。交通条件的变化或其他可行运输方案，由卖方在投标阶段核实、提出。

2.3.2 场内交通运输

2.3.3 上述运输条件和线路仅供参考，具体运输方式和条件由卖方自行考察选择，其费用在合同总价中。

2.4　运行环境条件

1）温度

最高温度＿＿＿＿＿＿＿＿＿＿＿＿＿＿＿＿＿＿＿＿

24h 平均温度＿＿＿＿＿＿＿＿＿＿＿＿＿＿＿＿＿

最低温度＿＿＿＿＿＿＿＿＿＿＿＿＿＿＿＿＿＿＿

日温差＿＿＿＿＿＿＿＿＿＿＿＿＿＿＿＿＿＿＿＿

2）湿度

在 24h 内测得的相对湿度的平均值不超过＿＿＿%；

在 24h 内测得的水蒸气压力的平均值不超过＿＿＿kPa；

月相对湿度平均值不超过＿＿＿%；

月水蒸气压力平均值不超过＿＿＿kPa。

3）在二次系统中感应的电磁干扰的幅值不超过＿＿＿kV。

4）周围空气没有明显地受到尘埃、烟、腐蚀性和/或可燃性气体、蒸汽或盐雾的污染。

5）接地

电站接地网接地电阻不大于＿＿＿Ω。

6）其他

（1）尘埃：尘埃粒度大于 0.5 的个数小于 3500 粒/L。

（2）振动与冲击：振动频率在 5—200Hz 范围内，加速度不大于 $5m/s^2$。

（3）电磁环境：设备置于强电磁干扰环境，除了钢筋混凝土结构建筑外，没有任何特殊的电磁屏蔽，卖方应确保所供设备在此环境下安全运行。

2.5　电站提供的设施

1）电站厂用电

交流：

直流：

卖方提供的所有保护监控设备应能在上述相应的范围内正常运行，当输入电压下降到低于下限值时，设备应不致损坏。

设备的内部直流稳压电源应有过压、过流保护及电源报警信号，能防止损坏电源回路上的其他设备。

2）起吊设备

2.6　厂房及励磁设备布置

1）安装场所

励磁系统盘柜布置在＿＿＿＿＿＿＿＿＿，安装高程约＿＿＿＿＿＿m。励磁变压器布置在

_____，安装高程约_____m。

励磁盘柜布置的土建控制尺寸约为_____（长×宽×高），励磁变压器布置的土建控制尺寸约为_____（长×宽×高）。针对本电站的土建控制尺寸要求，请卖方推荐最优布置方案。设备布置的高程、尺寸根据工程实际情况可能会有适当的调整，将在设计联络会上最终确定，卖方不能因此调整合同总价。

　　2）布置方式

　　3）厂内运输

　　4）维护通道

2.7　相关设备的特性

2.7.1　发电机

机组供货简介。

额定容量	___MVA
额定功率	___MW
额定功率因数（滞后）	___
额定电压	___kV
额定频率	___Hz
相数	___
额定转速	____r/min
定子绕组连接	____
额定励磁电流	___A
额定励磁电压	___/V
空载励磁电流/空载励磁电压	___A/V
直轴同步电抗 Xd（不饱和/饱和）	____%
直轴瞬变电抗 X'd（不饱和/饱和）	____%
直轴超瞬变电抗 X''d（不饱和/饱和）	____%
交轴同步电抗 Xq（不饱和/饱和）	____%
交轴超瞬变电抗 X''q（不饱和/饱和）	____%
直轴瞬变开路时间常数 T'do（在 95℃）	____s

直轴瞬变短路时间常数 T′d（在 95℃）	____s
定子绕组短路时间常数 Ta（在 95℃）	____s
转子绕组电阻 Rof（在 95℃）	____Ω
转子绕组电阻 Rof（在 115℃）	____Ω

发电机电气特性和性能：

1）发电机在额定频率、额定电压和欠励情况下对线路充电，其持续充电容量不小于____Mvar，此时发电机不应产生自励或不稳定现象。

2）在功率因数为 0.9～1.0（进相或滞相）范围内，发电机在额定频率、额定电压和额定容量下能连续运行。发电机运行期间电压和频率的变化满足 GB755 的规定。

3）发电机能在额定电压、额定转速、额定容量的温升限值和功率因数 0.9（进相）的条件下长期进相运行，进相容量不小于____MVar。

4）各种功率特性符合发电机功率特性圆图。

2.8 电站建设进度

3 标准和规范

3.1 标准和规范

合同设备的设计、制造、试验及材料应符合下列机构、学会、协会和其他组织的标准和规范（包括引用的标准和规范）的有关规定（包括但不限于下列标准），以及三峡集团企业相关标准。

DL/T 1628－2016	《水轮发电机励磁变压器技术要求》
DL/T 583	大中型水轮发电机静止整流励磁系统及装置技术条件
DL/T 489	大中型水轮发电机静止整流励磁系统及装置试验规程
DL/T 491	大中型水轮发电机自并励磁系统及装置运行和检修规程
GB/T 7409.1	同步电机励磁系统 定义
IEC60034－16－1	同步电机的励磁系统 第1章 定义
GB/T 7409.2	同步电机励磁系统 电力 系统研究用模型
IEC60034－16－2	同步电机励磁系统 第2章 动力系统研究模型
GB/T 7409.3	同步电机励磁系统 大、中型同步发电机励磁系统技术要求
GB/T 11805	水轮发电机组自动化元件（装置）及其系统基本技术条件

IEEE std. 421. 1	同步电机励磁系统标准和定义
IEEE std. 421. 4	励磁系统技术要求准备指导
IEEE std. 421.	带 PSS 的励磁系统模块
EN 60 529	外壳防护等级（DIN IP Code）
DL/T866	电流互感器和电压互感器选择及计算导则
IEC 60 146（VDE558）	半导体整流器
GB/T3859.1～3859.3	半导体变流器
GB 1094.1	干式电力变压器
GB/T 10228	干式电力变压器技术参数和要求
GB/T 18494.1	变流变压器－工业用变流变压器
GB/T 8636	电力变流变压器
IEC 60 664－1	低压系统的绝缘配合　基本原理及要求
IEC 60 439	低压成套开关设备和控制设备
GB/T 17626.5	电磁兼容 试验和测量技术 浪涌（冲击）抗扰度试验
GB/T 17626.6	电磁兼容 试验和测量技术 射频场感应的传导搔扰抗扰度
IEEE std. 344	地震条件
EN 50 081－2	一般辐射标准
IC/EN 61 800－3，AnnexD	EMC 产品标准
IEC/EN 61000－4－2	静电释放要求
IEC/EN 61000－4－3	放射的无线电频率
ENV 50204	电磁场
IEC/EN 61000－4－4	电气快速瞬时冲击要求
IEC/EN 61000－4－5	浪涌保护要求
IEC/EN 61000－4－6	RF－磁场导致的导通干扰
IEC/EN 61000－4－11	电压下降，短时间中断和电压变化保护
IEC/EN 61000－4－12	振荡电磁波（SWC）
EN 50 081－2	一般排放标准
ANSI/IEEE C37. 18	旋转电机封闭磁场放电断路器
IEC60225	电气继电器
GB/T 14285	继电保护及安全自动装置技术规程

国能安全〔2014〕—161　　防止电力生产事故的二十五条重点要求

南方电网安生〔2005〕—4号　中国南方电网有限责任公司十项重点反事故措施

3.2　标准采用相关规定

本合同设备应按照上面所列出的标准和规程实施和进行试验，上述标准或规程与招标文件的规定有矛盾的地方，以招标文件的最终规定为准。如果上述标准之间存在矛盾，而在本招标文件中又未明确规定，这样的不协调应以最高标准和规程为准。本招标中所使用的标准或规程应是合同签定时最新版或是设计阶段的最新修改版。卖方应提供设备材料、设计、制造、检验、安装和运行所涉及的标准、规范和规程。中国标准采用中文版，国外标准采用英文版。

3.3　替代标准

如果卖方拟采用的设计、制造方法、材料及工艺的标准和规程没有包括在上列标准之中，则这些替代的标准将提交买方审查。只有在卖方已论证了替代的标准相当于或优于上列的标准，并且得到买方的书面同意或认可后方能使用。在设备的说明书或图纸中注明所采用的标准。提供审查的标准采用中文版本，其他文种的版本译成中文再与原版本一起提交买方审查，并且在设备的说明书或图纸中注明所采用的标准。

4　卖方提供的技术文件

4.1　概述

1）卖方应提供用于合同设备制造、运输、安装、调试、运行、维护以及用于电站设计的图纸、有关的计算书、分析报告和试验报告供买方审查。

2）卖方应对所有主要部件的设计和其它部件或细节提供详细的技术说明。买方有权审查卖方的设计计算，卖方提供的计算书格式应清楚地表明全部假定、方法和结果，便于进行审查。

3）提供用于设计的标准目录和必要的标准；提供工厂组装和试验程序；提供现场安装和检验的程序；提供包装、运输、保管、安装、调试、测试、试验、运行、维修、维护说明书或手册。

4）提供安装、调试、运行、维护和辅助设备控制系统所必需的正版应用软件、源程序和使用说明。

5）按照本招标文件"全生命周期信息"的要求，提供合同设备信息。按照买方物流信息管理要求提供相应的物流信息。

6）技术资料和工厂图纸应用中文书写。对于国外标准和设备的型式试验报告等英文版本的资料，卖方应按合同要求提供对应的中文译本，并应对中文译本的准确性负责。

7）除了供参考的图纸（应明确标明）外，正式提交的图纸和设计数据应由卖方授权代表签署，以证明该资料已由卖方校核且适合于工程中使用。

8）卖方向买方提交的技术文件、图纸、资料及邮寄或传真这些技术文件、图纸和资料，费用均应包括在合同总价内，不再另行支付。卖方应按要求提供的图纸和文件资料的份数分别通过快件寄送买方和电站设计单位。

9）所有文件、书面资料或图表使用国际公制单位制（SI）计量单位。卖方提交的图纸应按比例绘制。图纸尺寸必须符合 ISO 标准。如：

A1（594×841mm）

A2（420×594mm）

A3（297×420mm）

A4（210×297mm）

不得使用与上述图幅不同的图纸。

10）卖方提交的图纸应遵循《水利水电工程制图标准》（SL 73）；图纸中的文字代号和电缆编号应遵守买方企业标准《项目代号及电缆编号》的规定。（本"规定"将在合同签定后由买方提供给卖方）。

11）进口元件和部件的资料应为中、英文对照版，当两者发生矛盾时以中文为准。

12）卖方应安排技术文件提交计划，并在第一次设计联络会前提供详细的技术文件总清单（包括计划提交的批次和日期）。

13）提供的图纸要求采用 AUTO CAD 的＊.DWG 格式，文档采用 WORD 的＊.DOC 或 EXCEL 的＊.XLS 格式。

14）对于本技术条款以及将来设计联络会纪要中所有有明确提交时间要求的技术资料（包括各种图纸、计算书、说明书、设备清单等），卖方应在规定的时间内提交，否则应处以合同条款中规定的违约金。

15）卖方提供给买方和电站设计单位的资料的内容和份数应按表7-1执行：（参考主变的写法）

表 7-1　卖方提供图纸和资料数量表

序号	图纸、资料分类	图纸提交单位及数量	
		买方	工程设计者
1	供审查图纸	2	2
2	图纸	15	2
3	全部卖方图纸合订本、技术文件合订本	10	2
4	计算书、说明书、设备清单、安装进度表等	10	2
5	图纸和所有技术文件电子文档	3	1
6	试验报告（包括附件）、出厂检验证书、质量合格证书	10	2

4.2　进度计划和报告

1）在第一次设计联络会前，卖方应向买方递交工作进度计划。进度计划中的项目应按其实施的先后顺序安排且符合合同规定的工作时间和交付时间。

2）卖方必须确保合同设备的成套部件和技术文件在规定的交付日期内交付。卖方可以按最有利的情况来调整合同设备工作进度，并将调整的进度计划报送买方审查。任何进度时间的修正都应经买方书面批准。

3）进度计划应有箭头指示图表，按"关键路径法"（CPM）编制，显示按合同要求合同设备的每个部件或组件的设计、制造、试验、验收、运输和交货开始和完成的日期，时标网络图应使用 MS Project 或与此兼容的软件编制，并提供电子文档。

4）进度计划应包含必要的文字说明，对重大事件作详细的描述，同时还应提供由分包人编制的主要分包部件的进度计划。

4.3　合同设备清单及二维信息码

1）卖方应在设备发运前向买方提交合同设备部件总清单，此清单应为合同设备的所有部件清单，以作为每批次交货基准，核对是否漏发少发。零部件的细分程度以安装不可拆分为止。卖方须对合同设备主部件和主部件所属零部件进行编号，其主部件和所属零部件编号组成的代码是唯一且固定不变的。

2）合同设备交货部件总清单分为主部件清单和详细部件清单。主部件清单内容主要包括合同设备主部件名称、重量、体积和各主部件所属部件的种类等；详细部件清单是指每一主部件所属零部件清单，其内容包括部件名称、规格型号、材料、数量、计量单位、唯一图号及图中位置号、相应部件号、生产厂家、原产地等信息。

3）合同设备交货部件总清单不能作为卖方交货不全的籍口。

4）设备二维信息码

卖方应在供货设备的包装箱和箱内零部件上标记二维信息码。二维信息码应与设备交货总清单相关联，码内信息应包括交货批次、箱号、设备名称、规格型号、货物图号、单位、数量、重量、报价单项代码及细项代码等有用信息。

4.4 技术文件和图纸

卖方应按规定的时间和数量提供资料，除下列图纸外，买方和卖方认为需要补充提供的图纸资料及提供时间将在设计联络会纪要中列出。

1）轮廓图和数据

卖方应提交合同设备的轮廓图、估计重量、尺寸、主要技术参数以及设备所要求的接口资料，以便对装有这些设备及其辅助设备的结构物进行设计。

卖方应在合同生效后____天内提供下列励磁系统轮廓图和数据给买方和电站设计单位。

（1）励磁系统原理方框图

（2）励磁设备总体外形图及安装详图

（3）励磁变压器外形图，包括尺寸、重量、额定值、高压套管及与分支封闭母线连接图

（4）励磁变压器高、低压侧电流互感器的安装及固定方式

（5）励磁柜组装外形图，包括尺寸、重量、设备布置、电缆引入和固定方式

（6）电气制动变压器（左岸电站）、起励变压器及整流设备的尺寸、重量、布置和接线

（7）励磁变低压侧至励磁进线柜插接母线布置图

（8）励磁系统主要数据及主要设备参数

（9）励磁系统参数计算书（包括灭磁仿真计算）

（10）卖方所采用的标准及制造厂规范（复印件）。

2）详图和数据

在合同设备着手制造之前，卖方应向买方提交下列详图和数据。这些图纸应表明所有需要的尺寸；设备的所有现场连接；水的管路（如果有）的连接位置和尺寸；电气回路的端子结线和导线的规格以及去向

卖方应在合同生效后____天，提供下列励磁系统详图和数据给买方和电站设计单位。

（1）励磁系统原理接线图

（2）励磁柜安装接线图，包括柜内、柜间以及与外部设备连接的端子图和现地安装接线图

（3）励磁柜盘面布置图

（4）柜内设备布置图

（5）励磁设备电缆引入，分支离相封闭母线连接以及套管详图

（6）励磁变高、低压侧电流互感器、非电量测量元件引出端子接线图

（7）励磁系统各模块、变送器及自动化元件原理、接线、安装图及说明书

（8）性能参数一览表（包括主要特性、参数、主要设备规格及特性等）

（9）设备清单

（10）推荐的继电器、仪表和调节器的整定值，包括所有报警/跳闸点、时间常数、增益和计时回路

（11）与电站计算机监控系统的详细的 I/O 清单、通讯规约及接口

（12）数字式电压调节器和电力系统稳定器的传递函数及相关参数和逻辑回路图

（13）励磁系统控制、操作、调节、监视程序及流程逻辑图。

3）说明书

卖方应对每项设备的工厂组装和试验、搬运和贮存、安装、运行和维修、以及现场检查、初始运行、试验和试运行的程序提交详尽的书面说明书。励磁系统控制、操作、调节、监视等应用软件程序及流程逻辑图的说明书。说明书应在发货前提交给买方，以便在实际的安装和运行之前，在现场能获得最终的经审查的文本，用来做好计划工作。

卖方应在合同生效后____天，提供下列说明书买方和电站设计单位。

（1）工厂组装和试验程序

（2）装卸和贮存说明书

（3）安装说明书

（4）运行和维修说明书

（5）现场投入运行说明书

（6）应用软件程序及流程说明书、软件中相关变量定义的说明以及现场调试方法的说明

4）计算书

卖方在合同签订____天内，应提供给买方励磁系统技术参数（如励磁变容量、功率元件、冷却系统以及灭磁系统的直流断路器、交流断路器、灭磁电阻、过电压保护等的选择）的设计计算书。设计计算书应足够详细地说明基本设计方法、边界条件、使用准则，以证明设备能符合规定的要求并为寻找设备的故障提供充分的资料。

5）设备清单

卖方应在提供合同设备的设计图纸时，同时提交设备清单及设备清单光盘交买方批准。清单应包括本合同涉及的设备和辅助设备的制造厂名，以及制造厂的产品说明书和型式试验报告、部件编号、额定值、性能特性和能使买方得到备件所必需的其他有用资料。还应提供本招标文件包括的每块印刷电路板和分部组装件的单独的设备

清单。

6）逻辑图及软件

应提供用于说明励磁系统控制、调节、监视等应用软件的逻辑图。该逻辑图应按下列要求提供：

□ 模拟控制回路：提供的图纸应与 ISA 标准格式一致。

□ 顺序控制：用于顺序逻辑的控制应按流程图或梯形图格式提供。

□ 励磁调节器控制软件逻辑和控制模型。

□ 卖方对逻辑图图例、文字符号及阅读指导等说明。

应提供励磁调节器及编程终端的系统软件和应用软件的 U 盘或光盘。在最后一批合同货物发货后 2 年内，软件的更新或功能增强均应无偿地提供给买方。在此之后，应使买方能以优惠的价格得到更新的软件。

7）安装进度表

应提交安装进度表供买方参考，该表应表明安装所需的估计时间、安装承包商所需的人员工种及数量、工具的型号及数量。该进度表不得迟于本合同授予后 90 天提交。该进度表应包括现场安装、检查、调试、试运行、试验和考核运行所需的时间。

8）试验报告

卖方应提供与合同设备有关的所有最终试验报告的复制件装订本，包括励磁系统试运行、甩负荷、带负荷验收试验、电气试验以及规定性能试验的最终报告。该报告应装订成册作为永久资料使用。

4.5 技术文件审查

1）买方对卖方技术文件的审查不能免除卖方应付的责任。

2）卖方提供的文件不符合本招标文件的要求，买方有权要求卖方进行设计修改。为使设备符合本招标文件的规定和意图，卖方可以做出必要的设计变更。但所有设计变更均须得到买方的确认。

3）设计联络会所需的图纸和资料，卖方应在设计联络会召开前____天全部提交。卖方应按设计联络会纪要修改图纸和资料，并在会议纪要规定时间内重新提交。

4）设计联络会所需的图纸和资料以外的其它图纸和资料，买方将在收到后的____天以内审查并返回给卖方，卖方应在收到买方图纸后____天内进行修改并重新提交。

5）当图纸经买方审查通过，则不得进行任何修改，否则应再次提交买方审查。

6）在设备组装或安装期间，如果发现卖方图纸有错误，卖方应在图纸上标注修改内容，包括任何认为必要的现场变更。该图纸应按上述程序重新提交买方审查。

7）买方对工厂图纸只作概要的审查，对任何性质的错误和疏忽，图纸或说明中的偏差，或由此偏差而可能产生的与其他产品的矛盾，均仍由卖方负责。

8）买方将在设计联络会上予以审查确认或以传真方式予以审查确认。

4.6 试验报告及合格证书

卖方应在励磁系统及附属设备工厂试验验收后＿＿＿天（日历天数）内提供试验报告（包括试验记录）和证书给买方和电站设计单位。

5 全生命周期信息

为满足买方机电设备全生命周期信息系统对卖方供货设备数据和信息的需要，卖方应按照买方提供的格式和数据要求，及时向买方提供设备的设计及计算、材料选取及检验、制造工艺及过程、工厂试验及检验等真实可靠的数据和信息。

对于外购件，应及时提供供货厂家、产品规格型号、出厂检验报告、产品合格证等真实可靠的数据和信息。

本节中所要求的文档必须以电子文档（光盘或者存储卡）的方式提供或直接录入买方的信息系统（若具备条件）。

6 归档文件

设备投运后，卖方按买方档案管理要求向买方提供2套完整归档技术文件，归档技术文件的内容包括"表3卖方提供的技术文件"涉及的内容（除第1条）和设计联络会纪要、现场试验报告和合同执行期间买卖双方的书面技术文件等。

每套归档文件应包括1个表明图纸数量和图纸题目的索引，并应装订成册作为永久的资料。卖方应向买方提供2套上述文件的电子版及相应的正版支持软件。（参考主变）

归档文件具体要求在设计联络会上确定。

7 材料、涂漆和防腐

1）设备制造选用的材料应是新的、适用的优质产品，并且无缺陷。材料的规格、包括等级应符合相应的标准，并表示在适当的详图上，以提交买方审批。

2）用于设备和部件的材料都应经过试验，试验按ASTM规定的有关方法进行，材料试验报告应提交买方。

3）合同设备应在良好的工艺条件下进行制造，制造工艺应是经实践证实是最先进的。全部设计和制造工作应由专业技术人员和经训练的熟练技工担任。所有零部件应严格按规定的标准加工，零件可互换，便于修理。设备的生产过程应进行严格质量控制，确保提供设备的质量。

4）所有的配合件，应按其用途选择合适的机械制造公差，公差应符合国际标准协会（ISO）标准。

5）工厂涂漆和保护涂层

6）保护涂层应按 SSPC－PA1、ASTM B456、ASTM B633 和 ASTM A164 进行操作。含有铅和/或其它重金属或被认为是危险的化学物质不得用于保护涂层。

7）全部设备表面应清理干净，并应涂以保护层或采取防护措施。表面颜色由卖方提供色板，由买方决定。

8）除另有规定，锌金属和有色金属部件不需要涂层。不锈钢、奥氏体灰口铸铁和高镍铸铁应视为有色金属。

9）在进行清理和上涂料期间，对不需要涂保护层的表面应保护其不受污染和损坏。

10）清理和涂保护层应在合适的气候条件和充分干燥的表面上进行。当环境温度在 7℃ 以下或当金属表面的温度小于外界空气露点以上 3℃ 时，不允许进行。

11）在运输过程中暴露在大气中的机械加工表面和精加工的黑色金属表面，发运前要用溶剂清洗干净，并涂一层厚的防锈化合物。

12）所有暴露在大气中的非机械加工的钢质金属表面，需喷砂发亮处理，再刷两层防锈漆。底层防锈漆干膜总的最小厚度为 50mm。防锈漆在干燥后总的最小厚度为 75mm。受冷凝作用的表面，应涂经买方批准的合适的防结露油漆。

13）卖方的标准油漆系统也适用于各种小的辅助设备，例如接触器、表计和类似的设备。

14）盘柜和管道的外表面，应在机械清扫后涂 4 层指定的装饰颜色涂料，卖方应提供涂料颜色的样板，由买方在设计联络会上确定。盘柜的非工作内表面，须在进行机械清扫后，按买方的标准涂 2 层防护漆。

8 辅助电气设备

8.1 概述

1）除非另有规定，辅助电气设备应符合第 3 节中所列的标准和规程，同时考虑第 2 节中所列的运行条件，所有技术规范的要求和所有制造厂的保证值均应根据这些条件制定。

2）除非另有说明，卖方所提供的所有电气设备应适用于 50Hz 单相交流 220V 或三相交流 380V 电源，或者直流 220V 电源。

3）导线的安装应符合 ANSI 标准有关条款的要求。

8.2　变送器和传感器

1）变送器和传感器应能适用于需精确测量的物理量。其输出应为 4—20mA（满刻度）直流电流，负载电阻不小于 750Ω，变送器精度应不低于 0.2 级。和转子回路直接相联的变送器，其绝缘耐压水平应与转子回路相同。

2）除另有规定外，25℃时的最大允许误差应不超过满刻度的 $\pm 0.25\%$，温度从 $-20℃$ 至 60℃ 的变化引起的误差不超过 满刻度的 $\pm 0.5\%$。交流输出脉动应不超过 1%。设备的校准调节量应为满刻度的 10%，从 0—99% 的响应时间应小于 100ms。在输入、输出、外接电源（如果有的话）和外壳接地之间应有电气隔离。所有的传感器的绝缘耐压试验值应符合 IEEE 472 SWC 的试验要求。

3）温度检测计（RTD）应选用铂金属型，0℃ 时，电阻为 100Ω。测量范围为 0—150℃，在该范围内测量精度为 $\pm 1℃$。

8.3　按钮

1）所有按钮应为重载防油结构。

2）接点额定值

最高设计电压：交流 500V 和直流 250V

最大持续电流：10A（交流或直流）

最大感性开断电流：交流 220V，3A 和直流 220V，1A

最大感性关合电流：交流 220V，30A 和直流 220V，15A

3）按钮应符合 NEMA 标准有关条款的要求。

8.4　继电器

1）顺序继电器

用于逻辑控制的继电器应为重载型。该继电器应根据 NEMA 标准有关的条款进行设计和试验。接点数量应满足逻辑控制的要求和与电站计算机监控系统连接的要求。

2）延时继电器

延时继电器应为固态式，带有防尘盖和 2 个单极双掷接点回路并可调延时。如有规定，还应具有瞬时接点回路。

8.5　指示仪表

1）指示仪表应为开关板型，半嵌入式，盘后接线。仪表应经过校准并适合于所用的场合。仪表应包括调零器（便于在盘前调零）、防尘外壳。表的显示应为白色表盘、黑色刻度及指针。表计刻度盘盖板应防眩光。双指针表计指针为红、黑两色。其刻度弧度为 $90°$（直角）/ $300°$（广角），精度为 1%。

2）卖方可以推荐数字显示仪表作为指示仪表的替代方案，供买方选择。

8.6　指示灯

1）型式

指示灯应为开关板型，具有合适的有色灯盖和整体安装的电阻，指示灯的发光元件应采用 LED。有色灯盖应采用透明材料，不会因为灯发热而变软。应能从屏的前面进行指示灯的更换，并提供所有更换所需的专用工具。所有有色灯盖应具有互换性，而且所有的灯应为同一类型和额定值。

指示灯和电阻的额定值为 220V（交流或直流）或与它所工作的电压系统相适应。当柜上有 24V 电源时，应优先采用 24V 的 LED 指示灯。

2）特殊要求

用于各种场合的指示灯和光字信号由卖方选择并提交买方批准。

8.7　控制、转换和选择开关

1）型式

开关板或控制柜盘前安装的手动开关为重载、旋转式、带限位结构。

2）额定值

（1）最高设计电压：交流 500V 或直流 250V；

（2）持续工作电流：10A（交流或直流）；

（3）最大感性开断电流：交流 220V，3A 或直流 220V，1A；

（4）最大感性关合电流：交流 220V，30A 或直流 220V，15A。

3）面板

每个开关面板应能清楚地显示每一工作位置。面板的标志应由卖方选择并经买方批准。

4）手柄

开关手柄的型式和颜色应由卖方选择并经买方批准。

8.8　电气盘柜

1）概述

应提供外表美观、经批准的全封闭的钢壳体来安装电气设备。壳体应由坚固的自支持的钢板构成，并装有带密封件和铰链、长度为柜全长的门。门的位置应方便接近设备。壳体的每扇门应装有安全锁。门锁样式由买方统一提供，若卖方提供的门锁不能与买方要求一致，需买方批准。

2）柜体技术要求

（1）电气盘面板由 2mm 厚以上薄钢板制成，框架和外壳有足够的强度和刚度。盘高一般为 2200＋60mm，其中 60mm 为盘顶档板的高度。为放置盘铭牌而设置。盘铭牌的设计样式和铭牌上的文字内容由买方统一提供。若为其他尺寸，则需经买方的批准，但排在一起的盘柜高度应一致。电气盘应用螺栓固定在预埋的槽钢上（槽钢不属本供货范围）。

（2）盘面应平整。应至少涂两层底漆，面漆用半光泽漆。壳体内应有内安装板以便安装电气设备。

（3）除非另有要求，功率柜和灭磁柜的防护等级为 IP31，其它电气盘柜的防护等级不低于 IP43。除功率柜外，其他励磁盘柜提倡自冷方式。

（4）进风口的位置和尺寸以及滤网厚度要合适，盘门关闭要严实，即要防止灰尘进入盘柜，又要保证柜内散热满足需要。励磁功率柜进风口和滤网，一般情况下，要保证连续运行 3 月而无需更换滤网。

（5）出风口的位置可以设在盘门上方，也可以设在盘顶。如果采用将盘顶盖板顶起的办法，应该在里面加装一层金属网，防止小动物进入。

（6）柜门前门宜为单门，后门宜为对开门。柜门门面为凸出式，即关上门后，门框与柜体正面相切。

（7）机柜外观稳重，机柜为组装型形式，安装、拆卸、调整简单方便，封闭性好，柜设备受力均匀。

（8）机柜的底部应能进出电缆，并设有固定电缆的设施。柜顶电缆孔应为可拆卸型的，并设有密封圈，当现场电缆需要从柜顶进出时，才拆除电缆孔挡板。电缆孔挡板的基础框架应留有电缆槽盒与柜顶紧密连接的螺栓。电缆从屏柜底部或顶部中央进入时，应从屏中央引上或引下逐渐向左、右侧端子排分线，因此屏后部应设有固定电缆的横梁，以利于实施上述进线及分线方式。

（9）盘门指示灯和显示器件的布置高度要求

（10）如果没有特殊要求，盘门锁布置高度为 1100mm，操作按钮等为 1220mm，显示器布置高度为 1500mm，单排信号灯布置高度 1800mm，双排信号灯布置高度为 1800±50mm。上述高度属于安装器件的中心高度。若承包方提供的励磁盘门器件的高度为其它尺寸，需提交买方审查和批准。

（11）柜体及励磁变外壳颜色 RAL7032。

3）屏柜之间的连接

排在一列的屏柜将安装在同一个预埋槽钢上，屏柜之间应采用螺栓连成整齐的一列，屏柜之间的母线和连接线应由卖方提供。

4）电缆孔

对墙上或楼板上安装的壳体，其顶部或底部设有可拆卸的带密封垫的板，以利电缆的引入和引出，并有固定电缆的设施。

5）加热器和智能型恒温控制器

为控制柜内的温度和湿度，柜内应装有加热器，必要时应装散热风机。加热器和散热风机的放置应确保空气循环流畅，并在过热状态时不会损坏设备。加热器和散热风机额定电压应为单相交流 220V，应带有投入/切除开关。加热器和散热风机可以由机组开停机或者励磁装置投退控制，也可以由智能型恒温控制器控制，智能型恒温控制器应带有投入/切除开关。

6）防雷保护器

为防止雷电通过交流进线侵入，损害电气盘内电子设备，励磁调节柜内交流工作电源进线侧均应装有国际知名品牌的防雷电保护器。

7）灯和插座

每柜内应装有一盏照明灯和一个插座，以方便运行和维修。照明灯应采用防止电磁干扰 LED 灯，并带有护线板和电源开关。插座应为双联、10A、三线式（中国国标），工业插座具有漏电保护功能。灯和插座的动力电源为单相交流 220V。电源回路由其他承包商提供。

8）接地

柜内应装有适当额定值的接地铜母线，该铜母线截面应不小于 40x5mm2 并安装在柜的宽度方向上。柜的框架和所有设备的其它不载流金属部件都应和接地母线可靠连接，铜母线应装有连接接地导体的端子，并应采用良好的防锈措施。该接地母线应至少在两个位置与电站接地网（60x6mm2）相连，且铜质连接线的截面不小于 100mm2。柜上还应提供每个屏蔽设备用的接地端子。卖方应提供设备各接地点至电站接地网的接地线。

柜内分开布置接地铜排和接零铜排。

9）标志

屏内设备、电缆和电线端部应有粘性的、自层压型的标志加以识别。标志上应印有与卖方图纸相符的电缆或电线的编号。标志上应有透明的层压表层，该表层能耐油、耐磨擦和耐高温。

10）试验座和连接片

电气盘盘面应按需要设置试验插座和连接片。试验插座应是半嵌入式，盘后接线，并带有能取下的外罩，安装在盘的下部。所有试验插座都应有回路识别标记，试验时能短接电流互感器，并不影响其他回路。

11）组件布置

盘面组件的布置均匀、整齐。尽可能对称，便于检修、操作和监视。不同电压等级的交流回路将分隔。面对电气盘正面，交流回路的组件相序排列从左到右或从上到下为 A－B－C－N。

12）盘内接线

每块盘的左、右两侧设置端子排，以连接盘内、外的导线。每个端子一般只连接 1 根导线。

盘内组件采用绝缘铜导线直接连接，不允许在中间搭接或"T"接。盘内导线整齐排列并适当固定。

强电和弱电布线分开，以免互相干扰，活动门上器具的连线是耐伸曲的软线。

组件和电缆设有防止电磁干扰和隔热的措施。所有其它组件与电子元件连接时，若组件的工作电压大于电子元件的开路电压时，将有相应的隔离措施。

面对电气盘正面，交流回路的导体相序从左到右、从上到下、从后到前，为 A－B－C－N；直流回路的导体极性从左到右、从上到下、从后到前为正－负。

盘内连接导体的颜色，交流回路 A、B、C 分别为黄、绿、红色，中性线 N 为黑色，接地线为黄绿相间的导线；直流正极回路赭色，直流负极回路蓝色。

13）电子元件和组件

（1）所有电子元件应经过严格的筛选及防止老化，其设计寿命不少于 30 年。

（2）电子元件焊接在印刷电路板上，防止虚焊、松焊，不允许搭接，焊接表面应涂有一层保护层，以防止焊点被腐蚀。

（3）一个或几个印刷电路板组成一个功能组件，印刷电路板之间采用接触良好、可靠、耐用、并有防松脱措施的接插器连接，不允许在印刷电路板之间用导线直接连接。卖方应同时供应接插器的试验接插头，以便需要时，向装置输入试验信号或对装置测试。

（4）印刷电路板上的所有元件和测试点应有清楚、永久、耐清洗的标记，以表明元件标号和组件标号。所有接插器应有统一的规格。

8.9 电气接线和端子

1）总则

（1）卖方提供的设备与买方的提供设备之间应用电缆进行电气连接，该电缆由其他承包商提供并安装。

（2）卖方提供设备的各单个元件之间应用电缆或母线进行电气连接，该电缆或母线应由卖方提供，并由其他承包商安装。

2）电缆和电线

（1）总则

电缆和电线的额定值应符合本节的规定，并应适于其工作环境。在电缆或电线过门铰链之处，应使用具有柔韧性的 NEMA K 级铜绞线。

（2）动力电缆

①型式：无卤低烟阻燃 A 类，铜芯交联聚乙烯绝缘钢带铠装聚氯乙烯护套电力

电缆。

②导体：一般为镀锡铜绞线、截面积不小于 4 mm^2。

③绝缘：

型式：WDZA－YJV22

标准：GB 或 IEC

电压（交流）：600V

最高连续工作温度：90℃（干）

（3）一般控制回路的电线和电缆

①型式：无卤低烟阻燃 A 类，铜芯交联聚乙烯绝缘聚氯乙烯护套铜带屏蔽控制电缆。

②导体：一般为镀锡铜绞线、NEMA B 级、控制回路截面积不小于 1.5 mm^2，电流互感器回路不小于 4 mm^2，电压互感器回路不小于 2.5 mm^2，但下列情形除外：如载流量及短路故障水平需要，应使用更大截面积的导线；仪用互感器二次线圈引线应满足二次负载要求。

③绝缘：

（a）型式：WDZA－KYJVP2

（b）标准：GB 或 IEC

（c）电压（交流）：600V

（d）最高连续工作温度：90℃（干）

（4）用于低信号电平回路的电缆和控制线

①型式：无卤低烟阻燃 A 类，铜芯铜丝编织对绞屏蔽铜丝编织总屏蔽聚氯乙烯护套计算机用电缆。

②导体：单芯、退火硬铜，截面积 1.5 mm^2 或以上。

③绝缘：

（a）型式：WDZA－DJYJPVP

（b）标准：GB 或 IEC

（c）电压：300V

（d）最高连续工作温度：90℃（干）

④外护套：聚氯乙烯

⑤屏蔽：在绝缘导体外应有一层与聚酯树脂薄膜相粘和的铝箔外屏蔽，屏蔽外应带有一根镀锌铜接地绞线。

⑥标志：绝缘导体应根据 ICEA 方法 2 或方法 4 作上色码标志。

（5）4 芯以上控制电缆应留有 10%—20%的备用芯，芯数多的电缆取低值，但备用芯数最少不少于 2。

（6）卖方应对本合同供货范围内的全部设备及电缆，编制端子结线图和电缆清册，每根电缆两端应设置与电缆清册上一致的识别编号。电缆清册应按买方认可的格式对每根电缆标明电缆型号、长度、起止位置及安装编号。

（7）交流 A、B、C、N 电缆的颜色分别为黄、绿、红、黑。接地线为黄绿相间导线。

3）导线端子和端子板

（1）总则

设备内的电气接线应布置整齐、正确固定并连接至端子，所有控制、仪表和动力的外部连接只需接在设备内端子板的一侧。每组端子板应至少预留 20% 的端子，任何一个端子板螺钉不得接入多于 2 根的导线。正负电源端子之间应间隔至少 2 个空端子。

220V 及以上端子排之间和端子对地应能承受 2000V（有效值）1min 耐压，48V 及以下端子排之间和端子对地应能承受 500V（有效值）1min 耐压。

接线端子及配套的接插件应采用先进成熟的进口或合资的国际知名品牌，推荐采用带隔断的菲尼克斯标准接线端子产品。

380V、220V、100V 的端子和 36V 及以下的端子应分开设置。交流电流端子和交流电压端子应互相隔离。交流电流端子应采用试验式端子；在试验时，应能防止电流互感器回路开路。对互感器回路，应能在相应的端子上接地。

除动力设备外，盘内设备与外部联系及盘内设备与盘面设备的连接均需经过端子，对于联接调节信号的端子及出口跳闸信号的端子，宜采用接点的两侧上端子，隔开一个端子布置以便使此类信号之间保持良好的隔离（绝缘），每一个端子排的安装单元均应留有总用量的 20% 以上的备用端子。

（2）端子板

端子板应为有隔板的凹式螺丝型端子，端子板的额定值如下：

最高电压（AC）：不低于 600V

最大电流（AC）：30A

最大导线尺寸：10 mm²

控制和动力回路的端子板应用分隔板完全隔开或位于分开的端子盒内。端子板应有标志带，并根据要求或接线图进行标志。电流互感器的二次侧引线应接于具有极性标志和铭牌的短路端子板上。

（3）导线端子

导线应用导线端子与端子板或设备连接。导线端子规定如下：

①16 mm² 以下的导线应为园形舌片或铲形舌片，压接式铜线端子。

②16 mm² 及以上导线应为 1 孔或 NEMA 型 2 孔压接式铜线端子。

③所有导线端子应有与要求或接线图一致的标志。

8.10 电流互感器

1）除非另有说明，电流互感器应符合 IEC60185 和 GB1208 有关规定。

2）卖方在设计中应针对邻近效应，采取必要的措施，以保证电流互感器在运行时及额定电流或故障电流下和工作频率范围内，精度保持在合格范围内。卖方应向买方提交电流互感器有关说明书。

3）电流互感器的电气参数、绝缘水平和几何尺寸等应满足所在回路的技术要求。

4）电流互感器应采用环氧树脂密封。能满足各种工作情况下的电气强度、热应力和机械应力的要求。电流互感器应有足够的负载能力，除能满足所接的负载需要外，并留有一定的裕度。卖方应说明二次线圈的负载情况，工作精度，并提供相应的特性曲线和参数。

5）在电流互感器的适当地方，对原边极性和二次的端子标有清楚的标记。

6）电流互感器的二次回路应有一个接地点，接地点位置由买方确定。电流互感器二次回路应采用铜导线，截面积不小于 4mm²。

9 铭牌与标牌

9.1 概述

每一项主要的设备与辅助设备均应有一个永久固定的铭牌，铭牌应清楚标出序号、制造厂家的名称、规格、特性、重量、出厂日期以及其他有用的数据。刻度盘、表计和铭牌均应以国际制单位（SI）表示。为了工作人员操作的安全，应提供专门的标牌以表明主要的操作说明、注意事项或警告。另外，盘上装的每一个仪表、位置指示器、按钮、开关、灯或其它类似设备应有永久性的标牌以表明控制功能。电气接线和仪表（包括继电器）也应标有编号并与电气控制图上的编号相对应。

铭牌和标牌的安装位置要合理，要便于核对和观察。

9.2 文字

标牌及主要设备铭牌均应使用中文刻制，并能抗气候的影响。所有的铭牌和标牌应永久性地安装在相应的设备上，其位置应清楚易见。刻制大写英文字母和中文印刷体，字体应清晰可见。

9.3 标牌与标志

设备应使用不锈钢指示标牌和标志，包括运行操作与监视、维护与检修标志；安全标牌等。标牌与标志均应采用中文印刷体。

9.4 审批

装设在供货设备上的铭牌的清单及图样应提交买方审查。

10 备品备件

10.1 概述

备品备件应能与原设备互换,并有与原设备相同的材料和质量。备品备件应按要求处理并必须与其他设备的部件分开装箱,以防止在贮藏时变质。箱上应有明显的标记,以便识别箱内所装的部件。电气线圈和其他精密的电气元件,必须包装在可靠、防潮的容器中或带干燥剂的塑料袋中,或用其他有效的方法包装。

10.2 随主设备提供的备品备件

卖方应按本合同文件的规定提供励磁系统及附属设备的备品备件。

10.3 卖方推荐的备品备件

除了本合同文件规定的随主设备提供的备品备件外,卖方应提供认为需要增加的备品备件清单及商业运行 5 年所需的备品备件清单,并分项列出单价,不计入合同总价内。买方将根据需要另行订购这些备品备件。

10.4 易损件

卖方应提供在安装和现场试验过程中足够数量的易损件,这些易损件包括在合同价中,并应列出易损件的数目、名称。这些易损件不计算在备品备件的范围以内。如果卖方提供的易损件种类及数量不能满足安装和现场试验需要,卖方应免费补齐。

11 互换性

卖方对相同设备和相同部件的结构、性能参数、尺寸和公差配合,应完全相同,以保证其互换性。

所有备品备件的材料和性能应与原设备相同。

12 代用品及产品选择

未经买方书面认可,不允许采用任何不同于技术规范或图纸所规定的材料和设备。

13 监造(如果有)

1)买方的监造人员将驻厂对变压器制造的全过程进行监造。在变压器制造过程中监造人员有权索取有关资料,卖方应无偿提供。监造人员对制造过程中提出的技术和制造工艺问题,卖方应给予圆满的解决。

2）买方的监造人员在监造期间，监造人员有权查看生产过程中所采用的工艺、材料、试验和质量检查记录等各种资料。卖方应向监造人员提供详细的生产计划表和主要部件的技术标准、设计图纸及监造所必需的其他资料。

3）买方的监造人员对设备制造进行下列项目的监造：

（1）对卖方提供的制造计划进行审查，并初步评估质量保证体系。

（2）买方监造人员参加监造主要内容：

- 加工件与技术规范、图纸、标准的相符性；
- 材料与本技术规范规定的标准的相符性；
- 对设计和产品进行检查；
- 试验见证；
- 运输、包装及装箱清单等的验证；
- 交货进度、程序的监督和设备发运。

4）买方监造人员发现部件、产品不符合合同文件技术规范要求时，可要求中止生产，直到材料、工艺和性能符合技术规范要求时为止。

5）买方监造人员的监造和签字均不减轻卖方的责任。卖方应认真执行合同文件，保证产品符合技术规范。

6）买方派监造工程师进行工厂监造的费用由买方支付。

14 工厂试验见证

1）卖方应在合同设备进行型式试验及出厂试验前，通知买方参加合同设备目睹见证。买方和工程设计者参加目睹见证的费用由买方负责支付。当买方有疑问要求进行验证设备性能的另外的试验时，卖方应免费执行。

2）卖方应在试验前＿＿＿天书面通知买方并提供详细的试验项目和计划表。试验计划应包括试验顺序、空白试验记录表格、每项试验设备的数量、试验程序、试验接线图、所用试验设备的详细说明、有关试验设备的校正数据等内容。

3）尽管买方和工程设计者参加了试验，但对设备质量不承担任何责任。如果现场安装中发现设备不符合要求，买方有权拒收。

15 设计联络会

15.1 设计联络会的规定

1）合同双方应根据本条款的规定，召开三次设计联络会。合同双方应在设计联络会上讨论合同设备设计方案及有关技术问题，协调与土建、机电设备安装和其他方面的工作与衔接、合同设备与其他系统设备的接口、资料交换、工作进度等。

2）由卖方编制每次会议的详细计划和日程，并按规定数量准备会议文件资料（包括图纸和电子文件等）和工作必需的设施。

3）在设计联络会期间，买方有权就合同设备的技术方案、性能、参数、试验、安装及与电站其它设备的接口等方面的问题，进一步提出改进意见或补充技术条件和要求，卖方应认真考虑并研究改进、予以满足。

4）在设计联络会期间如对本招标文件有重大修改时，须经过双方授权代表签字同意。设计联络会均不免除或减轻卖方对合同设备应承担的责任与义务。设计联络会的会议纪要由卖方起草，经会议讨论并签字确认后生效并作为合同的组成部分。

5）为便于买方技术人员更好地理解与合同设备的设计和运行有关的各种技术问题，卖方应安排买方技术人员参观工厂。

15.2　第一次设计联络会

合同生效后 90 天内在卖方所在地召开第一次设计联络会。会议时间为____天，买方代表____人。

会议讨论的主要内容为：

1）励磁系统设计所采用的标准；

2）励磁系统总体设计方案；

3）励磁系统主要设备参数及调节器性能；

4）审查、协调并确认配套设备的选型和产地问题；

5）励磁系统与发电机的接口；

6）励磁系统与封闭母线的接口；

7）励磁变低压侧连接方式、低压侧 CT 布置及母排引出方案；

8）励磁系统的设备布置及对电站土建的要求等；

9）讨论发包方提出的技术改进建议以及双方关心的其他技术问题；

10）制造计划安排；

11）讨论卖方应提供的图纸资料清单和提交计划；

12）商务问题；

13）其他。

15.3　第二次设计联络会

合同生效后 210 天内在卖方所在地召开第一次设计联络会。会议时间为____天，买方代表____人。

会议讨论的主要内容为：

1）励磁系统原理接线图、控制流程图；

2）励磁系统详细设计图纸及技术资料；

3）励磁系统主要元器件及设备的选择计算；

4）励磁调节器的结构及功能；

5）励磁系统与发电机的接口；

6）励磁系统与计算机监控系统的接口；

7）励磁系统与继电保护系统的接口；

8）励磁系统的安装试验程序；

9）工厂验收程序及工厂培训方案；

10）审查盘柜结构及布置；

11）商务问题；

12）解决第一次设计联络会遗留的问题等。

15.4　第三次设计联络会

卖方提交了合格的全部图纸后，在买方所在地举行励磁系统第三次设计联络会。确切时间和会期由双方协商确定。会议的主要内容为：

1）卖方向买方代表解释励磁系统设备最终设计的所有特性；

2）讨论货物的交货、运输、组装、安装、试运行和验收试验；

3）商务问题；

4）解决所有遗留问题。

15.5　其他

1）除上述规定的联络会议外，若任何重要事情需有关方面进行研究和讨论，经有关方面协商可另召开联络会议解决。

2）每次会议应签署会议纪要，会议纪要由卖方起草。

3）下次会议的具体题目、与会者人数、确切日期由本次会议确定。

4）除联络会议外，由任一方提出的所有有关货物设计的修正和变更都应经双方讨论并同意。一方接到任何需批复的文件或图纸后 28 天内，应将书面的批复或意见书返还提出问题方。

5）在本合同有效期内，卖方应及时回答买方提出的技术文件范围内任何设计和技术的问题，反之亦然。

16　买方技术人员在卖方工厂的培训

16.1　概述

为保证合同设备的正常运行，达到预期性能，买方将派出技术人员到卖方工厂和有关的水电厂进行合同设备装配、修理、运行和维护等技术培训。

16.2　买方技术人员的培训

1）卖方应在培训开始之前 60 天，将培训计划培训大纲（包括时间、计划、地点、要求、拟提供的培训资料等）提交给买方审查。

2）卖方应指派熟练、称职的技术人员，对买方人员进行指导和培训，并解释本合同范围内的所有技术问题。培训应用汉语进行。卖方应在培训前准备好中文技术资料。

3）培训开始前，卖方应向买方人员详细阐明与工作有关的规则和其他注意事项。在培训期间，卖方应向买方人员免费提供有关的技术文件、图纸、参考资料、工作服、安全用品和其他必须品；提供适当的办公室以及试验仪表、工具的使用。卖方培训人员的费用及技术资料费都已包括在投标总价中。

4）卖方应尽最大能力保证买方人员全面了解和掌握合同设备的运行、操作、安装、调试、检验、修理和维护等技术。卖方应保证买方的人员在培训结束时将与培训有关的全部技术资料和笔记带回。

17　故障的调查研究及处理

1）合同设备从投入运行之日起 2 年的时间内，如果发现设备在运行中发生任何故障或无法正常操作运行，或者影响其他设备的正常运行，卖方应进行调查研究，找出故障原因，并记录形成调查报告，提交给买方和电站设计单位。如果故障是由于设备的设计、制造或安装引起的，卖方应进行必要的维修和修补或更换。

2）上述调查研究、维修或修补所需的费用，由卖方承担。

3）买方可派代表出席和参加这种调查研究，费用自理。

4）上述规定绝不意味着减轻卖方履行合同规范要求的责任。

18　现场技术服务

18.1　概述

1）励磁系统的安装由其他承包人承担，卖方应派遣技术人员到工地指导安装工作。卖方技术人员对合同设备的现场就位、检查、安装、试验的技术指导和培训负责，对系统调试、试运行和在商业运行前的最终调试负有指导和配合责任。

2）在投标文件中应列出卖方技术人员现场技术服务所需的估计人日数，卖方为完成合同设备现场服务的全部费用包含在合同总价中。卖方技术人员的实际工作小时数应逐日记入考勤表，一式两份，并由买方工地代表签字，这个考勤表应作买方签发技术服务证明文件的依据。

3）工作进度、每天做的主要工作、发生的所有问题以及解决办法，应记录在"工作日志"中，并由双方代表签字，每方各执 1 份。

4）双方应该根据工地施工的实际工作进展，通过协商决定卖方技术人员的准确专业、人员数量、服务的持续时间、以及到达和离开工地的日期。如果安装出现拖期，是否需要卖方技术人员的服务，则可根据买方的要求，卖方技术人员返回本部或仍留在工地，但费用不调整。

5）卖方应该编制 1 份详尽的安装调试时间表并提交给买方，指明安装调试所需时间，并列出所需的人员和工具的类型和数量。

6）卖方人员每天在现场上、下班时间应按工地的规定执行，现场交通自理。

18.2 技术服务人员的资质

1）卖方派到现场的技术服务人员应具有相应的资质及类似工程的工作经验，可胜任此项工作。人员名单在现场安装前 60 天内提交买方予以确认。买方有权提出更换不符合要求的卖方现场服务人员，卖方应重新选派买方认可的数量足够和合格的技术服务人员到工地进行技术服务。

2）卖方应派遣 1 名工地总代表全权负责合同设备的安装、现场试验、调试、试运行的技术指导工作。卖方的工地总代表应得到所在公司技术和商务等各方面的充分授权，并对合同设备的起动、试运行和在商业运行前进行的技术服务负责。工地总代表应具有相应的资质并得到卖方书面授权。

18.3 卖方技术指导任务和责任

1）卖方技术人员应常驻工地，应在合同范围内全面负责安装，技术服务和培训工作，并与买方工地代表充分合作与协商，以解决与合同有关的技术和工作问题，对买方工地代表提出的问题，应按期作出回答。双方的工地代表，未经双方授权，无权变更和修改合同。

2）卖方技术人员应按合同规定承担有关合同设备的组装、安装、检查、调试、试运行、验收试验等的技术指导并承担责任。

3）卖方技术人员应详细地解释技术文件、图纸、运行和维护手册、设备特性、分析方法和有关的注意事项等，以及解答和解决买方在合同范围内提出的技术问题。

4）为保证正确完成本条款中提到的工作，卖方技术人员应在合同范围内，给买方以全面正确的技术服务和必要的示范操作。

5）卖方技术人员的技术指导应是正确的。卖方技术服务人员技术指导的疏忽和错误，以及卖方未按要求派人指导而引起设备和材料的损坏，根据合同条款相关内容，卖方应负责修复、更换和/或补充，其费用由卖方承担。买方的有关技术人员应服从卖方技术人员的正确技术指导。

6）卖方应对其现场技术服务人员进行安全管理，保证其人身安全，对因其管理不当发生的安全事故承担全部责任。

18.4　对买方人员的技术培训

1）为保证合同设备的正常运行，达到预期性能，卖方需派出技术人员在工地现场对买方人员进行技术培训。

2）卖方应在培训开始之前 60 天，将培训大纲（包括时间、计划、地点、要求、拟提供的培训资料等）提交给买方审查。

3）卖方应指派熟练、称职的技术人员，对买方人员进行指导和培训，并解释本合同范围内的所有技术问题。卖方应在培训前准备好中文技术资料。

4）在培训期间，卖方应向买方人员提供有关的技术文件、图纸、参考资料和其他必须品，卖方培训人员的费用及技术资料费都已包括在合同总价中。

5）卖方应尽最大努力使买方人员全面了解和掌握设备的运行、操作、安装、调试、检验、修理和维护等技术。

18.5　买方的义务

买方要配合卖方现场服务人员的工作，并在食宿和通讯上提供方便，其所需费用由卖方自行承担。

19　包装、运输及储存

19.1　概述

1）卖方应对所供货物进行包装，以保证所供货物安全装卸、运输、转运、贮存。

2）卖方应按以下包装标准的要求提交所供货物部件的详细包装资料，买方有权要求卖方对包装进行改善。

19.2　包装标准

1）卖方应当提交一套保证所供货物安全装卸、运输、转运、贮存的包装标准。卖方应对提交的包装标准的完整性、安全性和可靠性负责，并承担供货中因包装不善而引起的损失和赔偿。

2）提交包装标准的基本要求

（1）向买方提供适用本合同设备包装有效版本相关的国际标准或卖方国家标准；

（2）根据合同设备的种类、品质、重量、尺寸、不同运输要求和特点，将货物划分为若干类，每类货物分别明确包装标准。

（3）应根据各种部件经受的环境条件、运输条件、装卸条件、贮存条件、贵重、精密、危险程度制定分级档次。

3）包装件运输应满足：

（1）符合有关运输规章的规定

（2）适应的运输条件、运输方式（海运、内陆、水运、多次转运和装卸）

（3）允许的运输持续时间（海运 3 个月＋内陆 2 个月）

（4）装卸要求

4）包装件储存应满足：

（1）储存场所（仓库、遮篷、露天等场所要求）

（2）储存条件（温度、湿度、通风、有害物质防护）

（3）储存方式（单放、堆放、堆码形式、高度）

（4）储存期限

19.3 包装、运输及储存

1）设备包装运输应符合相关产品包装运输管理条例。

2）应在密封的情况下包装、运输和储存，以免潮气浸入。并对充气口进行保护，防止运输过程中损坏。运输期间应装压力表，并应提供买方开始运输时的充气压力。

3）对电气绝缘部件应采用防潮和防尘包装。

4）应保证合同设备各组成元件在装卸、运输、转运和储存过程中不致遭到损失、变形、丢失及受潮。对于外露的密封面或预留的焊接边沿，应有预防腐蚀和损坏措施。运输期间，应采取防震措施，重要元件应设碰撞记录器。卖方应承担供货中因包装不善而引起的损失和索赔。

5）包装箱外部标志及起吊位置应符合 GB191《包装储运指示标志》的规定要求。包装外壁应标明收发单位名称和地址、合同号、设备名称、产品净重、毛重、重心线及吊索位置、箱子外形尺寸及共×箱第×箱，并应有运输、贮存过程中必须注意事项的明显标志和符号（应有户外/户内、温度/湿度控制、长期/短期贮存的专门标志）。

6）包装箱中应装有装箱单、明细表、产品出厂证明书、合格证、随机技术文件及图纸。这些文件均应装在置于包装箱外壳上的专用铁盒内。

7）投标人在投标文件中根据合同设备特点提出具体的设备运输方案（包括运输路径、运输工具、中转程序、包装措施、装卸方法等）及安全保障措施。

（二）专用技术条款

20　技术参数（由投标人提出）

20.1　励磁系统参数

A. 制造厂

B. 型式

C. 空载励磁电压　　　　　　　　　　　　　　　　　　　　　　V

D. 空载励磁电流　　　　　　　　　　　　　　　　　　　　　　A

E. 额定容量及额定功率因数时的励磁电压　　　　　　　　　　V

F. 额定容量及额定功率因数时励磁电流　　　　　　　　　　　A

G*. 励磁顶值电压　　　　　　　　　　　　　　　　　　　　　V

H*. 励磁顶值电流　　　　　　　　　　　　　　　　　　　　　A

I*. 允许强励时间（励磁顶值电流下）　　　　　　　　　　　　s

J. 励磁系统退出一个整流桥时，在励磁顶值电流下，允许工作时间不小于　　s

K. 励磁系统电压响应时间不大于　　　　　　　　　　　　　　s

L*. 励磁绕组两端过电压值

机组在任何运行状态下（包括电网故障扰动，发变组断路器或磁场断路器跳闸），励磁绕组过电压的瞬时值不超过出厂试验时绕组对地耐压试验电压幅值的　　　　　　　　　　　　　　　　　　　　　%

M*. 励磁系统的年不可利用率不大于　　　　　　　　　　　　%

N*. 励磁系统投入商业运行后到首次故障间隔时间不小于　　　h

O*. 励磁系统使用寿命不少于　　　　　　　　　　　　　　　y

P*. 励磁系统平均故障间隔时间（MTBF）不小于　　　　　　h

20.2　励磁变压器

A. 制造厂

B. 型式

C. 额定容量　　　　　　　　　　　　　　　　　　　　　　　kVA

D. 一次侧电压　　　　　　　　　　　　　　　　　　　　　　kV

E. 二次侧电压　　　　　　　　　　　　　　　　　　　　　　kV

F. 绝缘等级

G. 耐压水平

    一次侧 1min 工频耐受电压   kV

    一次侧冲击耐受电压（峰值）   kV

    二次侧 1min 工频耐受电压   kV

    二次侧冲击耐受电压（峰值）   kV

H. 温升

    绕组温升   K

    铁芯温升   K

I. 短路阻抗   %

J. 发电机最大负荷时的损耗   W

K. 联结方式

L. 冷却方式

M. 防护等级

N. 绕组结构

    高压侧绕组结构

    低压侧绕组结构

O. 硅钢片的型号

P. 硅钢片的设计磁通密度   T

Q. 外形尺寸（长×宽×高）   mm

R. 重量   kg

20.3 晶闸管整流装置

A. 晶闸管元件制造厂及型号

B. 晶闸管整流桥并联支路数

C. 每条支路串联元件数

D. 并联支路均流系数

E. 晶闸管整流柜数量

F. 晶闸管元件反向重复峰值电压   V

G. 晶闸管元件额定正向平均电流   A

H. 单个整流桥的负荷能力

I. 退出一个整流桥的负荷能力

J. 强励时晶闸管控制角

K. 空载时晶闸管控制角

L. 逆变时晶闸管最小逆变角

M. 整流柜冷却方式

　　冷却风机数量

　　冷却风机额定值

　　风机噪声

N. 额定工况下晶闸管壳温　　　　　　　　　　　　　℃

O. 发电机额定负荷时整流装置总损耗　　　　　　　　W

P. 脉冲变压器使用寿命　　　　　　　　　　　　　　h

Q. 快速熔断器制造厂及型号

R. 快速熔断器额定分断电流　　　　　　　　　　　　A

20.4　灭磁设备

A. 直流磁场断路器（按 ANSI/IEEE C37.18 标准定义提出）

a. 磁场断路器制造厂及型号

b. 磁场断路器额定电压　　　　　　　　　　　　　　V

c. 额定短时电压　　　　　　　　　　　　　　　　　V

d. 额定最大分断电压　　　　　　　　　　　　　　　V

e. 额定连续电流　　　　　　　　　　　　　　　　　A

f. 在额定短时电压下的额定分断电流　　　　　　　　A

g. 在额定最大电压下的最大分断电流　　　　　　　　A

h. 额定 0.5s 短时通过电流　　　　　　　　　　　　A

i. 常闭触头在额定电压下的分断电流（如果有）　　　A

j. 常闭触头额定 0.5s 短时通过电流（如果有）　　　A

k. 常闭触头额定闭合电流（如果有）　　　　　　　　A

l. 断路器分断试验标准

m. 分闸时间　　　　　　　　　　　　　　　　　　　ms

n. 分断时间　　　　　　　　　　　　　　　　　　　ms

o. 合闸时间　　　　　　　　　　　　　　　　　　　ms

p. 灭磁分断弧压保证值　　　　　　　　　　　　　　V

q. 灭磁分断最高电压　　　　　　　　　　　　　　　V

r.	在灭磁分断最高电压下的最大分断电流	kA
s.	在其它灭磁分断电压下的分断电流	kA/V
B.	交流断路器	
a.	制造厂及型号	
b.	额定电流	A
c.	额定电压	V
d.	额定短路分断电流：	
	周期分量（有效值）	kA
	非周期分量	%
e.	额定短路耐受电流	kA
f.	额定短路持续时间	s
g.	额定短路关合电流	kA
h.	低于额定电压下运用时的短路分断电流	kA/V
i.	分闸时间	ms
j.	分断时间	ms
k.	合闸时间	ms
C.	SIC 非线性电阻	
a.	制造厂及型号	
b.	整组并联支路数/每并联支路串联片数	
c.	整组允许最大灭磁电流	A
e.	整组电阻两端最高允许电压	V
f.	整组电阻元件负荷率	%
g.	电阻装置整组非线性系数	
h.	电阻装置整组工作能容量	kJ
i.	电阻允许温升	K
j.	电阻寿命	h
k.	最大灭磁能量计算值	MJ
l.	* 最严重工况下灭磁时间（磁场电流减至额定电流的 10%）	s
m.	灭磁时整组电阻两端的最高电压值	V
n.	灭磁时电阻最高温升	K
D.	转子负极的电动隔离刀闸（如果有）	

制造厂及型号

额定电流 A

额定电压 V

20.5　过电压保护

20.5.1　交流侧

A. 型式及接线方式

B. 额定电压 V

C. 过电压限压值 V

D. 浪涌电流 A

E. 元件参数

F. 交流侧过电压倍数

20.5.2　直流侧

A. 非线性电阻制造厂及型号

B. 非线性电阻材料

C. 非线性电阻最大电流 A

D. 非线性电阻最大电压 V

E. 非线性电阻元件负荷率 ％

F. 非线性电阻装置整组非线性系数

G. 非线性电阻装置整组工作能容量 kJ

H. 非线性电阻泄漏电流（ZnO） A

I. 非线性电阻允许温升 K

J. 非线性电阻寿命 h

K. 跨接器动作电压值 V

20.6　起励

20.6.1　起励参数

A. 起励电压 V

B. 起励电流 A

C. 起励时间 s

D. 起励变容量 kVA

E. 起励变一次/二次电压 V/V

20.6.2　起励整流器

  A．制造厂

  B．整流元件反向重复峰值电压   V

  C．整流元件额定正向平均电流   A

20.7　励磁调节器

  A．　制造厂

  B．　型号

  C．　AVR 调节范围：

  D．　FCR 调节范围：

  E*．励磁调节器调节精度   %

  F．　调节时间   s

  G*．超调量   %

  H．　励磁调节器调节规律

  I．　AVR 电压调差率范围

  J．　励磁调节器硬件配置

   CPU 字长   位

   主频   Hz

   RAM

   通讯接口形式

20.8　PSS

  A．模型

  B．抑制振荡频率范围   Hz

  C．相关参数

20.9　需要的外部交直流电源

项目	V	A	W	使用场合	持续时间

20.10　励磁柜

A. 数量

B. 单柜外形尺寸（长×宽×高）　　　　　　　　　　　　mm

C. 总尺寸（长×宽×高）　　　　　　　　　　　　　　　mm

D. 单柜重量　　　　　　　　　　　　　　　　　　　　　kg

E. 总重量　　　　　　　　　　　　　　　　　　　　　　kg

21　总体结构及性能要求

21.1　一般技术要求

励磁的设计、制造、试验应符合有关标准（有效版本）和以下技术条款。

1) 发电机在第 2 节规定的所有运行条件下，励磁系统应能连续提供发电机所需直流功率。

2) 励磁系统应保证当发电机励磁电流和电压为发电机额定负载下的励磁电流和电压的 1.1 倍时，能长期连续运行。

3) 励磁系统应是高起始响应型，其电压响应时间不大于 0.1s。

4) 当发电机端正序电压为额定值的 80% 时，励磁系统顶值电压为额定励磁电压的 2.0 倍。

5) 励磁系统顶值电流倍数为 2.0 倍额定励磁电流。励磁系统在额定励磁电流的 2.0 倍情况下，允许持续时间不小于 20s。

6) 在规定的发电机进相（发电机在有功功率为——MW 时，进相无功功率不小于——MVar）运行范围内和突然减少励磁时，在电力系统和厂用电系统允许的情况下，励磁系统应保证发电机的稳定和发电机电压的平滑调节。

7) 在本技术规范规定的厂用电电源电压及频率范围内，励磁系统应保证发电机负荷在额定工况下长期连续运行。

8) 励磁系统应能在机端频率为 45～82.5Hz 范围内维持正确工作。

9) 励磁电流小于 110% 额定值时，转子绕组两端的过电压瞬时值不超过出厂试验时该绕组对地耐压试验电压幅值的 30%。

10) 励磁系统交流工作电源电压在短时间（不大于强励持续时间）内，波动范围为 55%～130% 额定值的情况下，励磁系统应能维持正常工作。

11) 在任何运行情况下，励磁系统应保证励磁绕组两端过电压的瞬时值不超过出厂试验时绕组对地耐压试验电压幅值的 70%。

12) 励磁系统承受下列工频 1min 交流耐压试验电压值（有效值）时，应无绝缘损坏或闪络现象。

（1）与励磁绕组回路直接相连的所有回路及设备，出厂试验电压为 10 倍额定励磁电压。

（2）与励磁绕组回路不直接连接的设备和回路等出厂试验电压应符合有关标准的规定。

（3）与发电机电流、电压互感器二次回路联结的设备工频耐压试验电压为 2.0kV。

13）励磁系统的年不可利用率不应大于 0.05%，投入商业运行后到首次故障时间不小于 30,000 h。使用年限不少于 20 年。

14）励磁系统参数如增益、时间常数、反馈信号、整定值等应可调，其范围和建议的整定值由卖方推荐并交买方批准。

15）励磁系统必须通过相应等级的电磁兼容性试验，试验内容及要求应符合 DL/T 583 的相关要求。

16）励磁系统的参数、技术特性和试验，应符合最新版的 ANSI、IEEE、IEC 及 GB/DL 标准。

17）励磁系统各部分温升应满足 DL/T 583 的相关要求，

18）励磁盘柜显示装置故障，不影响励磁装置继续安全运行。

19）在网络通信故障的情况下，励磁系统应能继续安全运行。

20）励磁系统内部故障所有的报警、切换和停机信号，需提交买方审查和批准。

21）励磁系统应该有完善的自检功能，包括起励的误操作等都要报警提示。

22）励磁系统应具有配置远程光纤通信的扩展接口，硬软件可以满足将来远程诊断的需求。

23）励磁系统各部分温升限值见下表。

部位名称		温升限值（K）	测量方法
干式变压器		80（绕组）	电 阻 法
		85（铁芯）	电 阻 法
铜母线		35	温度计法
铜母线连接处	无保护层	45	
	有铜和锡保护层	55	
	有银保护层	70	
电阻元件	距电阻表面 30mm 处的空气	25	
	印刷电路板上的电阻表面	30	
塑料、橡皮、漆皮绝缘导线		20	
晶闸管与散热器接合处		45	
熔断器连接处		40	

21.2　操作要求

21.2.1　励磁系统的操作应有现地、远方两种方式。除非另有规定，卖方应提供与电站计算机监控系统接口所需的所有辅助设备，不管在本招标文件中提到与否。

21.2.2　为满足现地操作及监视要求，在励磁柜上应至少应能进行下列操作，并有相应指示。

1）现地/远方操作转换。置于"现地"方式时，远方操作应被闭锁。现地/远方操作转换应由带钥匙的转换开关实现。

2）励磁投/退；

3）励磁调节器 I/II 选择；

4）自动电压调节（AVR）/励磁电流调节（FCR）选择；

5）励磁增/减操作；

6）磁场断路器分/合闸操作；

7）手动起励；

8）PSS 投/退操作；

9）手动逆变；

10）功率柜风扇操作；

11）其他。

21.2.3　调节器应能对机组进行短路特性试验和空载特性试验，零起升压等各种试验和操作。

21.2.4　励磁系统的远方操作，至少应包括下列各项。卖方也可提出建议方案，供买方批准。

1）接受远方正常开、停机指令，进行开、停机顺控操作；顺控程序由卖方与相关第三方厂商（包括电站计算机监控系统设备、水轮发电机组设备厂商等）协调后提出，并由买方批准。励磁调节器 I/II 选择；

2）自动电压调节（AVR）/励磁电流调节（FCR）选择；

3）恒无功功率/恒功率因数运行方式选择；

4）励磁增/减操作；

5）无功功率/功率因数设定；

6）磁场断路器的分/合闸操作；

7）PSS 投/退；

8）其他。

21.2.5　为实现远方操作功能，励磁系统至少应提供下列用于与电站计算机监控系统接口的设备：

1）状态信号

应为以下信号提供常开的电气独立的干式接点：

（1）现地/远方操作选择在"现地"

（2）现地/远方操作选择在"远方"

（3）AVR/FCR 调节选择在"AVR"

（4）AVR/FCR 调节选择在"FCR"

（5）励磁调节器 I/II 操作选择在"励磁调节器 I"

（6）励磁调节器 I/II 操作选择在"励磁调节器 II"

（7）自动/手动控制通道自动切换动作

（8）调节器工作/备用自动切换动作

（9）磁场断路器合闸

（10）磁场断路器分闸

（11）PSS 及其它辅助功能单元投/退信号

（12）励磁调节器给定值越上限；

（13）励磁调节器给定值越下限；

（14）励磁调节器外部通信状态信号；

（15）过励限制动作；

（16）低励限制动作；

（17）V/Hz 限制动作；

（18）定子电流限制动作；

（19）电气制动投入/退出；

（20）励磁装置报警；

（21）励磁装置跳闸；

（22）励磁变压器温度越限报警；

（23）励磁变压器温度越限跳闸；

（24）其他。

2）模拟信号

提供下列量的直流 4～20mA 模拟量输出设备：

（1）励磁电压

（2）励磁电流

（3）励磁绕组温度

（4）发电机电压给定值

（5）励磁电流给定值

3）报警

报警和跳闸接点见 21.7"保护和检测装置"。

21.2.6 在机组控制过程中，励磁系统控制应能自动地、平稳地执行下列操作：

1）开机程序

在同期前，当机组转速上升到 90% 额定转速时自动投入励磁系统起励、升压，把发电机电压升至额定值。根据同期装置发出的命令调整发电机电压，以满足与系统同期的要求。

在同期并网后，根据计算机监控系统给定的电压/无功值，进入系统电压/无功控制。

2）正常停机程序

在发电机断路器跳闸前自动卸无功负荷至零（在减无功功率时，应保证发电机不处于低励或失磁状态），在发电机断路器跳闸后停机、逆变灭磁。

3）事故停机程序

场断路器跳闸、灭磁、逆变灭磁。有电气事故时，应闭锁电气制动。

4）在连续自动开机和停机过程中，不需要手动操作和调节励磁。

5）满足发电机零起升压的功能需要，保证励磁电流平稳上升和下降。

6）满足发电机他励升压和升流试验需要，满足发电机空载和短路试验要求。

21.3　励磁变压器

21.3.1 励磁变压器应采用在单机____MW 及以上自并励机组成功运行两年以上国内知名厂商的优质品牌产品。所提供的每套励磁系统的励磁变应具备下列性能和接线：

1）型式

户内、自冷、无励磁调压、环氧树脂浇注的三个单相干式整流变压器，并带钢外壳，外壳防护等级 IP20。，颜色应与励磁盘一致，采用 RAL7032。

2）额定容量：卖方提供的励磁变容量应满足励磁系统要求，并考虑共计不小于 14% 额定容量的谐波损耗、涡流损耗、杂散损耗。投标人应在投标文件中提供励磁变参数计算书。

3）温升：

变压器在其额定容量下运行时，并考虑整流器产生的特征及非特征谐波损耗的影响，线圈的最高温升（用电阻法测量）为 80K，线圈最热点温度不超过 110℃。在任何情况下不应出现使铁芯、其他部件和与其相邻的材料受到损害的温度。

4）绝缘耐压

原边：

额定电压（kV）：$\dfrac{20}{\sqrt{3}}$kV

雷电冲击耐受电压（kV，峰值）：125

1min 工频耐受水平（kV，有效值））：55

副边：

额定电压：满足励磁系统要求，并满足空载、短路试验要求。

1min 工频耐受水平（kV，有效值）：5

雷电冲击耐受电压（kV，峰值）：10

5）变压器三相组接线组别：Yd11

6）绝缘等级：F 级

7）噪声水平：≤55dB（A）

8）局部放电水平：≤5PC

21.3.2　技术条件

1）变压器应能在 110％额定电压下长期连续运行，并能在 130％额定电压下运行 60s。

2）变压器应能承受发电机额定励磁电流的 2 倍历时 20s，并应考虑 10％以上的裕量。

3）在变压器绕组实测的线间直流电阻的相互差值不应超过实测平均值的 2％。变压器绕组的直流电阻现场实测值与同温下产品出厂实测值比较，相应变化不应大于 2％。

4）变压器三相电压不对称度不应大于 1％。

5）变压器短路阻抗不应小于 8％，并且在发电机滑环短路时，直流侧短路电流应小于直流磁场断路器的分断电流。

6）承受短路电流的能力

变压器承受短路的能力应符合 GB1094.5 的规定。当变压器高压侧系统为无穷大时（即系统阻抗为值为零），高低压线圈应能承受低压出线端三相短路电流历时 2 秒钟，此时线圈的平均温度不超过 250℃。变压器的机械强度应能满足短路稳定的要求，各部位应无损坏、明显位移和变形。短路后保证变压器可继续运行。

7）变压器设计应符合 GB/T10228、GB1094、GB/T18494 的有关规定。

8）每个单相变压器单独采用一个外罩，外罩防护等级 IP20，三个单相变压器并列布置在一起，相间距暂定为 2000mm。变压器外壳材料、尺寸、外壳开门的位置及方式、高压出线套管的布置位置等将在设计联络会上确定。

9）变压器高、低压出线设置在变压器长度方向的两侧。变压器的高压端子由外罩侧面引出与由其他承包商提供的离相封闭母线（外壳直径约为 800mm）相连，带有高压套管连接法兰，相间中心距离暂定为 2000mm。变压器高压套管法兰与封闭母线外壳法兰连接、变压器高压套管接线端子与封闭母线导体连接，连接件均由离相封闭母线厂提供，卖方应与离相封闭母线制造厂商就励磁变高压出线与离相母线的连接方式及尺寸进行协调。电站励磁变压器低压侧用插接铜母线从外罩底部引出至励磁进线柜交流断路器。具体连接细节将在设计联络会上确定。变压器外罩尺寸应考虑离相分支母线进入励磁变压器柜布置方便。投标人应在投标时提供励磁变压器详细的外形尺寸图、内部结构图。

10）变压器的高、低压侧电流互感器应布置在外壳内。

11）在变压器低压侧每相设置一个端子箱，将 CT 及温控装置的接点引至端子箱。端子箱、温控装置的布置位置将在设计联络会上确定。

12）变压器铁芯和线圈的结构应能承受长途和搬运而不受损坏。

13）变压器高、低线圈间应有金属屏蔽并可靠接地。

14）变压器高压侧应为铜绕组，低压侧应为铜线绕组。铁芯应采用优质硅钢片，设计磁通密度不应大于 1.52T。

15）励磁变压器的选择应得到买方的批准。卖方在变压器生产之前应向买方提供产品的结构尺寸详图以获得确认，以便满足工程布置和安装要求。

21.3.3　辅助设备

1）每相变压器高压侧每相各装 2 只各带有 2 个二次绕组电流互感器，准确级为 5P30/5P30 和 5P30/0.2 级。电流互感器二次侧电流为 1A，容量不小于 20VA，并应满足动热稳定要求。低压侧每相各装 1 个各带有 2 个二次绕组的电流互感器，准确级均为 5P30。电流互感器变比由卖方确定，并报买方批准。励磁调节器本身需要在励磁变压器副边安装测量电流互感器，由卖方自行设计选择，但需提交买方审查和批准。

2）变压器低压绕组端部引出线附近每相设 2 只铂金属温度探测器（RTD），0℃时电阻为 100 欧姆。其输出信号应能送到计算机监控系统。

3）变压器每相应安装 1 只带有 2 个电气独立的、可调的报警和跳闸接点的温度指示器，温度指示器装于外罩上，具体位置在设计联络会上确定。每相设置的温度控制变送器还应提供 1 路 4—20mA 温度模拟量送电站计算机监控系统。温度控制变送器温度报警信号接点与装置的电源消失信号接点不能并联，应该分别上送到相关设备之中。

4）应提供在机组停运时根据温度自动投入的电加热器，以防止机组停运时潮湿空气对变压器的侵蚀，开机或者励磁装置投入时，加热器自动退出。电加热器电源取自电站交流 380/220V 辅助电源。此外，电加热器还可由变压器柜上的投/退控制开关来操作。

5）应提供用于变压器提升的吊环和吊钩。

6）每个单相变压器应提供合适的接地端子，以便与电厂接地网连接。

7）卖方应提出变压器所有附属设备的用电要求，包括额定功率、电压、电流等。

8）励磁变对外总端子排：在励磁变的一侧独立布置有进线柜，柜内合并布置交流灭磁断路器和励磁变二次 CT 以及温控信号的集中端子，励磁变所有外部接口都要经过该进线柜的端子排。

21.4 晶闸管整流装置

21.4.1 晶闸管整流装置采用三相全控桥式结线，它应满足下列要求：

1）满足发电机各种工况下（包括强励）对励磁系统的要求，整流桥并联支路数应不低于 4 个，各支路串联元件数为 1。

2）晶闸管整流桥中并联支路数按（n－1）原则考虑冗余，即一桥故障时能满足包括强励在内的所有功能，二桥故障时能满足除强励外所有运行方式的要求。在任何工况下，可控硅的结温应不超过允许温度。卖方应提供详细的晶闸管元件技术资料和参数计算书。

3）并联支路应保证均流系数不小于 0.9。

4）在额定负荷运行温度下，晶闸管整流器所能承受的反向重复峰值电压应该不小于 2.75 倍励磁变压器二次侧最大峰值电压。

5）晶闸管整流组件（包括晶闸管、指示灯、触发回路、过压保护元件、快速熔断器和散热器等）应设计成模件型式，便于互换和检修。

6）功率整流单元应设导通检测装置及脉冲信号检测装置，还应设测量电流装置及输出电流显示。

7）在功率整流柜面板应能指示每一桥臂晶闸管的工作状态。

8）整流柜内所有控制回路应采用屏蔽电缆，并与柜内交、直流电源回路隔离。

9）卖方应提供所有功率柜风机全停后，励磁系统保证在额定工况下正常运行的时间。

10）晶闸管元件反向重复峰值电压应不低于＿＿＿V。

11）晶闸管组件或主要元器件（包括晶闸管、过压保护元件、快速熔断器等）应采用国际知名品牌的原装进口产品。晶闸管元件反向重复峰值电压应不低于＿＿＿V。

21.4.2 晶闸管整流器保护回路

1）晶闸管整流器应具有交、直流侧的过电压保护。

2）晶闸管元件应设有抑制晶闸管换相过电压的保护。

3）每一晶闸管整流器回路应装快速熔断器，以便在某一晶闸管事故时熔断器熔断，防止其影响其它回路。

4）其它保护回路。

21.4.3　冷却方式

1）晶闸管整流装置应采用热管自然冷却方式或强迫风冷方式。

2）卖方应为每个强迫风冷整流柜提供 2 套冗余的全容量的冷却风机。每一套风机应能提供每柜所需要的全部冷风、另 1 套备用。当主风机故障时，备用风机能自动投入。每套风机必须能在最大负载下连续运行。风机所有控制设备，包括操作、保护、检测设备均由卖方提供。

3）卖方应为每个整流柜提供空气过滤器。空气过滤器用于滤出入口空气中的尘埃。

4）冷却风机应设计成主备自动轮流工作方式，并能在功率整流柜上指示各冷却风机的运行状态。

5）冷却风机的运行状态和出风口温度检测应该可靠准确，二者任一状态的改变应该延时报警，延时时间根据功率柜停风允许时间设定。为提高冷却风机状态检测的可靠性，有条件的采用两种检测方法，且只有当二者全部动作才退出该整流柜。

6）冷却风机电源见 21.12 "辅助电源设备"。

7）冷却风机应采用低噪音风机，在整流器柜前 1 米处测得的噪音不应大于 65dB。

8）冷却风机运行工况信号见 22.7 "保护和检测装置"。

9）冷却风机应采用具有国际先进水平的原装进口产品。

21.5　灭磁装置及过电压保护

21.5.1　灭磁

机组励磁系统必须装设有充分可靠的自动灭磁装置。在任何需要灭磁的工况下（包括发电机端电压达 1.3 倍额定电压后过电压保护延时 0.3s 动作灭磁），自动灭磁装置都必须保证可靠灭磁。发电机正常停机采用逆变灭磁，事故停机采用磁场断路器及 SIC 非线性电阻灭磁，在灭磁过程中应允许调节器逆变或封脉冲。磁场断路器及灭磁电阻必须满足下列技术条件：

1）直流磁场断路器

（1）励磁系统直流主回路应设置 1 台高性能原装进口的快速磁场断路器，断路器应具有较高弧压水平及分断能力，在发电机各种工况下进行灭磁时，不会造成发电机、灭磁电阻、磁场断路器等设备损坏。磁场断路器应具有良好灭弧性能的灭弧装置，并能与发电机组性能和励磁系统其他设备良好匹配。

（2）可采用多断口断路器或单断口断路器，若采用单断口磁场断路器并且励磁功率柜没有装设输出刀闸的情况下，应在发电机转子另一极上加装原装进口电动隔离刀闸，该刀闸只能在停机检修时现地控制，其额定电压和电流参照磁场断路器要求选配，操作电压为 DC220V，应带有不少于 3 对常闭、3 对常开接点的辅助开关供现地和远方监视。

（3）断路器应具有两个跳闸线圈，其操作机构应能电动和手动，并带有防跳措施，操作电压为直流 220V。断路器操作回路应有电源监视及跳闸线圈断线监视。在最大磁场电压下，断路器应能分断转子正、负极回路短路电流。

（4）磁场断路器应带有不少于 6 对常闭、6 对常开接点的辅助开关。

（5）磁场断路器应能在发电机端三相短路、最大磁场电压及空载误强励等严重灭磁工况情况下，能独立的、成功的断开发电机磁场电流，弧压应满足最严重灭磁工况下的灭磁要求。直流磁场断路器的额定电流应不低于____A，额定电压不低于____V，参数应符合 ANSI／IEEE C37.18 标准要求。

（6）断路器触头的型式应易于检修和更换，断路器的操作机构应易于接近、检修。

（7）磁场断路器在首次故障检修前的动作次数不小于 15000 次跳/合闸操作，使用寿命不小于 20000 次跳/合闸操作。

（8）卖方应提供直流磁场断路器的选择计算书和磁场断路器型式试验报告经买方批准。

（9）直流磁场断路器应选用国际知名品牌的原装进口快速磁场断路器。

2）交流断路器

（1）励磁变压器低压侧与功率柜之间应设置一套交流断路器，按照交流灭磁开关进行设计。卖方根据工程实际需要进行设计计算选型，经买方批准后执行。

（2）额定电压满足励磁变压器副边电压需要，断路器额定电流不小于 4000A，额定电压应不低于 3600V，该断路器应满足在最大磁场电压及空载误强励等严重灭磁工况情况下，能独立于直流磁场断路器成功灭磁。断路器应能切断励磁变低压侧最大短路电流。

（3）断路器应带不少于 6 对常闭、6 对常开接点的辅助接点，具有两个跳闸线圈，其操作电压为直流 220V。

（4）交流断路器作为交流灭磁使用，应是直流磁场断路器的辅助灭磁和后备运行方式，二者要确保相互间正确配合和可靠性。在励磁变二次侧最高电压情况下，交流断路器能够分断励磁变低压侧及转子正、负极回路短路电流。

（5）交流断路器采用国际知名品牌的产品。

3）非线性电阻

（1）灭磁电阻应采用 SiC 非线性电阻。灭磁回路应具有可靠措施以保证磁场断路器动作时，能成功投入灭磁电阻。

（2）机端三相短路灭磁和空载误强励为最严重灭磁工况，励磁绕组反向电压不高于出厂试验时绕组对地耐压试验电压幅值的 50％，不低于 30％。

（3）在最严重灭磁工况下，需要非线性电阻承受的耗能容量不超过其工作能容量的 80％，在 20％的非线性电阻组件退出运行时，应仍能满足灭磁设备的要求。

（4）非线性电阻应适当通风，布置上应不使邻近元件过热，其布置要便于进行电阻表面温度测量。

（5）非线性电阻非线性系数、工作能容量、最大灭磁能量、温升和直流泄漏电流由卖方确定。非线性电阻的参数及灭磁时非线性电阻上的最高电压，卖方应提交详细的选择计算书并经买方批准。

（6）非线性电阻的非线性系数、均流均压均温系数、电阻值温度系数、工作能容量（不低于＿＿MJ），最严重灭磁工况下的灭磁能容量、灭磁时间、最大灭磁电流和电压、平均最大温升、局部最大温升、电流、电压和温升的安全裕度由卖方确定，卖方应提供相应计算书并经买方批准。灭磁仿真计算的灭磁时间指从施加灭磁信号起，发电机励磁电流衰减到 10％额定励磁电流以下的那一时刻的时间。

（7）卖方分阶段提供灭磁电阻的技术规范、配置原则、使用维护方法、故障判断和处理原则。卖方提供出厂试验数据和型式试验数据、整组特性，以证明产品符合技术规范中的均流均压均能，以及电压、电流、容量和温度限值。

（8）非线性电阻元件使用寿命不小于 20 年。

（9）非线性电阻采用具有国际先进水平，在类似工程项目中有两年以上成功运行经验的原装进口产品。

21.5.2　转子过电压保护

1）应设有瞬态过电压保护回路，用以保护设备免于遭受励磁回路中出现的瞬态过电压，包括发电机非全相和异步运行产生的过电压，保护的详细说明应提交买方批准。

2）过电压保护装置能自动恢复且允许连续动作，元件的温升不应超过允许值。

3）过电压保护动作电压最低瞬时值应高于最大整流电压的峰值，并应高于自动灭磁装置正常动作时产生的过电压值，动作电压最高瞬时值应低于功率整流桥的最大允许电压，且最大不得超过励磁绕组出厂对地耐压试验电压幅值的 70％，过电压保护动作值的变化范围不超过±10％。

21.6 变送器

1）应提供3只直流励磁电压变送器、3只励磁电流变送器，1只励磁电流给定值变送器，1只发电机电压给定值变送器。每只变送器输出2路4—20mA，变送器最大测量范围为3倍额定值，分别用于计算监控系统、机组故障录波、机组状态监测系统、功角相量监测系统（PMU）、中控室返回屏及现场试验用。具体配置可在一联会确定。

2）直流电压变送器和电流变送器在变送器的输入回路和地之间，输入回路和输出回路之间，应具有相当于发电机励磁回路绝缘水平。

3）变送器输入输出导线应是屏蔽电缆并与交流、直流电源回路及控制回路隔开。变送器应方便地安装在励磁柜内，所有变送器的输入输出引线均需连接到端子排上。

4）变送器应选用国际知名品牌产品。

21.7 保护和检测装置

卖方应提供下列保护和检测装置，也可根据自己的经验，提出保护和检测装置的配置方案，供买方批准。

21.7.1 应提供下列保护继电器，安装在励磁柜上：

1）检测灭磁电阻回路持续过电流的保护继电器；

2）提供与转子接地保护、失磁保护、机组故障录波接口设备。保护设备、机组故障录波设备供货商所提供的转子接地保护、失磁保护及机组故障录波系统转子电压/电流采集附件应装于励磁柜内。承包方应提供转子接地保护、失磁保护及转子电压/电流采集附件中转子电压输入回路的高压熔断器（含熔断器座）及所有接线端子。卖方负责设计转子接地保护、失磁保护及机组故障录波装置附件的安装位置时，要考虑安全合理，进出线的走线槽分开布置且走向清楚，全部采用高压导线。监控、保护装置和试验用的转子电流和电压的测量，应该考虑灭磁开关断开后的影响，其安装位置应该在发电机转子侧。

3）励磁装置功率柜和灭磁柜等高电压回路的盘柜应该设立开门报警信号，但是在励磁试验和检修中，该信号能够用一个具有明显断开点的小型开关断开，方便运行中进行试验和检查。开门报警门控开关不能同励磁照明门控开关混用，以免造成交直流串电。

21.7.2 检测装置还需检测下列信号：

1）整流器冷却系统故障；

2）整流器和/或变压器柜内温度过高；

3）触发脉冲消失；

4）任一桥臂导通故障；

5）任一晶闸管熔断器动作；

6）在晶闸管并联回路 2 个或更多的熔断器动作；

7）PSS 工作状态；

8）低励限制器动作；

9）过励限制器动作；

10）自动电压调节器故障；

11）调节器控制电源消失；

12）风机电源消失；

13）励磁控制回路直流电源消失；断路器跳闸电源消失；

14）调节器电压互感器电压消失（即 PT 断线）；

15）发电机磁场断路器异常跳闸；断路器跳闸回路断线；

16）V/Hz 限制器动作；

17）自动/手动控制通道自动切换动作；

18）调节器工作/备用自动切换动作；

19）强励动作；

20）起励失败；

21）自动跟踪故障；

22）励磁绕组温度过高；

23）定子电流限制器动作；

24）励磁调节器硬件、软件系统的自诊断；

25）跨接器动作；

26）起励电源消失；

27）其他必需的检测装置。

21.7.3 每一个保护继电器动作和状态检测信号应在现地柜信号器显示。应提供电气上独立的接点，并配线到端子排，供电站计算机监控系统用。所有保护和检测信息还应能通过励磁调节器通讯接口送至电站计算机监控系统。

21.8 触摸屏

1）在励磁调节柜前板上应提供 1 个 32 位真彩色、不小于 12.1″ 的工业级 TFT 触摸屏，对"保护和检测装置"中列的每一工况提供报警功能。

触摸屏耐压应符合 IEEE 472 SWC 的试验要求。卖方也可提出其他信号显示方案供买方批准。

2）触摸屏报警信息应为中文显示。

3）触摸屏上应能查看和设定选择励磁系统的运行信息、励磁调节器的参数整定值等，应能查看和确认故障和异常状态的监视报警等，它与下节述及的指示仪表构成励磁系统监视的双重化功能。触摸屏界面应具有滚动功能。

21.9 指示仪表

应提供下列指示仪表。

1）磁场电压表

2）磁场电流表

3）发电机定子电压表

4）发电机无功功率表

5）功率柜直流输出电流表

6）励磁系统所需要的其他仪表

21.10 起励装置

励磁装置应具有残压起励、交流起励两种起励方式。交流起励电源来自电站AC380V厂用电系统。起励电流不大于发电机空载励磁电流的10%时应可靠起励。起励的控制、报警由励磁调节器中的逻辑控制器完成。

21.11 电气制动

左岸机组电气制动应采用柔性制动方式，即励磁和电气制动共用主可控硅整流器。由电站AC380V厂用电、通过专用的制动变压器、主可控硅整流器提供机组电气制动所需的励磁电源，并满足电气制动时自动控制及现地操作监视的要求。

制动变压器应为户内、自冷、铜绕组、环氧浇注的干式变压器，变压器应带防护外罩，防护等级为IP20。

电气制动切换断路器应采用国际知名品牌的产品。耐压水平应与励磁变压器副边耐压水平相一致。

电气制动应满足有关技术标准要求，并提供详细的计算选择资料供买方审查。

21.12 励磁调节器

21.12.1 型式

1）卖方应提供两套完全独立的、并联冗余容错结构的数字式励磁调节器，其处理器应为32位及以上的高速处理器，CPU具有低功耗及高抗干扰能力。

励磁调节器从发电机机端电流、电压互感器输入、励磁电流输入到晶闸管触发脉冲的输出以及供电电源，都为相互独立的双重化结构。每套调节器功能应完整，包括自动电压调节器（AVR）和励磁电流调节器（FCR），并包括所有必需的辅助设备。

2）两套冗余的调节器采用热备用运行方式，它们同时接收输入的控制与调节信号并执行操作与调节，但只有处于工作状态的调节器有输出信号和触发脉冲。工作调节器和备用调节器中，自动电压调节（AVR）之间和励磁电流调节器（FCR）之间分别进行自动跟踪，一旦工作调节器发生故障则备用调节器自动投入运行。当两台调节器的自动电压调节（AVR）同时故障时，应自动切换至励磁电流调节器（FCR）方式运行。

3）晶闸管整流桥的触发脉冲应采用全数字方式形成，不采用任何外部硬件中断，脉冲产生和脉冲放大部分应设置脉冲检测回路，当脉冲出现丢失或异常时，能迅速进行报警，同时切除故障脉冲。

4）励磁系统模型应符合 GB/T 7409.2 的要求，自并励励磁系统的定电压控制环不应含有励磁电流控制内环。励磁电压调节规律为 PID+PSS。

5）励磁调节器模件或主要元器件应采用国际知名品牌的原装进口产品。

21.12.2　技术要求

励磁调节器应满足下列要求：

1）在稳态负荷下，保持发电机定子电压无振荡现象，在发电机允许的任何负荷下，调压精度优于±0.5%。

2）手动励磁调节单元（FCR）应保证在发电机空载电压10%—110%额定值范围内进行稳定、平滑的调节。

3）自动电压调节器（AVR）应能在发电机空载电压10—110%额定值范围内进行稳定、平滑的调节。

4）在额定功率因数下，当发电机突然甩掉额定负荷后，发电机电压超调量不大于15%额定值。将发电机定子电压恢复到甩负荷前电压的98—102%范围内，其调节时间在 5s 内，振荡次数不超过3次。

5）发电机空载运行，转速在 0.95—1.05 额定值范围内时，突然投入励磁系统，发电机端电压从零上升至额定值时，电压超调量不大于额定电压的10%，振荡次数不超过3次，调节时间不大于 5s。

6）空载5%—10%阶跃响应，电压超调量在阶跃量的10%—20%范围内，振荡次数不超过3次，调节时间不大于 5s，上升时间不大于 0.4s。

7）励磁调节器必须保证发电机机端电压调差率整定范围为±15%，级差不大于1%，调差特性应有较好线性度。

8）在空载运行时频率值每变化1%，励磁调节器应保证发电机端电压变化值不大于额定值的±0.25%。

9）在发电机空载运行时，AVR 和 FCR 的电压给定值变化速度应在（1%UN）/s—（0.3% UN）/s 之间。

10）当交流电源频率在45Hz—82.5Hz范围内变化时，励磁调节器应能正确工作。

11）当机端电压在额定电压的10—130％范围内变化时，励磁调节器应能正确工作。

12）励磁调节器应能现地和远方进行电压/无功/励磁电流调节，电压调节器应是1个反映三相平均电压的连续作用式装置。

13）励磁调节器应能在发电机启动、停机期间防止发电机过励磁。

14）励磁调节器一个通道故障时，另一通道应能够承担全部功能，包括起励、升压、并网发电。

21.12.3 励磁调节器的构成和功能

1）每套励磁调节器至少应具有如下功能：

（1）调节功能

a. 自动电压调节（AVR）

b. 励磁电流调节（FCR）

c. 恒无功功率运行

d. 恒功率因数运行

（2）控制功能

a. 机组开停机时励磁系统的顺序操作

b. 机组电气制动时的顺序操作

c. 机组的起励控制

d. 磁场断路器的合、分闸控制

e. 输出模拟量、状态量及报警信号

f. 驱动显示器

（3）辅助功能

a. 过励反时限限制、顶值电流瞬时限制及最大励磁电流限制

b. 低励及最小励磁电流限制

c. V/Hz限制

d. 定子电流限制

e. PT断线检测

f. 电力系统稳定器PSS

g. 励磁绕组温度计算

h. AVR/FCR跟踪功能：实现AVR和FCR间的无扰动切换。

i. 自动电压跟踪功能：在机组同期并网前使机组电压迅速跟踪系统电压。

j. 励磁系统状态、事件的记录和故障的实时录波功能。

2）励磁调节器应具有上、下限限制功能，以限制整定值的变化范围。发电机机端断路器的断开或机组停机时，励磁调节器应自动转换到额定空载整定值。

3）励磁调节器自动电压调节规律为 PID＋PSS，应具有各限制功能的数学模型，PSS 模型采用 GB/T7409.2 中的 PSS2 型，PSS 有关的硬件及软件功能均必须用励磁调节器的微处理器实现。PSS 应能在系统可能出现的振荡频率（0.1Hz—2Hz）的范围内提供正阻尼。PSS 不应削弱励磁调节器的电压调节的性能；PSS 不应通过闭锁 PSS 输出抑制反调。

PSS 的数学模型应具有由国家权威机构出具的检测合格报告和现场试验报告。

4）移相电路应采用余弦移相，控制角与控制电压成线性关系，且与可控桥交流侧电压无关。最小移相角应不大于 10°，最大移相角应不小于 150°。同步回路宜采用各相独立的同步触发回路，在系统发生不对称故障时有正确的同步关系，移相触发脉冲的更新周期不大于 10ms。自并励静止励磁系统移相电路应在发电机额定电压 10％以上正常工作。

5）自动电压调节器的过励反时限限制单元应具有符合水轮发电机励磁过电流特性的反时限特性，在达到允许发热量时，将励磁电流限制到额定值附近。反时限特性与起动值设定无关，在励磁电流大于起动值时，进行反时限计算。

6）励磁系统应有顶值电流瞬时限制功能，顶值电流限制值为 2 倍额定励磁电流。

7）自动电压调节器的 V/Hz 限制特性应与发电机及主变压器的过激磁特性匹配，应具有定时限和反时限特性，发电机动态过程的励磁调节应不受 V/Hz 限制单元动作的影响。反时限特性宜采用非函数形式的多点表述方式，应与过激磁保护的定时限和反时限特性配合。

8）各功能单元可在静态模拟条件下进行功能检查试验。

9）励磁调节器应具有硬件和软件的自诊断功能。

10）励磁调节器应提供以下 2 种接口方式实现与计算机监控系统的信息传递。1 种是数字通讯方式（型式和规约由卖方与计算机监控系统承包商商定并经买方同意），励磁系统通过通讯接口向计算机监控系统提供励磁系统的各种带时标信息，同时接受计算机监控系统的控制调整命令。另 1 种是 I/O 硬接点接口方式，励磁调节器应有 I/O 接口用以接收励磁系统控制和调整所要求的各类信息和控制调整命令，输出励磁调节系统的各类故障和状态信号供现地显示和电站计算机监控系统用。每一 I/O 接口模块的每一点都应有发光二极管用于指示该点状态，所有 I/O 点都应提供光电隔离。当采用通信方式传递控制命令时，应有命令"返校"。励磁调节器应能对通信的有效性进行判断，当通信故障时，应能通过开关量接口方式，通知计算机监控系统通信故障，并切换到脉宽调节方式接收来自计算机监控系统的调节命令。

11）励磁调节器还应提供1个白噪声接口及相应的软件设置，以用于PSS的试验。应能提供进行功能静态试验的接口。

12）励磁调节器计算机应与电站计算机监控系统的时钟同步，同步时间误差应不大于1ms，接口要求将在设计联络会上确定。

21.12.4　应提供合适的系统软件和应用软件。

软件应按模块化设计，允许从规定的程序接口设备去改变程序运行方式或控制参数，控制参数应与调节器功能模型内的参数相对应。所有的软件应经过测试，能直接投入现场运用。卖方应提供系统软件、应用软件及使用维护指南，使用户能通过便携机对软件进行检查、修改和开发。卖方应在投标时提供所供应的软件清单及调节器（包括PSS）的整定方式说明。

21.13　辅助电源设备

1）继电器、空气开关、磁场断路器、起励接触器和其他励磁系统部件所需的控制电源采用电站220V直流系统供电。

2）风机主电源采用励磁变压器低压侧经辅助变压器供给，另一路采用厂用交流380/220V供给作为备用电源，卖方应提供电源自动切换设备。励磁系统试验电源采用厂用交流380/220V电源。

3）励磁调节系统采用交直流并列供电，电源内设滤波、抗干扰设备，直流电源采用电站220V直流系统供电。两套调节器直流电源及两组灭磁开关跳闸回路操作电源取自不同的直流母线。

4）励磁盘柜内的加热器、插座和照明电源源于同一个电源，该电源从机组交流直流电源盘柜中单独接入，使得励磁装置停机安全措施中不需断开该电源，保证励磁装置加热器正常投入，试验和照明电源正常供电。

21.14　励磁盘柜

21.14.1　卖方提供的励磁设备包括晶闸管整流装置、励磁调节控制器、交/直流灭磁开关、灭磁电阻、起励、保护、信号设备和所有附件应分别组装在励磁柜内。所有盘柜用螺栓连接成一个统一、合适的装置。

21.14.2　励磁盘柜应布置成所有控制电缆引出线端接在励磁调节柜的端子板上。所有电缆应从柜底进入。

21.14.3　励磁盘柜带有温度控制的电加热器，以防止柜内的潮气，电加热器应能把温度升至比环境温度高10℃。

21.14.4　每个柜的柜体应有接地母线，在励磁盘柜内应提供屏蔽的接地端子。在所有励磁盘柜内应提供柜内照明和插座。

21.14.5 接线方法

1) 低电平信号线应与其它回线分开布置以避免干扰。

2) 备用和未使用的接点均应接至端子排。

3) 应提供至少 20% 的备用端子排。

4) 电流互感器接线的端子排为短路型。

21.14.6 铭牌

每个柜、设备或装置均带有刻有中文的黑底白字的铭牌，铭牌用不锈钢螺钉固定。铭牌在刻模前应提交买方审批。

21.14.7 所有的操作步骤和运行信息的显示应用汉字。

21.14.8 柜面刷漆颜色采用 RAL7032。

21.15 励磁电缆

21.15.1 励磁设备之间的交直流连接电缆及固定材料（包括全部动力电缆、控制和信号电缆）由卖方提供。

21.15.2 由于励磁变压器与励磁盘并列布置，励磁变压器低压侧至交流进线断路器之间的连接采用采用插接铜母线连接，交流进线柜至励磁整流柜之间采用电缆。该插接母线、动力电缆和控制电缆均由卖方提供。励磁交流动力电缆应采用单芯、多股软电缆，分相布置的励磁交流电缆固定材料要采用非导磁材料，防止固定材料涡流发热。

21.15.3 从发电机集电环室内炭刷至励磁柜的直流励磁电缆、直流励磁电缆与励磁柜连接的电缆头、直流励磁电缆的支撑件和固定件由发电机承包商提供。与直流励磁电缆连接的接线端子板由卖方提供。

21.15.4 励磁铜母排和各电缆的长度由卖方根据厂房布置图计算，并保证提供足够数量，最终的设计由卖方提交，买方批准。

21.15.5 投标人应随投标文件提供详细的励磁电缆和母排参数设计和选择计算书。

22 试验及试运行

22.1 概述

在励磁系统安装、试运行期间和最后验收之前，在卖方的试验工程师的指导下，买方将对设备进行试验以检验卖方提供的保证值和本规范规定的要求是否得到满足。现场试验的内容包括现场安装性能试验、试运行、考核试运行。本条款仅提出一些典型的现场试验要求，现场试验应按照国家、行业有关标准规范的相关内容执行。

22.2 责任

所有的试验在卖方的配合下由买方完成。卖方应派1位有资格的试验工程师来指导试验，对所有现场试验的试验程序、试验结果正确性负责。

卖方应提供必须的标定过的试验仪器和设备；试验仪器和设备的运输和使用费计入合同总报价内；试验完成后，试验仪器和设备归卖方所有。卖方对现场试验的技术指导服务费用包括在卖方技术服务报价中，并计入总报价内。

买方有权决定取消某些试验项目，但任何试验的取消，并不免除卖方完全满足技术规范要求的责任。

卖方有责任配合电力系统对发电机组并网安全性评价所做的全部相关试验，费用包含在总价内。

22.3 试验大纲和进度

每项试验的日期由买方确定。卖方应至少在开始试验前60天提交完整的试验大纲和进度表供买方审查。试验大纲和进度表应包括试验项目、试验准备、试验方法（含成果计算方法）、试验程序、每项试验需要的设备清单、使用的图纸、使用的试验表格和观察记录表格、检查校核和试验时间、试验进度等。

22.4 励磁系统现场试验的试验项目

序号	试 验 项 目	型式试验	工厂试验	现场试验
1	励磁变压器试验	a		
1.1	绝缘和耐压试验	√	√	√
1.2	三相不对称试验	√	√	√
1.3	温升试验	√	√	
1.4	1.3倍工频感应耐压试验	√	√	
2	磁场断路器试验	a		
2.1	绝缘和耐压试验	√	√	√
2.2	导电性能检查	√	√	√
2.3	操作性能试验	√	√	√
2.4	同步性能试验	√	√	√
2.5	分断电流试验	√	√	√
3	非线性电阻及过电压保护器部件试验	a		
3.1	绝缘和耐压试验	√	√	√
3.2	灭磁电阻试验	√	b	b

序号	试 验 项 目	型式试验	工厂试验	现场试验
3.3	跨接器试验	√	√	√
4	功率整流器试验			
4.1	绝缘和耐压试验	√	√	√
4.2	功率元件试验	b	b	
4.3	脉冲变压器试验	√	√	
4.4	电气二次回路试验	√	√	√
5	自动励磁调节器试验			
5.1	电气调整试验	√	√	
5.2	绝缘和耐压试验	√	√	√
5.3	振动和环境试验	√		
5.4	电磁兼容性试验	√		
6	励磁系统试验			
6.1	开环高压小电流试验	√	√	
6.2	开环低压大电流试验	√	√	
6.3	开环低压小电流试验	√	√	√
6.4	零起升压，自动升压，软起励试验	√		√
6.5	升降压及逆变灭磁特性试验	√		√
6.6	AVR/FCR 和两套自动通道的相互切换试验和模拟电源故障试验	√	√	√
6.7	发电机空载状态下阶跃响应试验	√		√
6.8	调压精度测试	√		√
6.9	电压给定值整定范围及变化速度测试	√	√	√
6.10	测录自动励磁调节器的发电机电压－频率特性	√		√
6.11	电压/频率限制试验	√		√
6.12	PT 断线模拟试验	√	√	√
6.13	整流功率柜的噪音试验	√	√	
6.14	励磁系统整流功率柜的均流试验	√		√
6.15	在 AVR 投入情况下测定发电机电压调差率	√		√
6.16	发电机无功负荷调整及甩负荷试验	√		√
6.17	发电机在负载及空载工况下的灭磁试验	√		√
6.18	励磁系统顶值电压及电压响应时间的测定	√		√
6.19	过励限制功能试验	√		√
6.20	欠励限制功能试验	√		√
6.21	励磁系统建模试验和电力系统稳定器 PSS 试验	√		c
6.22	励磁系统各部分的温升试验	√	√	√

续表

序号	试 验 项 目	型式试验	工厂试验	现场试验
6.23	励磁系统 72h 连续试运行	√		√
6.24	发电机组并网安全性评价励磁部分相关试验			c

a. 每一型号产品由卖方提供有关按照国家和行业标准所进行的型式试验和出厂试验文件。
b. 出具有关元件参数文件和功率组件全动态试验报告。
c. 卖方配合买方指定的试验单位完成。

22.5 试验数据和报告

每项试验完成后，卖方应提交 1 份试验结果的副本给买方。

试验报告应由卖方编写，交买方审查。

试验报告的内容包括试验项目、试验目的、试验人员名单、测量仪表的说明、测量设备的率定、试验程序、试验方法、量测结果表、计算实例、计算过程使用的各种曲线、全部测量结果汇总、最终成果的修正和确定、测量率定误差说明、试验结果的讨论和结论。

在试验结束后的 30 天内，卖方应向买方提供完整的试验报告。

22.6 72h 试运行

在所有安装性能试验圆满完成之后，机电安装承包商应在卖方和水轮机、发电机承包商的指导下对每台机组进行 72h 连续试运行试验，已确认机组已正确安装、调试好了，并在连续运行条件下能够安全、正常地运行。试验应在无需人为调节和校正的自动控制状态下进行，机组的负荷由买方指定。试运行持续时间应为 72 小时。

如果在 72h 连续试运行中，由于励磁系统设备的制造或安装质量原因引起运行中断，经检查处理合格后重新开始 72h 的连续运行，中断前后的运行时间不得累计。

22.7 考核试运行

在 72h 试运行合格后，应进行累计 30 天考核试运行。在 30 天考核试运行期间，若由于卖方提供的设备故障或因质量原因引起中断，应及时检查处理，合格后重新进行 30 天考核试运行。若中断运行时间少于 24h，且中断次数不超过 3 次，则中断前后的运行时间可以累加计算；若中断运行时间超过 24h，则中断前后的运行时间不得累加计算，引起运行中断的设备应重新开始 30 天的考核试运行，直到合格。

22.8 竣工报告

在试验结束后的 30 天内，提供 2 份完整的竣工报告（包括竣工图纸）和 2 套竣工报告光盘。

第八章　投标文件格式

_____（项目名称）_____招标

投　标　文　件

投标人：_____（盖单位章）

法定代表人或其委托代理人：_____（签字）

_____年_____月_____日

目　录

一、投标函

致：＿＿＿＿＿＿＿＿（招标人名称）

1. 我方已仔细研究了＿＿＿＿＿（项目名称）＿＿＿＿＿标段招标文件的全部内容，愿意以人民币（大写）＿＿＿＿元（＿＿＿＿）的投标总报价，按照合同的约定交付货物及提供服务。

2. 我方承诺在招标文件规定的投标有效期＿＿＿天内不修改、撤销投标文件。

3. 随同本投标函提交投标保证金一份，金额为人民币（大写）＿＿＿＿元（＿＿＿＿元）。

4. 如我方中标：

（1）我方承诺在收到中标通知书后，在中标通知书规定的期限内与你方签订合同。

（2）我方承诺按照招标文件规定向你方递交履约保证金。

（3）我方承诺在合同约定的期限内交付货物及提供服务。

5. 我方已经知晓中国长江三峡集团有限公司有关投标和合同履行的管理制度，并承诺将严格遵守。

6. 我方在此声明，所递交的投标文件及有关资料内容完整、真实和准确。

7. 我方同意按照你方要求提供与我方投标有关的一切数据或资料，完全理解你方不一定接受最低价的投标或收到的任何投标。

8. ＿＿＿＿＿＿＿＿＿＿＿＿＿＿＿＿＿＿＿＿＿＿＿＿（其他补充说明）。

投 标 人：＿＿＿＿＿＿＿＿＿＿＿＿＿＿（盖单位章）

法定代表人或其委托代理人：＿＿＿＿＿＿（签字）

地址＿＿＿＿＿＿＿＿＿＿＿＿邮编＿＿＿

电话＿＿＿＿＿＿＿＿＿＿＿＿传真＿＿＿

电子邮箱＿＿＿

网址：＿＿＿

＿＿＿年＿＿＿月＿＿＿日

二、授权委托书、法定代表人身份证明

授权委托书

本人_____（姓名）系_____（投标人名称）的法定代表人，现委托_____（姓名）为我方代理人。代理人根据授权，以我方名义签署、澄清、说明、补正、递交、撤回、修改_____（项目名称）_____标段投标文件、签订合同和处理有关事宜，其法律后果由我方承担。

代理人无转委托权。

附：法定代表人身份证明、生产（制造）商出具的授权函（若需要）

投　　标　　人：_____（盖单位章）

法定代表人：_____（签字）

身份证号码：

委托代理人：_____（签字）

身份证号码：

_____年_____月_____日

注：若法定代表人不委托代理人，则只需出具法定代表人身份证明。

附：法定代表人身份证明

投标人名称：_____

单位性质：_____

地址：_____

成立时间：_____年_____月_____日

经营期限：_____

姓名：_____性别：_____年龄：_____职务：_____

系_____（投标人名称）的法定代表人。

特此证明。

附：法定代表人身份证件复印件

法定代表人身份证件复印件粘贴处

投标人：_____（盖单位章）

_____年_____月____日

附：生产（制造）商出具的授权函

致：＿＿＿＿＿＿＿＿＿（招标人）

我方＿＿＿＿＿＿（生产、制造商名称）是按中华人民共和国法律成立的生产（制造）商，主要营业地点设在＿＿＿＿＿＿＿＿＿＿＿（生产、制造商地址）。兹指派按中华人民共和国的法律正式成立的，主要营业地点设在＿＿＿（代理商地址）的＿＿＿＿＿＿＿＿＿（代理商名称）作为我方合法的代理人进行下列有效的活动：

（1）代表我方办理你方＿＿＿＿＿＿（项目名称）＿＿＿＿＿＿（货物名称及标包号）投标邀请要求提供的由我方生产（制造）的货物的有关事宜，并对我方具有约束力。

（2）作为生产（制造）商，我方保证以投标合作者来约束自己，并对该投标共同和分别承担招标文件中所规定的义务。

（3）我方兹授予＿＿＿＿＿＿（代理商名称）全权办理和履行上述我方为完成上述各点所必须的事宜。对此授权，我方具有替换或撤消的全权。兹确认（代理商名称）或其正式委托代理人依此合法地办理一切事宜。

我方于＿＿年＿＿月＿＿日签署本文件，＿＿＿＿＿＿（代理商名称）于＿＿年＿＿月＿＿日接受此件，以此为证。

代理商名称＿＿＿＿＿（盖单位章）　生产（制造）商名称＿＿＿（盖单位章）＿

签字人职务和部门＿＿＿＿＿＿＿＿　签字人职务和部门＿＿＿＿＿＿＿＿

签字人（印刷体）姓名＿＿＿＿＿＿　签字人（印刷体）姓名＿＿＿＿＿＿

签字人签名＿＿＿＿＿＿＿＿＿＿＿　签字人签名＿＿＿＿＿＿＿＿＿＿＿

三、联合体协议书

牵头人名称：

法定代表人：

法定住所：

成员二名称：

法定代表人：

法定住所：

······

鉴于上述各成员单位经过友好协商，自愿组成_____（联合体名称）联合体，共同参加（招标人名称）（以下简称招标人）_____（项目名称）_____标段（以下简称本项目）的投标并争取赢得本项目承包合同（以下简称合同）。现就联合体投标事宜订立如下协议：

1. _____（某成员单位名称）为_____（联合体名称）牵头人。

2. 在本项目投标阶段，联合体牵头人合法代表联合体各成员负责本项目投标文件编制活动，代表联合体提交和接收相关的资料、信息及指示，并处理与投标和中标有关的一切事务；联合体中标后，联合体牵头人负责合同订立和合同实施阶段的主办、组织和协调工作。

3. 联合体将严格按照招标文件的各项要求，递交投标文件，履行投标义务和中标后的合同，共同承担合同规定的一切义务和责任，联合体各成员单位按照内部职责的部分，承担各自所负的责任和风险，并向招标人承担连带责任。

4. 联合体各成员单位内部的职责分工如下：_____。按照本条上述分工，联合体成员单位各自所承担的合同工作量比例如下：_____。

5. 投标工作和联合体在中标后项目实施过程中的有关费用按各自承担的工作量分摊。

6. 联合体中标后，本联合体协议是合同的附件，对联合体各成员单位有合同约束力。

7.本协议书自签署之日起生效，联合体未中标或者中标时合同履行完毕后自动失效。

8.本协议书一式_____份，联合体成员和招标人各执一份。

牵头人名称：＿＿＿＿＿＿＿＿＿＿＿（盖单位章）

法定代表人或其委托代理人：＿＿＿＿＿＿（签字）

成员一名称：＿＿＿＿＿＿＿＿＿＿＿（盖单位章）

法定代表人或其委托代理人：＿＿＿＿＿＿（签字）

成员二名称：＿＿＿＿＿＿＿＿＿＿＿（盖单位章）

法定代表人或其委托代理人：＿＿＿＿＿＿（签字）

＿＿年＿＿月＿＿日

四、投标保证金

（一）采用在线支付（企业银行对公支付）或线下支付（银行汇款）方式

采用在线支付（企业银行对公支付）或线下支付（银行汇款）方式时，提供以下文件：

投标保证金承诺（格式）

致：三峡国际招标有限责任公司

鉴于___（投标人名称）___已递交（项目名称及标段）招标的投标文件，根据招标文件规定，本投标人向贵公司提交人民币_____万元整的投标保证金，作为参与该项目招标活动的担保，履行招标文件中规定义务的担保。

若本投标人有下列任何一种行为，同意贵公司不予退还投标保证金：

（1）在开标之日到投标有效期满前，撤销或修改其投标文件；

（2）在收到中标通知书 30 日内，无正当理由拒绝与招标人签订合同；

（3）在收到中标通知书 30 日内，未按招标文件规定提交履约担保；

（4）在投标文件中提供虚假的文件和材料，意图骗取中标。

附：投标保证金退还信息及中标服务费交纳承诺书（格式）

投标保证金递交凭证扫描件

投标人：_____（加盖投标人单位章）

法定代表人或其委托代理人：_____（签字）

日　期：_____年_____月_____日

（二）采用银行保函方式

采用银行保函方式时，按以下格式提供投标保函及《投标保证金退还信息及中标服务费交纳承诺书》

投标保函（格式）

受益人：三峡国际招标有限责任公司

鉴于___（投标人名称）（以下称"投标人"）于___年___月___日参加___（项目名称及标段）的投标，（_____银行名称_____）（以下称"本行"）无条件地、不可撤销地具结保证本行或其继承人和其受让人，一旦收到贵方提出的下述任何一种事实的书面通知，立即无追索地向贵方支付总金额为_____的保证金。

（1）在开标之日到投标有效期满前，投标人撤销或修改其投标文件；

（2）在收到中标通知书 30 日内，投标人无正当理由拒绝与招标人签订合同；

（3）在收到中标通知书 30 日内，投标人未按招标文件规定提交履约担保；

（4）投标人未按招标文件规定向贵方支付中标服务费；

（5）投标人在投标文件中提供虚假的文件和材料，意图骗取中标。

本行在接到受益人的第一次书面要求就支付上述数额之内的任何金额，并不需要受益人申述和证实他的要求。

本保函自开标之日起（投标文件有效期日数）日历日内有效，并在贵方和投标人同意延长的有效期内（此延期仅需通知而无需本行确认）保持有效，但任何索款要求应在上述日期内送到本行。贵方有权提前终止或解除本保函。

银行名称：（盖单位章）

许可证号：

地　　　址：

负　责　人：（签字）

日　　　期：　　年　　月　　日

附件　投标保证金退还信息及中标服务费交纳承诺书

三峡国际招标有限责任公司：

我单位已按招标文件要求，向贵司递交了投标保证金。信息如下：

序号	名称	内容
1	招标项目名称及标段	
2	招标编号	
3	投标保证金金额	合计：￥＿＿＿＿＿元，大写＿＿＿＿＿
4	投标保证金缴纳方式（请在相应的"□"内划"√"）	□ 4.1　在线支付（企业银行对公支付） 汇款人： 汇款银行：　　　　　　　银行账号： 汇款行所在省市： □ 4.2　线下支付（银行汇款） 汇款人： 汇款银行：　　　　　　　银行账号： 汇款行所在省市： □ 4.3　银行投标保函 投标保函开具行：
5	中标服务费发票开具（请在相应的"□"内划"√"）	□ 5.1　增值税普通发票 □ 5.2　增值税专用发票（请提供以下完整开票信息）： ● 名称： ● 纳税人识别税号（或三证合一号码）： ● 地址、电话： ● 开户行及账号：

我单位确认并承诺：

1. 若中标，将按本招标文件投标须知的规定向贵司支付中标服务费用，拟支付贵司的中标服务费已包含在我单位报价中，未在投标报价表中单独出项。

2. 如通过方式4.1或4.2缴纳投标保证金，贵司可从我单位保证金中扣除中标服务费用后将余额退给我单位，如不足，接到贵司通知后5个工作日内补足差额；如通过方式4.3缴纳投标保证金，将在合同签订并提供履约担保（如招标文件有要求）后5日内支付中标服务费，否则贵司可以要求投标保函出具银行支付中标服务费。

3. 对于通过方式4.1或4.2提交的保证金，请按原汇款路径退回我单位，如我单位账户发生变化，将及时通知贵司并提供情况说明；对于通过方式4.3提交的银行投标保函，贵司收到我单位汇付的中标服务费后将银行保函原件按下列地址寄回：

投标人名称（盖单位章）：

地址：　　　　　　　邮编：　　　　联系人：　　　　联系电话：

法定代表人或委托代理人：　　　　　　　　年　　月　　日

说明：1. 本信息由投标人填写，与投标保证金递交凭证或银行投标保函一起密封提交。

2. 本信息作为招标代理机构退还投标保证金和开具中标服务费发票的依据，投标人必须按要求完整填写并加盖单位章（其余用章无效），由于投标人的填写错误或遗漏导致的投标担保退还失误或中标服务费发票开具失误，责任由投标人自负。

五、投标报价表

说明：投标报价表按第五章"采购清单"中的相关内容及格式填写。构成合同文件的投标报价表包括第五章"采购清单"的所有内容。

六、技术方案

1. 技术方案总体说明：应说明设备性能；拟投入本项目的加工、试验和检测仪器设备情况等；质量保证措施等。

2. 除技术方案总体说明外，还应按照招标文件要求提交下列附件对技术方案做进一步说明。

附件一　货物特性及性能保证

附件二　设计、制造和安装标准

附件三　工厂检验项目及标准

附件四　工作进度计划

附件五　技术服务方案

附件六　投标设备汇总表

附件七　投标人提供的图纸和资料

附件八　其他资料

投标人：＿＿＿＿＿＿＿＿＿＿＿＿＿＿（盖单位章）

法定代表人或其委托代理人：＿＿＿＿＿＿＿（签字）

＿＿年＿＿月＿＿日

附件一 货物特性及性能保证

投标人必须用准确的数据和语言在下表中阐明其拟提供的设备的性能保证，投标人应保证所提供的合同设备特性及性能保证值不低于招标文件第七章技术参数要求。

投标人一旦被授予合同，所提供的性能保证值经买方认可后将作为合同中设备的性能保证值。

序号	招标文件要求值	投标响应值

投标人：＿＿＿＿＿＿＿＿＿＿＿＿＿＿＿＿（盖单位章）

法定代表人或其委托代理人：＿＿＿＿＿＿（签字）

＿＿＿年＿＿＿月＿＿＿日

附件二 设计、制造和安装标准

投标人应列明投标设备的设计、制造、试验、运输、保管、安装和运行维护的标准和规范目录。

投 标 人：＿＿＿＿＿＿＿＿＿＿＿＿＿＿＿（盖单位章）

法定代表人或其委托代理人：＿＿＿＿＿＿（签字）

＿＿＿年＿＿＿月＿＿＿日

附件三 工厂检验项目及标准

投标人应列明工厂制造检查和测试所遵循的最新版本标准。

投标人应指出拟提供设备的初步检查和测试项目。

投标人：＿＿＿＿＿＿＿＿＿＿＿＿＿＿＿（盖单位章）

法定代表人或其委托代理人：＿＿＿＿＿＿＿（签字）

＿＿＿＿年＿＿＿月＿＿＿日

附件四 工作进度计划

投标人应按技术条款的要求提出完成本项目的下述计划进度表。

1. 制造进度表

2. 交货批次及进度计划表

3. 其他

投标人：＿＿＿＿＿＿＿＿＿＿＿＿＿＿＿（盖单位章）

法定代表人或其委托代理人：＿＿＿＿＿＿＿（签字）

＿＿＿＿年＿＿＿＿月＿＿＿＿日

附件五 技术服务方案

投标人应按技术条款的要求提出本项目的技术服务方案，如安装方案（若有）、现场调试方案、技术指导、培训和售后服务计划等。

投标人：＿＿＿＿＿＿＿＿＿＿＿＿＿＿＿（盖单位章）

法定代表人或其委托代理人：＿＿＿＿＿＿＿（签字）

＿＿＿＿年＿＿＿＿月＿＿＿＿日

附件六 投标设备汇总表

序号	名称	主要技术规范	数量	包装	每件尺寸（cm³）（长×宽×高）	每件重量（吨）	总重量（吨）	交货时间	发运港/发运点	备注
1										
2										
3										

注：本表应包括报价表中所列的所有分项设备、备品备件、专用工具、维修试验设备和仪器仪表。

投 标 人：＿＿＿＿＿＿＿＿＿＿＿＿＿＿＿（盖单位章）

法定代表人或其委托代理人：＿＿＿＿＿＿＿（签字）

＿＿＿＿年＿＿＿＿月＿＿＿＿日

附件七　投标人提供的图纸和资料

1. 概述

投标人应与其投标文件一起提供与本招标文件技术条款相应的足够详细和清晰的图纸资料和数据，这些图纸资料和数据应详细地说明设备特点，同时对与技术条款有异或有偏差之处应清楚地说明。除非买方批准，设备的最终设计应按照这些图纸、资料和数据的详细说明进行。

2. 随投标文件提供的图纸资料

投标人应根据本招标文件所述的供图要求，提供工厂图纸的目录及供图时间表，图纸应包括招标文件所列的内容和招标人认为应增加的内容。

投标人提供的投标图纸及资料应包括（但不限于）以下内容：

1. 励磁系统原理结线图；

2. 励磁变压器详细的外形尺寸图（包括长、宽、高、重量及与离相母线连接法兰的位置等）、内部结构图（图中至少包括高低压侧的引线位置、电流互感器的布置及与离相封闭母线的连接等）；

3. 励磁柜外形图，包括尺寸、重量、设备布置、引入线和固定方式；

4. 起励变压器、制动变压器及整流设备的外形图，包括尺寸、重量；

5. 励磁系统技术数据及主要设备参数；

6. 数字式励磁调节器和电力系统稳定器的传递函数和逻辑回路图。国家权威机构出具的关于 AVR、PSS 检测合格报告和现场接入系统试验报告。

7. 励磁系统技术参数的设计计算书，包括励磁变压器、功率元件、冷却系统、直流磁场断路器、交流断路器、灭磁电阻、过压保护、起励变、制动变、转子负极电动隔离刀闸（如果有）、电气制动切换断路器、电流互感器和整流元件等的选择计算，以及各种可能的运行工况下灭磁时间；

8. 励磁系统设备详细清单；

9. 励磁系统说明书：

A. 励磁变压器制造厂的产品说明书（包括过负荷曲线及过激磁曲线）；

B. 功率整流装置晶闸管元件制造厂的产品说明书；

C. 功率整流器触发回路和冷却设备说明书；

D. 直流磁场断路器制造厂的产品说明书，产品的型式试验报告及试验记录；

E. 非线性电阻元件制造厂的说明书，产品的型式试验报告及试验记录；

F. 励磁调节器说明书；

G. 起励变压器产品说明书；

H. 励磁变压器和起励变压器的保护装置产品样本；`

I. 保护继电器、变送器、辅助继电器、接触器、显示器、仪表、控制开关和按钮等产品样本；

J. 交流断路器制造厂的产品说明书，产品的型式试验报告及试验记录。

K. 电气制动切换断路器制造厂的产品说明书；

L. 电流互感器的产品样本；

M. 励磁盘柜冷却风机的产品样本。

10. 说明下列内容的资料、框图或接线图：

A. 防止交、直流系统中暂态过电压的保护装置；

B. 确保并联可控硅元件之间电流均流的方法；

C. 注明晶闸管－快速熔断器之间配合关系的曲线；

D. 滑极异步运行及非全相运行保护方法；

E. 抑制静态励磁装置输出回路中故障电流方法。

11. 试验

A. 在卖方工厂检查和试验项目清单（注明买方代表需见证的项目）；

B. 现场和常规试验项目清单；

C. 现场性能试验项目清单。

投标人认为必要的其他技术资料。

投标人：＿＿＿＿＿＿＿＿＿＿＿＿＿＿＿＿（盖单位章）

法定代表人或其委托代理人：＿＿＿＿＿＿＿（签字）

＿＿＿＿年＿＿＿月＿＿＿日

附件八　其他资料

（根据项目情况，加入与项目特点相关的其他需要投标人提供的技术方案，如：运输方案等。）

投标人：＿＿＿＿＿＿＿＿＿＿＿＿＿＿＿＿（盖单位章）

法定代表人或其委托代理人：＿＿＿＿＿＿＿（签字）

＿＿＿＿年＿＿＿月＿＿＿日

七、偏差表

表 7-1　商务偏差表

投标人可以不提交一份对本招标文件第四章"合同条款及格式"的逐条注释意见，但应根据下表的格式列出对上述条款的偏差（如果有）。未在商务偏差表中列明的商务偏差，将被视为满足招标文件要求。

项　目	条款编号	偏差内容	备　注

备注：对投标人须知前附表中规定的实质性偏差的内容提出负偏差，无论是否在本表中填写，将被认为是对招标文件的非实质性响应，其投标文件将被否决。

表 7-2　技术偏差表

投标人可以不提交一份对本招标文件第七章"技术标准和要求"的逐条注释意见，但应根据下表的格式列出对上述条款的偏差（如果有）。未在技术偏差表中列明的技术偏差，将被视为满足招标文件要求。

项　目	条款编号	偏差内容	备　注

备注：对投标人须知前附表中规定的实质性偏差的内容提出负偏差，无论是否在本表中填写，将被认为是对招标文件的非实质性响应，其投标文件将被否决。

投标人：＿＿＿＿＿＿＿＿＿＿＿＿＿＿＿　（盖单位章）

法定代表人或其委托代理人：＿＿＿＿＿＿　（签字）

＿＿＿＿年＿＿＿＿月＿＿＿＿日

八、拟分包（外购）项目情况表

表 8 - 1　分包（外购）人资格审查表

序号	拟分包项目名称、范围及理由	拟选分包人				备注
		拟选分包人名称	注册地点	企业资质	有关业绩	
		1				
		2				
		3				
		1				
		2				
		3				
		1				
		2				
		3				

表 8 - 2　分包（外购）计划表

序号	分包（外购）单位	分包（外购）部件	到货时间
1			
2			
3			
...			

备注：投标人需根据拟分包的项目情况提供分包意向书/分包协议、分包人资质证明文件。

投标人：＿＿＿＿＿＿＿＿＿＿＿＿＿＿（盖单位章）

法定代表人或其委托代理人：＿＿＿＿＿＿＿（签字）

＿＿＿年＿＿＿月＿＿＿日

九、资格审查资料

（一）投标人基本情况表

投标人名称						
投标人组织机构代码或统一社会信用代码						
注册地址				邮政编码		
联系方式	联系人			电话		
	传真			网址		
组织结构						
法定代表人	姓名		技术职称		电话	
技术负责人	姓名		技术职称		电话	
成立时间		员工总人数：				
许可证及级别		其中	高级职称人员			
营业执照号			中级职称人员			
注册资金			初级职称人员			
基本账户开户银行			技工			
基本账户账号			其他人员			
经营范围						
备注						

备注：1. 本表后应附企业法人营业执照、生产许可证（如果有）等材料的扫描件。
2. 若代理商投标，须同时提供生产（制造）商的基本情况表。

附件一　生产（制造）商资格声明

1. 名称及概况：

（1）生产（制造）商名称：＿＿＿＿＿＿＿＿＿＿＿＿

（2）总部地址：＿＿＿＿＿＿＿＿＿＿传真/电话号码：＿＿＿＿＿＿＿＿＿＿

邮政编码：＿＿＿＿＿＿＿＿

（3）成立和/或注册日期：＿＿＿＿＿＿＿＿＿＿＿＿

（4）法定代表人姓名：＿＿＿＿＿＿＿＿＿＿＿＿

2.（1）关于生产（制造）投标货物的设施及有关情况：

工厂名称地址	生产的项目	年生产能力	职工人数
＿＿＿＿	＿＿＿＿	＿＿＿＿	＿＿＿＿
＿＿＿＿	＿＿＿＿	＿＿＿＿	＿＿＿＿

（2）本生产（制造）商不生产，而需从其他生产（制造）商购买的主要零部件：

生产（制造）商名称和地址	主要零部件名称
＿＿＿＿＿＿＿＿	＿＿＿＿＿＿

3. 其他情况：组织机构、技术力量等。

兹证明上述声明是真实、正确的，并提供了全部能提供的资料和数据，我们同意遵照贵方要求出示有关证明文件。

生产（制造）商名称：＿＿＿＿＿＿＿（盖单位章）

签字人姓名和职务：＿＿＿＿＿＿＿＿＿＿

签字人签字：＿＿＿＿＿＿＿＿＿＿＿

签字日期：＿＿＿＿＿＿＿＿＿＿＿

传真：＿＿＿＿＿＿＿＿＿＿＿＿

电话：＿＿＿＿＿＿＿＿＿＿＿＿

电子邮箱：＿＿＿＿＿＿＿＿＿＿＿

附件二 代理商资格声明①

1. 名称及概况：＿＿＿＿＿＿＿＿＿＿＿＿＿＿＿＿＿＿＿＿

（1）代理商名称：＿＿＿＿＿＿＿＿＿＿＿＿＿＿＿＿＿＿

（2）总部地址：＿＿＿＿＿＿＿＿＿＿＿＿＿＿＿＿＿＿＿＿

传真/电话号码：＿＿＿＿＿＿＿＿＿＿＿＿　邮政编码：＿＿＿＿＿＿＿＿＿＿

（3）成立和/或注册日期：＿＿＿＿＿＿＿＿＿＿＿＿＿＿＿＿

（4）法定代表人姓名：＿＿＿＿＿＿＿＿＿＿＿＿＿＿＿＿

2. 近3年该货物主要销售给国内、外主要客户的名称地址：

（1）出口销售

＿＿（名称和地址）＿＿　　　　＿＿（销售项目名称）＿＿

＿＿（名称和地址）＿＿　　　　＿＿（销售项目名称）＿＿

（2）国内销售

＿＿（名称和地址）＿＿　　　　＿＿（销售项目名称）＿＿

＿＿（名称和地址）＿＿　　　　＿＿（销售项目名称）＿＿

3. 由其他生产（制造）商提供和生产（制造）的货物部件，如有的话：

生产（制造）商名称和地址　　　　生产（制造）的部件名称

＿＿＿＿＿＿＿＿＿＿＿＿＿＿　　＿＿＿＿＿＿＿＿＿＿＿

4. 开立基本账户银行的名称和地址：＿＿＿＿＿＿＿＿＿＿＿＿＿＿＿＿

5. 其他情况：组织机构、技术力量等＿＿＿＿＿＿＿＿＿＿＿＿＿＿＿

兹证明上述声明是真实、正确的，并提供了全部能提供的资料和数据，我们同意遵照贵方要求出示有关证明文件。

代理商名称：＿＿＿＿＿＿＿＿＿（盖单位章）

代理商全权代表：＿＿＿＿＿＿＿＿＿

签字日期：＿＿＿＿＿＿＿＿＿

传真：＿＿＿＿＿＿＿＿＿

电话：＿＿＿＿＿＿＿＿＿

电子邮箱：＿＿＿＿＿＿＿＿＿

---

① 若为制造商投标，则不需要提供此声明。

（二）近年财务状况表

投标人须提交近_____年（_____年～_____年）的财务报表，并填写下表。

序号	项目	_____年	_____年	_____年
1	固定资产			
2	流动资产			
	其中：存货			
3	总资产			
4	长期负债			
5	流动负债			
6	净资产			
7	利润总额			
8	资产负债率			
9	流动比率			
10	速动比率			
11	销售利润率			

（三）近____年完成的类似项目情况表

项目名称	
项目所在地	
采购人名称	
采购人地址	
采购人电话	
合同价格	
供货时间	
货物描述	
备注	

注：应附中标通知书（如有）和合同协议书以及货物验收证表（货物验收证明文件）等的彩色扫描件（复印件），具体年份时间要求见投标人须知前附表。每张表格只填写一个项目，并标明序号。

（四）正在进行的和新承接的项目情况表

项目名称	
项目所在地	
采购人名称	
采购人地址	
采购人电话	
合同价格	
供货时间	
货物描述	
备注	

注：应附中标通知书（如有）和合同协议书等的彩色扫描件（复印件），具体年份时间要求见投标人须知前附表。每张表格只填写一个项目，并标明序号。

（五）近年发生的诉讼及仲裁情况

序号	案由	双方当事人名称	处理结果或进度情况
...	...	...	...

注：（1）本表为调查表。不得因投标人发生过诉讼及仲裁事项作为否决其投标、作为量化因素或评分因素，除非其中的内容涉及其他规定的评标标准，或导致中标后合同不能履行。

（2）诉讼及仲裁情况是指投标人在招投标和中标合同履行过程中发生的诉讼及仲裁事项，以及投标人认为对其生产经营活动产生重大影响的其他诉讼及仲裁事项。投标人仅需提供与本次招标项目类型相同的诉讼及仲裁情况。

（3）诉讼包括民事诉讼和行政诉讼；仲裁是指争议双方的当事人自愿将他们之间的纠纷提交仲裁机构，由仲裁机构以第三者的身份进行裁决。

（4）"案由"是事情的原由、名称、由来，当事人争议法律关系的类别，或诉讼仲裁情况的内容提要。如"工程款结算纠纷"。

（5）"双方当事人名称"是指投标人在诉讼、仲裁中原告（申请人）、被告（被申请人）或第三人的单位名称。

（6）诉讼、仲裁的起算时间为：提起诉讼、仲裁被受理的时间，或收到法院、仲裁机构诉讼、仲裁文书的时间。

（7）诉讼、仲裁已有处理结果的，应附材料见第二章"投标人须知"3.5.3；还没有处理结果，应说明进展情况，如某某人民法院于某年某月某日已经受理。

（8）如招标文件第二章"投标人须知"3.5.3条规定的期限内没有发生的诉讼及仲裁情况，投标人在编制投标文件时，需在上表"案由"空白处声明："经本投标人认真核查，在招标文件第二章"投标人须知"3.5.3条规定的期限内本投标人没有发生诉讼及仲裁纠纷，如不实，构成虚假，自愿承担由此引起的法律责任。特此声明。"

（六）其他资格审查资料

（投标人名称）＿＿＿＿＿＿＿＿＿＿＿＿

（委托代理人签名）＿＿＿＿＿＿＿＿＿

（印刷体姓名）＿＿＿＿＿＿＿＿＿＿＿

（职务）＿＿＿＿＿＿＿＿＿＿＿＿＿＿

十、构成投标文件的其他材料

1. 初步评审需要的材料

投标人应根据招标文件具体要求，提供初步评审需要的材料，包括但不限于下列内容，请将所需材料在投标文件中的对应页码填入表格中。

序号	名称	网上电子投标文件	纸质投标文件正本	备注
1	营业执照			
2	生产许可证（如果有）			根据项目实际情况填写
3	业绩证明文件			
4	……			
5	经审计的财务报表			_____ — _____年
6	投标函签字盖章			电子版为扫描件
7	授权委托书签字盖章			电子版为扫描件
8	投标保证金凭证或投保保函			电子版为扫描件
9	…			

注：（1）所提供的资质证书等应为有效期内的文件，其他材料应满足招标文件具体要求；
　　（2）投标保证金采用银行保函时应提供原件，单独密封提交。

2. 招标文件规定的其他材料；

3. 投标人认为需要提供的其他材料。